「園藝」基礎栽培大全

植物を育てる楽しみとコツがわかる「園芸」の基本帖

矢澤秀成

走著走著，一株花苗突然映入眼簾，
當你想用現摘的香草烹煮料理時，
那就是通往園藝的入口。
隨季節轉換而變化的植物，
總是帶來全新的感動。
將這本書放在身邊，學習如何與植物互動。
現在，讓我們打開園藝世界的大門吧。

Contents

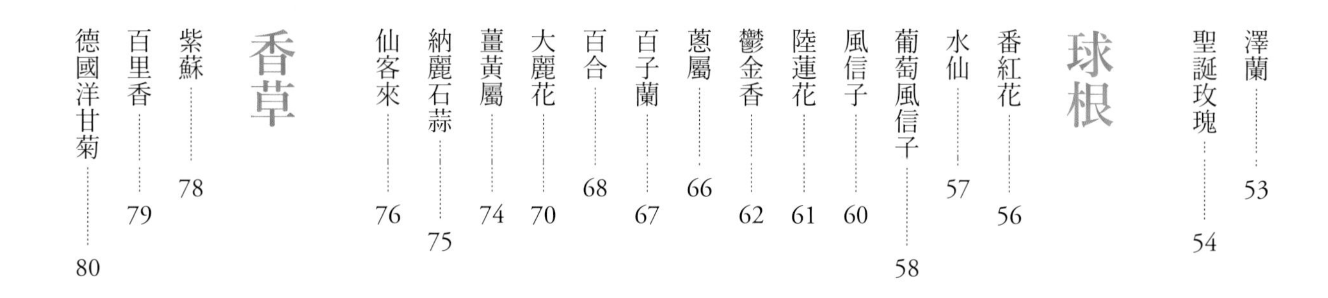

球根

香草

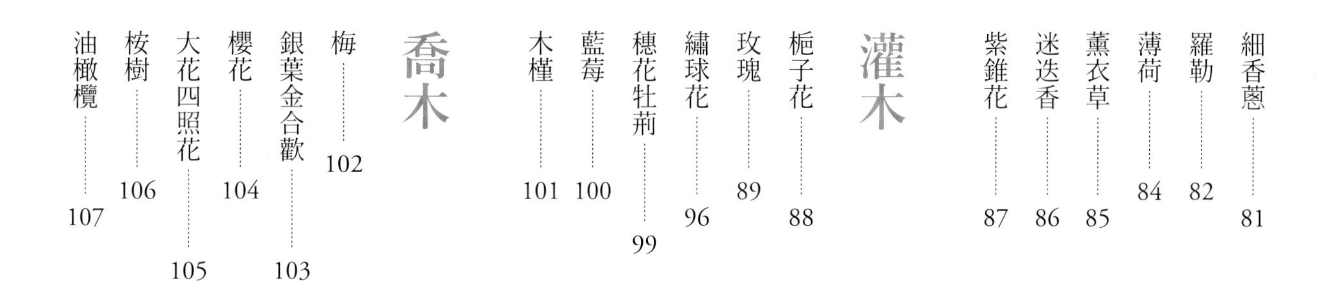

灌木

喬木

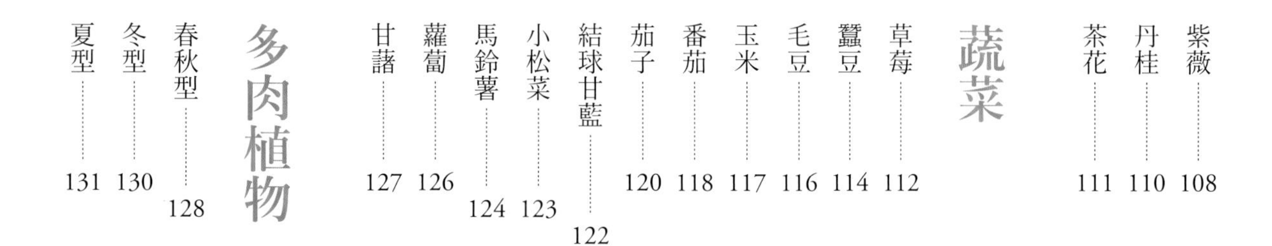

蔬菜

多肉植物

Chapter 2 播種與種植 132

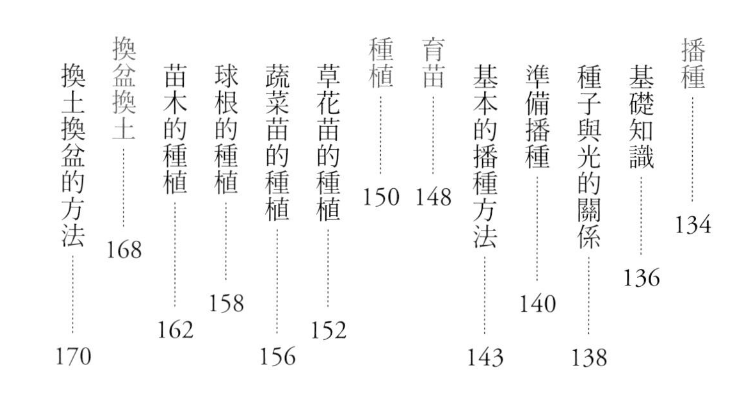

Chapter 3 日常照護 172

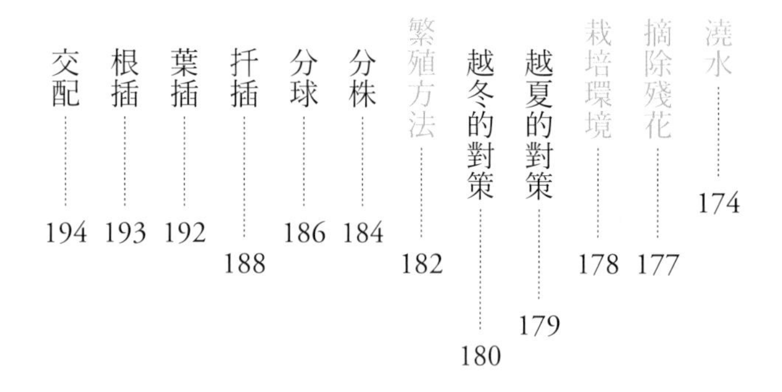

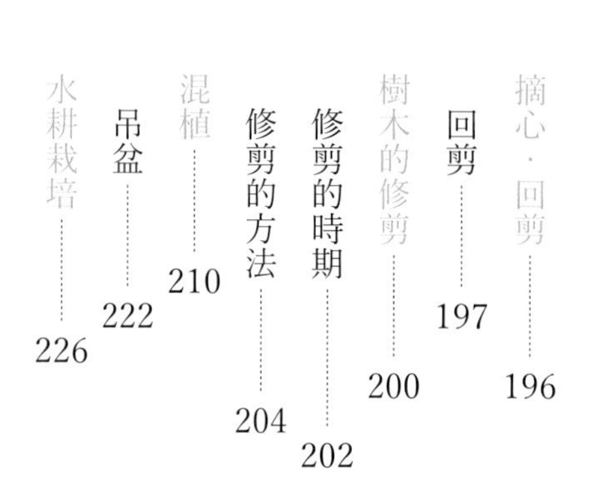

Contents

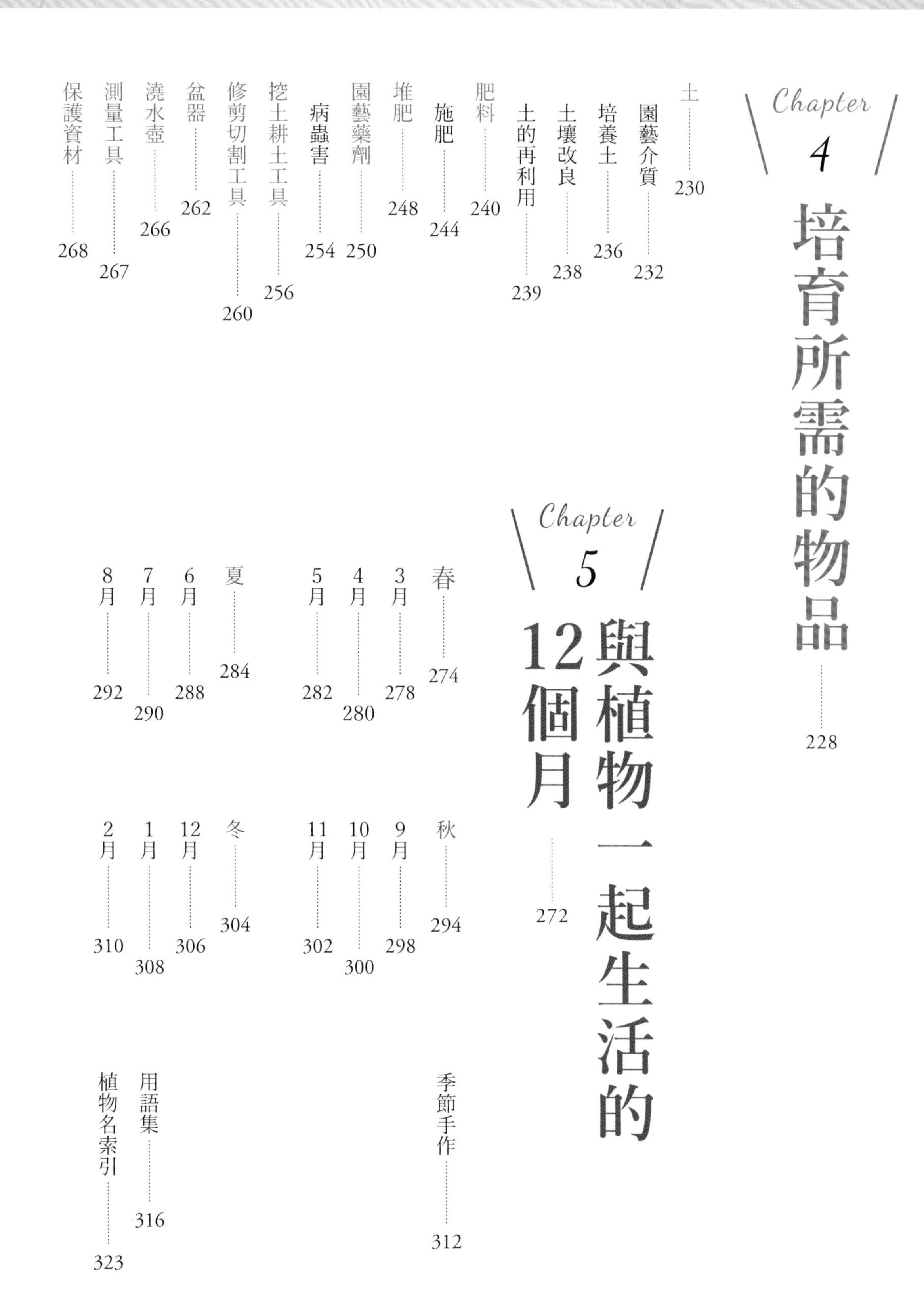

Chapter 4 培育所需的物品……228

Chapter 5 與植物一起生活的12個月……272

一年生草本

可以從豐富的物種、品種中，挑選種子和幼苗種植的一年生草本。

每個季節的花圃顏色都會變化，正是拜這些花卉所賜。

其中更包含向日葵、大波斯菊、冰島罌粟等廣闊的花田名勝。

多年生草本（宿根）

即使一直種著，它也會自然地發芽和開花，
宣告著季節到來的宿根植物。
隨著逐年增加的分量，成長為值得一看的植株。

球根

富含營養的球根，
會開出碩大、顏色鮮豔的花朵。
大受歡迎的鬱金香，甚至有 5000 多個品種。

樹木

佇立的樹木，替庭院和空間描繪出了深度。
隨著花木的開花，我們見證了季節的到來與更迭。
好好享受玫瑰四季盛開、重複開花的特性吧。

本書的使用方法

本書包含了人氣植物的培育方法、植物的日常照護等，共5個現在應該了解的園藝主題。

Chapter1　人氣植物的培育方法
Chapter2　播種與種植
Chapter3　日常照護
Chapter4　培育所需的物品
Chapter5　與植物一起生活的 12 個月

人氣植物的培育方法，
分成一年生草本、多年生草本、球根、香草、灌木、喬木、蔬菜、多肉植物等類別。

Chapter 1 ｜ 人氣植物的培育方法 _ 一年生草本

三色堇・小三色堇

科・屬　堇菜科堇菜屬
原產地　歐洲、西亞
分類　草花、一年生草本
花色

使用歐洲原生地數種野生種，很早就被雜交育成的園藝系統。從秋天到初夏持續開花，顏色豐富多樣。也有波浪花瓣和極小輪，新品種備受關注。三色堇和小三色堇沒有嚴格的差異，隨著持續的改良，變得越來越難以區別。

<基本的培育方法>

放置場所・種植場所
性喜陽光。排水和通風良好的地方。冬季也可在種植在戶外。

播種
播種在育苗箱或軟盆中。長出 3 ～ 4 片本葉後上盆。

種植・換土換盆
植株生長旺盛，所以一拿到請儘早種植。

澆水
播種或種植時，要充分澆水。之後，當盆栽的土表乾燥時，也請大量給水，但需避免過度潮濕。地植在展根前要確實澆水，之後基本上不需要再澆水。

施肥
播種或種植 2 週後，施用適量的顆粒狀緩效性肥料。從晚秋到春季，每 2 週施用 1 次適量的液肥，以維持持續開花的體力。

摘除殘花
開花過後，請勤於摘除殘花。

摘心・回剪
幼苗在種植前先行摘心，促進側芽生長。如果植株在花開後生長凌亂，請果斷回剪。但是，回剪請在 12 月底前進行。

繁殖方法
利用播種、扦插繁殖。扦插是剪取帶有 2 個節點且含葉子的莖來進行。

1 挑選莖部緊實的幼苗。
2 種植的最佳時機是根系隱約可見的狀態。
3 三色堇・小三色堇展根良好。根系如果過度纏繞盤結，請把土鬆開，去除些許根系後再種。

栽培起點	種子、幼苗
日照條件	全日照
發芽適溫	15°C 左右
生長適溫	5 ～ 20°C
栽培適地	耐寒性・強、耐暑性・弱
介質	基本培養土 60%、椰纖 35%、珍珠石 5% (基本培養土是細粒赤玉土 60%、腐葉土 40%)
肥料	顆粒狀的緩效性肥料、液肥
株高	10 ～ 40 公分

栽培曆

	1	2	3	4	5	6	7	8	9	10	11	12
開花期												
播種												
種植・換土換盆												
施肥												

24

植物照片
幼苗、盆栽、庭木、收穫物等的照片。

植物檔案

植物本身的資訊。

植物名稱＝普通名稱或商品名稱。
科・屬＝植物學上的分類。
原產地＝植物原本生長的區域。若是園藝植物，則會註明母本植物的原產地。
分類＝用多種分類方法標記。
一年生草本、多年生草本、草本、木本、草花、球根、灌木、喬木、花木、果樹、蔬菜、多肉植物，觀葉植物。
花色・葉色＝種子、幼苗流通的顏色種類。
紅● 粉紅● 橘● 黃● 白○ 紫● 青● 綠● 棕● 黑● 灰● 複色◎
＊複色，指的是包含 2 色以上的顏色。
＊花色和葉色，標示的是表面的顏色。

基本的培育方法

介紹該植物栽培時不可或缺的基本知識與栽培訣竅。

置放場所・種植場所＝適合栽培的環境。
播種＝播種的方法。▶參照 p134 ～ 147
種植・換土換盆＝種植、換土換盆的方法。
▶參照 p150 ～ 171
澆水＝時機、水量與頻度。
▶參照 p174 ～ 176
施肥＝肥料的種類，以及施肥的方法、時機、分量。
▶參照 p240 ～ 249
摘除殘花＝摘除凋謝的花。▶參照 p177
摘心・回剪・修剪＝草花的摘心與回剪、樹木的修剪。
▶參照 p196 ～ 209
越夏・越冬＝避暑抗寒的對策。▶參照 p179 ～ 181
繁殖方法＝分株、分球、扦插等繁殖植物的方法。
▶參照 p182 ～ 195
病蟲害對策＝藥劑與使用方法等。▶參照 p250 ～ 255

栽培檔案

栽培植物時應該要知道的資訊。

栽培起點＝種子、球根、幼苗、種薯、藤蔓等。
日照條件＝全日照、半日照、無日照處
發芽適溫＝適合種子發芽的溫度（地溫）。
生長適溫＝植物最容易生長的溫度。
栽培適地＝耐寒性、耐暑性。耐寒性強適合栽種在包含寒冷地區的地方，耐寒性弱則適合栽種在溫暖地區。
介質＝本書推薦最適合用來栽培該植物的培養土。
肥料＝適合用來栽培該植物的肥料。
株高・樹高＝草花最盛期的高度、樹木一般的高度與適合觀賞的高度。
栽培曆＝各時節的植物狀態（收穫、開花）、園藝作業（播種、種植、施肥等）。

其他資訊

介紹其他的栽培資訊、品種變化等。

週期大公開！

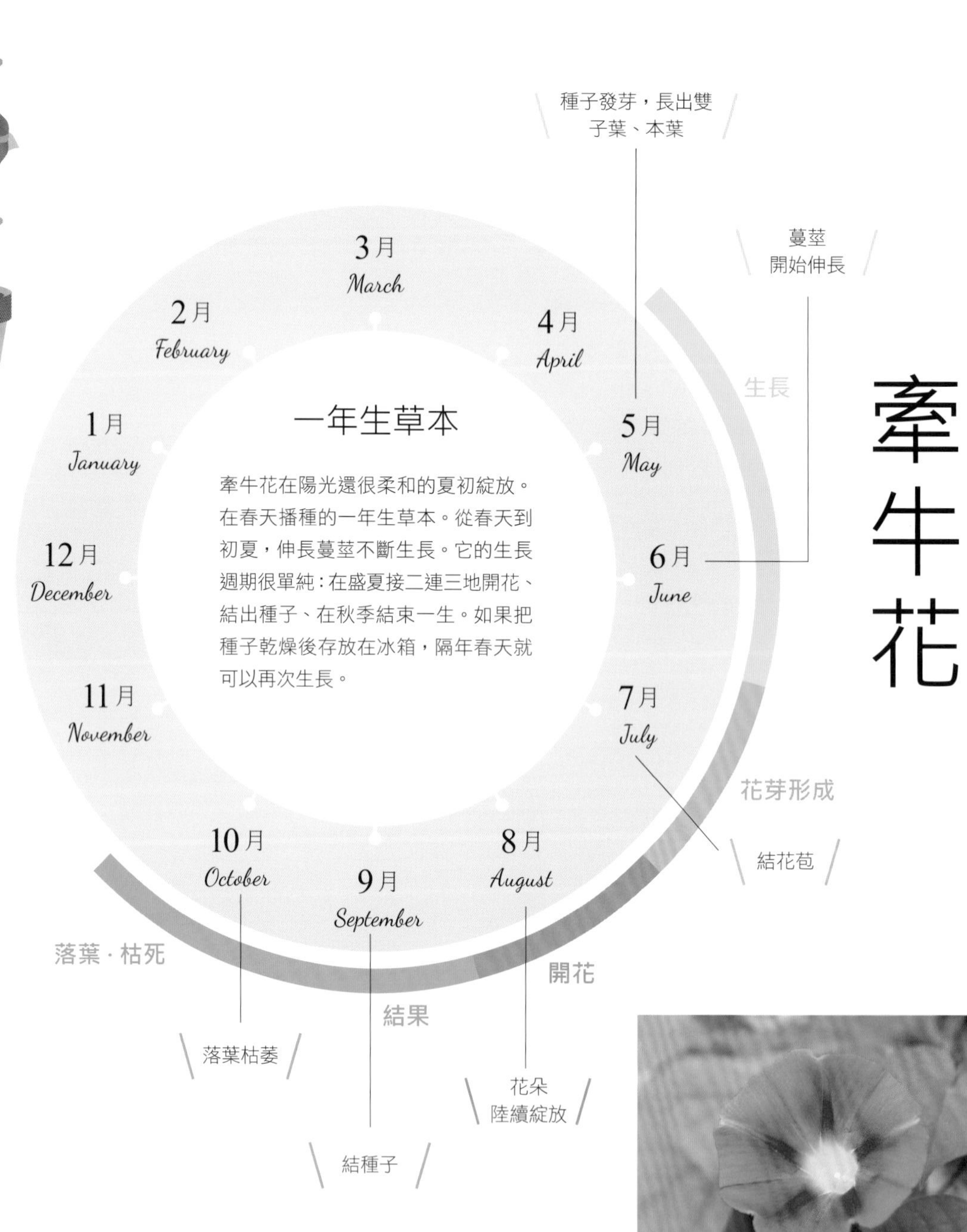
牽牛花
一年生草本
牽牛花在陽光還很柔和的夏初綻放。在春天播種的一年生草本。從春天到初夏，伸長蔓莖不斷生長。它的生長週期很單純：在盛夏接二連三地開花、結出種子、在秋季結束一生。如果把種子乾燥後存放在冰箱，隔年春天就可以再次生長。
1月 January
2月 February
3月 March
4月 April
5月 May
6月 June
7月 July
8月 August
9月 September
10月 October
11月 November
12月 December
生長
花芽形成
開花
結果
落葉．枯死
種子發芽，長出雙子葉、本葉
蔓莖開始伸長
結花苞
花朵陸續綻放
結種子
落葉枯萎

植物生長

聖誕玫瑰

（Oriental Hybrids）

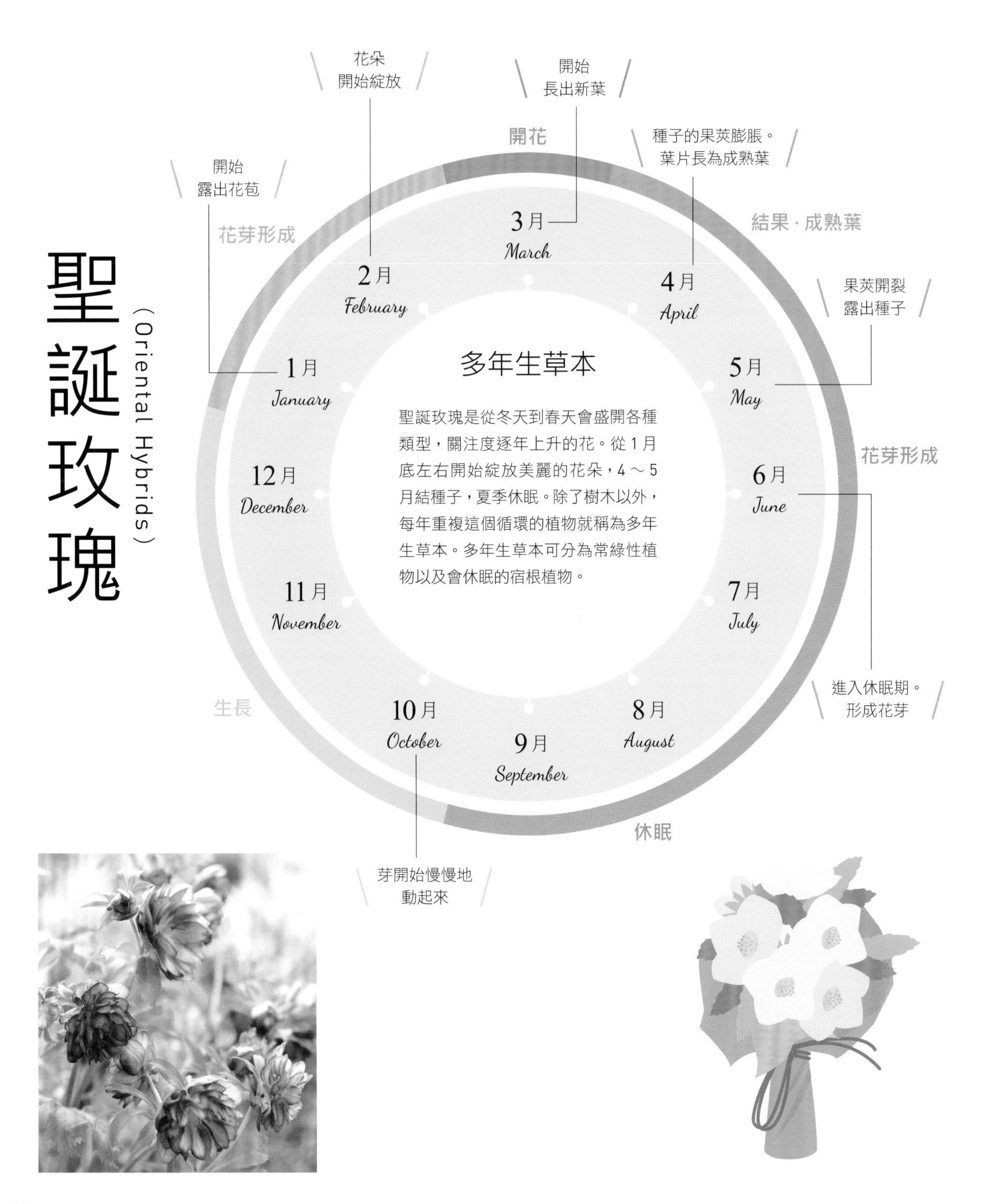

多年生草本

聖誕玫瑰是從冬天到春天會盛開各種類型，關注度逐年上升的花。從1月底左右開始綻放美麗的花朵，4～5月結種子，夏季休眠。除了樹木以外，每年重複這個循環的植物就稱為多年生草本。多年生草本可分為常綠性植物以及會休眠的宿根植物。

鬱金香

萌芽生長、開花、
形成種子，
最終枯萎。
植物有植物的生命週期。
在園藝中，
是根據它們度過一生的方式
對植物進行分類。

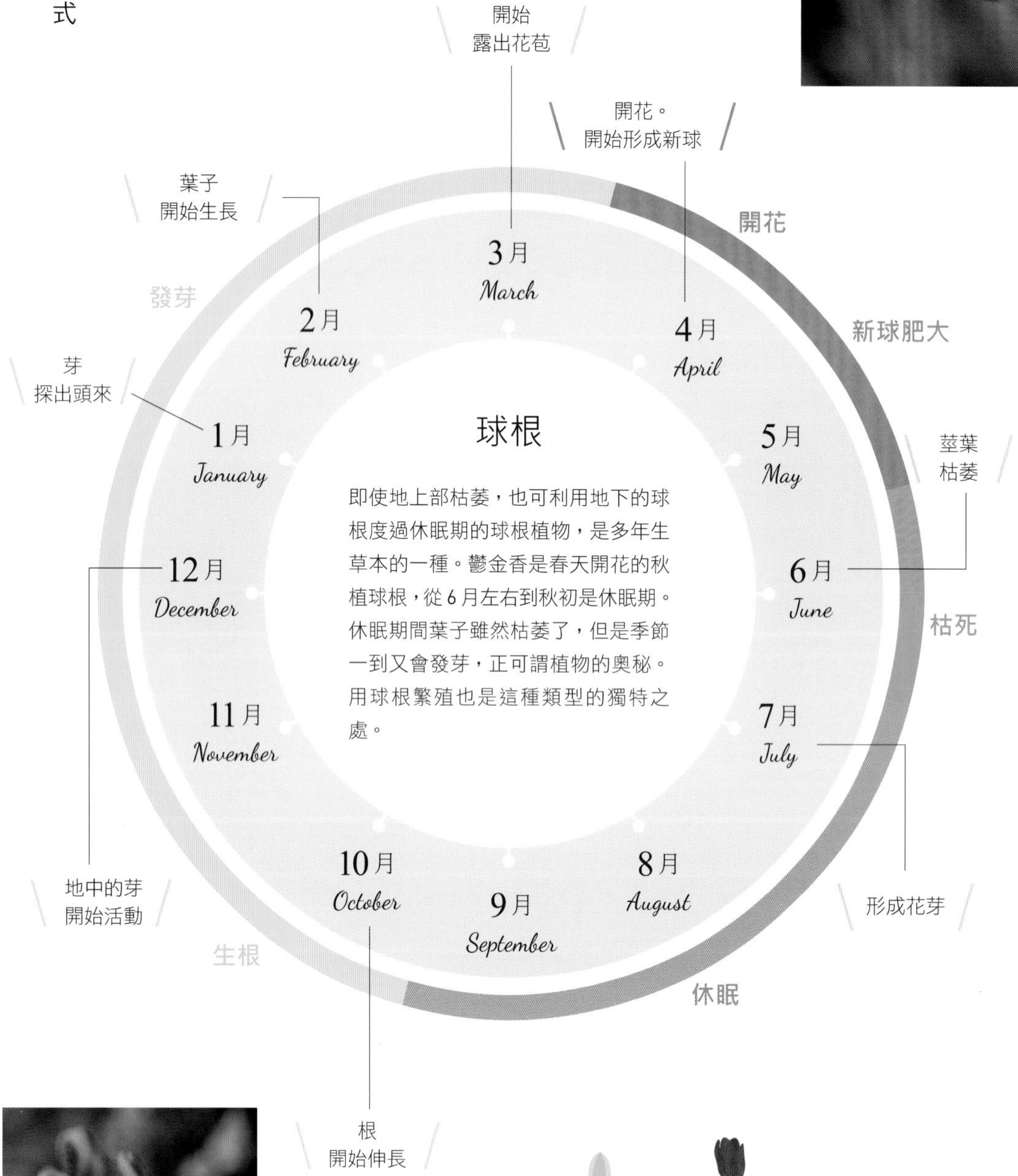

球根

即使地上部枯萎，也可利用地下的球根度過休眠期的球根植物，是多年生草本的一種。鬱金香是春天開花的秋植球根，從6月左右到秋初是休眠期。休眠期間葉子雖然枯萎了，但是季節一到又會發芽，正可謂植物的奧秘。用球根繁殖也是這種類型的獨特之處。

1月 January：芽 探出頭來
2月 February：葉子 開始生長
3月 March：開始 露出花苞
4月 April：開花。開始形成新球
5月 May
6月 June：莖葉 枯萎
7月 July：形成花芽
8月 August
9月 September
10月 October：根 開始伸長
11月 November
12月 December：地中的芽 開始活動

發芽　開花　新球肥大　枯死　休眠　生根

了解植物的生長方式，
意味著你可以
和花草樹木相處融洽。
了解一年的生長模式，
和植物共處的生活
會更加逸趣橫生！

梅

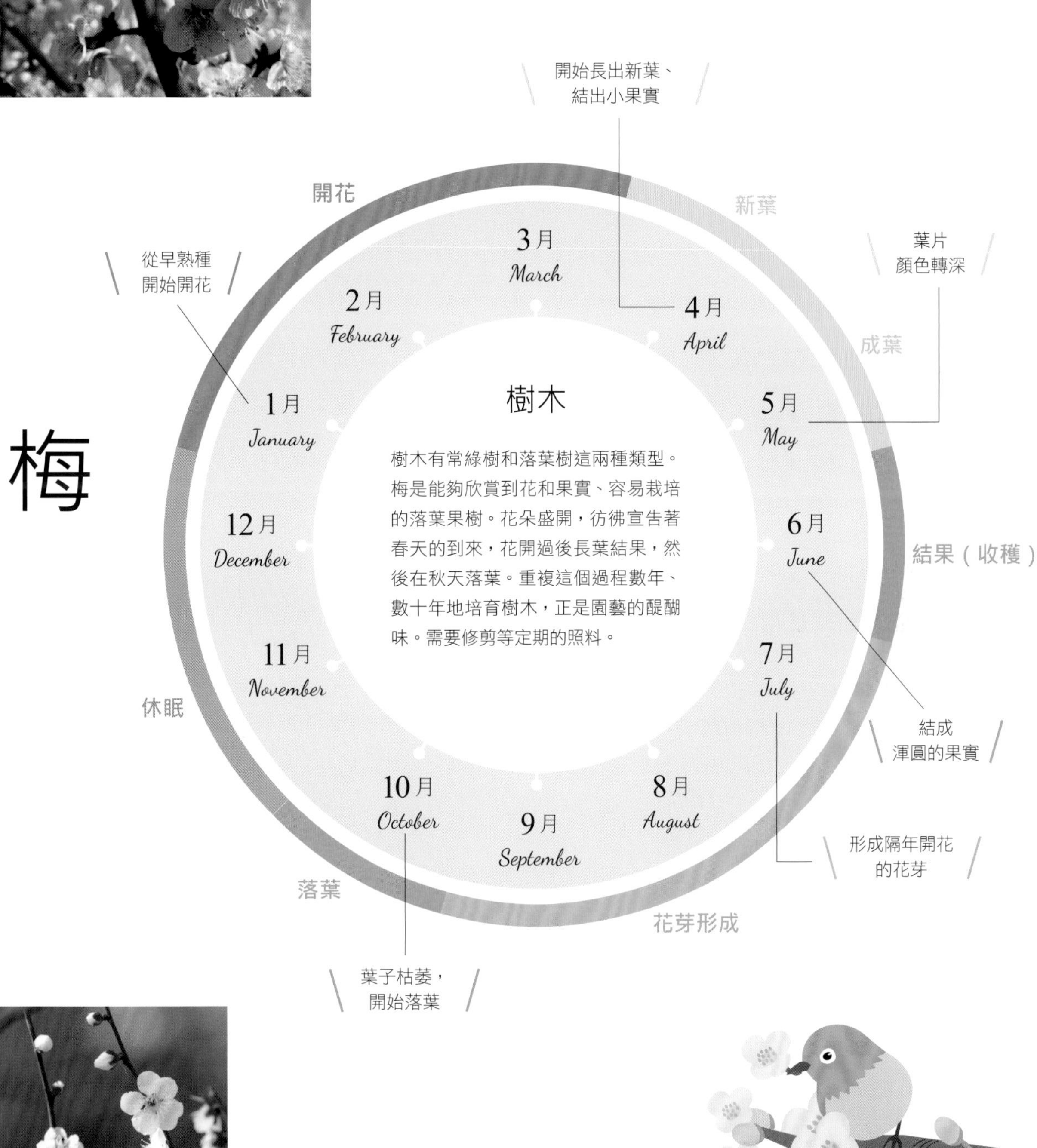

樹木

樹木有常綠樹和落葉樹這兩種類型。梅是能夠欣賞到花和果實、容易栽培的落葉果樹。花朵盛開，彷彿宣告著春天的到來，花開過後長葉結果，然後在秋天落葉。重複這個過程數年、數十年地培育樹木，正是園藝的醍醐味。需要修剪等定期的照料。

Chapter 1

人氣植物的培育方法

隨季節換土換盆並欣賞的一年生草本、當季節到來時會自然發芽和開花的多年生草本、充滿新鮮感的球根花卉、有助於生活的香草以及美味的蔬菜、綻放美麗花朵的樹木以及充滿個性的多肉植物，本書共挑選了82種容易培育的人氣植物。本章將介紹各自的特色、培育方法以及繁殖方法。

＊本篇的植物栽培曆已由專業審訂，依據台灣氣候做過調整，以符合各植物所適的維管週期。

MARCHé
Natural
23 S/T. -STORE
TRADING

三色堇・小三色堇

科・屬	堇菜科堇菜屬
原產地	歐洲、西亞
分類	草花、一年生草本
花色	●●●●○●●●●◎

使用歐洲原生地數種野生種，很早就被雜交育成的園藝系統。從秋天到初夏持續開花，顏色豐富多樣。也有波浪花瓣和極小輪，新品種備受關注。三色堇和小三色堇沒有嚴格的差異，隨著持續的改良，變得越來越難以區別。

＜基本的培育方法＞

置放場所・種植場所

性喜陽光。排水和通風良好的地方。冬季也可在種植在戶外。

播種

播種在育苗箱或軟盆中。長出 3 ～ 4 片本葉後上盆。

種植・換土換盆

植株生長旺盛，所以一拿到請儘早種植。

澆水

播種或種植時，要充分澆水。之後，當盆栽的土表乾燥時，也請大量給水，但需避免過度潮濕。地植在展根前要確實澆水，之後基本上不需要再澆水。

施肥

播種或種植 2 週後，施用適量的顆粒狀緩效性肥料。從晚秋到春季，每 2 週施用 1 次適量的液肥，以維持持續開花的體力。

摘除殘花

開花過後，請勤於摘除殘花。

摘心・回剪

幼苗在種植前先行摘心，促進側芽生長。如果植株在花開後生長凌亂，請果斷回剪。但是，回剪請在 12 月底前進行。

繁殖方法

利用播種、扦插繁殖。扦插是剪取帶有 2 個節點且含葉子的莖來進行。

1 挑選莖部緊實的幼苗。
2 種植的最佳時機是根系隱約可見的狀態。
3 三色堇・小三色堇展根良好。根系如果過度纏繞盤結，請把土鬆開，去除些許根系後再種。

栽培起點	種子、幼苗
日照條件	全日照
發芽適溫	15°C 左右
生長適溫	5 ～ 20°C
栽培適地	耐寒性・強、耐暑性・弱
介質	基本培養土 60%、椰纖 35%、珍珠石 5% (基本培養土是細粒赤玉土 60%、腐葉土 40%)
肥料	顆粒狀的緩效性肥料、液肥
株高	10 ～ 40 公分

栽培曆

	1	2	3	4	5	6	7	8	9	10	11	12
開花期												
播種												
種植・換土換盆												
施肥												

三色堇・小三色堇的品種

藍色夏爾褶邊（Pansy 'Ciel Brier'）

神秘兔耳（Viola 'Mysterious bunny'）

紫色夏爾褶邊（Pansy 'Ciel Brier'）

迷你兔耳（Viola 'Mimi Lapin'）

米爾福（Viola 'Milfull'）

杏色小甜心（Viola 'Cutie Apricot'）

One Point Advice

個人育種家們創造的獨特三色堇・小三色堇

在冬季園藝店中掀起話題的育種小三色堇，是由個人育種家與生產者們，一手打造出來的各種獨特三色堇・小三色堇。

有聚集大量褶邊花瓣像手鞠球一樣綻放的大花類型，有花瓣像兔子耳朵一樣細長的兔耳類型，有花形像原生堇菜的類型，以及開花時會變色的類型等，種類豐富多樣。

現在，您每年都可以看到新品種的三色堇・小三色堇。也有在自家的陽臺和庭院育種的人氣育種家，育種的範圍與規模逐漸擴大。一方面以品種名上市，另一方面也以農園名和品牌名在市面上流通。從園藝店中陳列的豐富品項當中，挑選喜歡的顏色和形狀也是樂趣之一。

這些品種會在 10 月左右陸續上市。然而，每一種的上市量都很稀少，所以有人甚至從入秋就會開始擬定購買計畫。

培育重點

[播種與發芽]

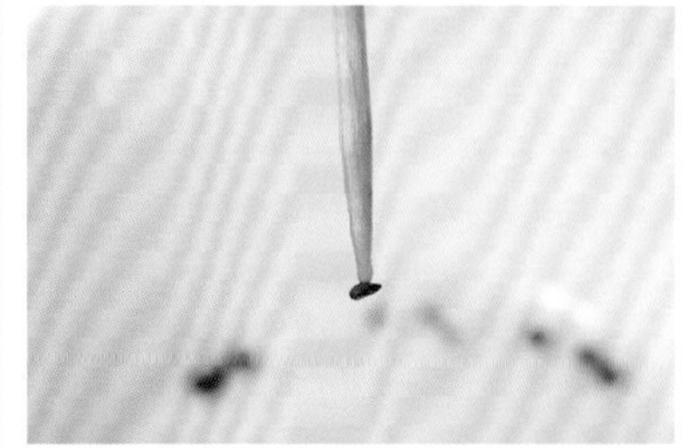

三色堇・小三色堇的種子很小。因為需要精細的作業，所以用牙籤一顆一顆沾取後種在穴盤中。

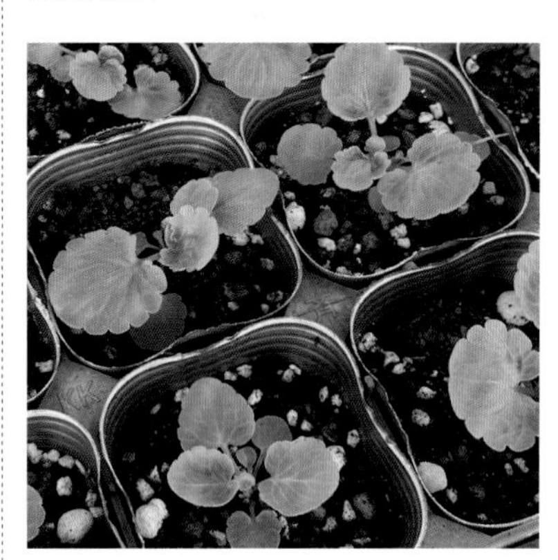
當本葉長出 3 ～ 4 片時，將生長良好的幼苗上盆以製作盆苗。

[摘除殘花]

開花過後，請及時摘除。細心呵護可以增加花朵的數量，並且延長植物的壽命。

粉蝶花

科・屬 田基麻科蝶花屬
原產地 北美西部
分類 草花、一年生草本
花色 ●○◎

原產於美國加利福尼亞州。性喜陽光和通風良好的地方，一邊開著小花，一邊長成大株。這些藍色花朵生氣蓬勃的景色儼然成為春天的名勝。盆栽如果鬆散地種植，就會長成茂密的大株。

<基本的培育方法>

置放場所・種植場所
性喜陽光。排水和通風良好的地方。

播種
不喜歡移植，所以最好直接播種。輕輕覆土，約 10 天可發芽。如果是播種在軟盆中，請在本葉長出約 5 片時定植。

種植・換土換盆
如果太晚種植而導致盤根，容易影響後續的生長。處理幼苗時不要破壞根球。地植時的株距為 20 公分。莖很容易折斷，所以要小心處理。

澆水
播種或種植時，要充分澆水。之後，當盆栽的土表乾燥時，也請大量給水，但需避免過度潮濕。地植在展根前要確實澆水，之後基本上不需要再澆水。

施肥
播種或種植 2 週後，施用適量的顆粒狀緩效性肥料。過多的肥料，花朵數量會減少且葉子容易生長過盛，所以要控制用量。追肥，盆栽每 2 週施用 1 次適量的液肥，地植則幾乎不需要。

摘除殘花
開花過後，請勤於摘除殘花。

摘心・回剪
如果植株在花開後生長凌亂，請果斷回剪。

繁殖方法
利用播種繁殖。

在口徑 2 ～ 3 寸的軟盆中，每次播撒 3 ～ 4 粒種子。因為是嫌光性種子，所以務必覆土 1 ～ 2 公分。到發芽前需留意避免介質乾燥。軸根系（直根系）故不喜移植。

無論是用作地被植物，還是彷彿從花盆中滿溢出來地綻放，清新的藍色花朵都令人賞心悅目。

栽培起點	種子、幼苗
日照條件	全日照
發芽適溫	15 ～ 20°C 左右
生長適溫	5 ～ 20°C
栽培適地	耐寒性・弱～中、耐暑性・弱
介質	基本培養土 60%、椰纖 35%、珍珠石 5% （基本培養土是細粒赤玉土 60%、腐葉土 40%）
肥料	顆粒狀的緩效性肥料、液肥
株高	10 ～ 30 公分

栽培曆

	1	2	3	4	5	6	7	8	9	10	11	12
開花期	■	■										■
播種										■	■	
種植・換土換盆	■											■
施肥	■											■

金魚草

科・屬 車前科金魚草屬
原產地 地中海沿岸地區
分類 草花、多年生草本（視品種或地區會作為一年生栽培）
花色 ●●●●●●◎

豐滿可愛的花形，讓人聯想到金魚。
英文名稱是把這身姿態比作龍的 Snapdragon。
明亮的花色、甜美的香味散發著春天的氣息。
雖然給人春天開花的強烈印象，
但是因為有長日開花和短日開花的類型，
所以一年四季都可以欣賞。

<基本的培育方法>

置放場所・種植場所

性喜陽光。排水和通風良好的地方。烈日和西曬會讓盆器的溫度升高，造成植株虛弱，需多加留意。不耐高溫潮濕的悶熱，所以夏天應放在明亮的陰涼處讓植株休息。

播種

播種在育苗箱或軟盆中。好光性種子，需要有光才能發芽。播種時最好不要覆土。本葉長出 3 ～ 4 片後定植。

種植・換土換盆

根球不用破壞，直接種植。秋季種植請在天氣轉涼前進行。地植的株距為 20 ～ 25 公分。

澆水

播種或種植時，要充分澆水。之後，當盆栽的土表乾燥時，也請大量給水。地植在展根前要確實澆水，之後基本上不需要再澆水。小心持續的潮濕狀態會造成根系腐爛。

施肥

播種或種植 2 週後，施用適量的顆粒狀緩效性肥料。追肥是將液肥稀釋至平時用量的 2 倍，每月施用 2 ～ 3 次代替澆水。夏天要節制用量。地植幾乎不需要施肥。

摘除殘花

開花過後，請勤於摘除殘花。

回剪

開花告一段落的夏天是回剪的時期。保留下葉，剪去株高的 1/3。

繁殖方法

利用播種、扦插繁殖。扦插是剪取含 3 個節點的莖來進行。4 ～ 5 週可生根。

杏色的小型品種。有多種春天般清爽的花色。四季開花的品種增加，一整年都可在市面上看到盆苗。

右圖的＇青銅龍（Bronze dragon）＇具有青銅色的細葉。沒有花的時期也可用作彩葉植物（Color Leaf）的品種，相當受歡迎。

栽培起點	種子、幼苗
日照條件	全日照
發芽適溫	15 ～ 20°C
生長適溫	5 ～ 20°C
栽培適地	耐寒性・中～強、耐暑性・中
介質	基本培養土 60%、椰纖 35%、珍珠石 5% (基本培養土是細粒赤玉土 60%、腐葉土 40%)
肥料	顆粒狀的緩效性肥料、液肥
株高	20 ～ 120 公分

栽培曆

	1	2	3	4	5	6	7	8	9	10	11	12
開花期	■	■	■	■	■						■	■
播種										■	■	■
種植・換土換盆	■											■
施肥	■	■	■									■

孔雀草

科・屬 菊科萬壽菊屬
原產地 墨西哥
分類 草花、一年生草本
花色 ◎

花圃中常見的黃色或橘色草花。
從初夏到秋天花期很長，是容易栽培的花。
除了植株小的孔雀草和大花的萬壽菊之外，
還有兩者的雜交種以及墨西哥孔雀草。
茄科和十字花科蔬菜的共榮植物，
其獨特的氣味可以驅除害蟲。

<基本的培育方法>

置放場所・種植場所

性喜陽光。排水和通風良好的地方。日照不足會讓莖變細、花朵數量減少，需格外留意。軟弱的植株也容易生病。

播種

撒播。好光性種子，需要有光才能發芽。覆蓋薄薄一層可遮蔽種子的土即可。本葉長出 3 ～ 4 片後定植。

種植・換土換盆

盆苗的根球如果盤根，可輕輕把根系鬆開後再種植。

澆水

播種或種植時，要充分澆水。之後，當盆栽的土表乾燥時，也請大量給水，但需避免過度潮濕。地植在展根前要確實澆水，之後基本上不需要再澆水。炎熱的夏天容易乾燥，所以要在早上大量給水。

施肥

為了持續不斷地開花，花一旦開了，請每 2 週施用 1 次適量的液肥。花朵數量減少或花朵變小，是肥料耗盡的徵兆。

摘除殘花

開花過後，請勤於摘除殘花。

回剪

在 7 ～ 8 月左右，務必保留幾片下葉，然後回剪至約一半的株高，到了秋天又會開得很漂亮。

繁殖方法

利用播種、扦插繁殖。扦插是剪取帶有 3 片葉子的莖來進行。約 10 天可生根。

1 播種後，一旦長出本葉就進行疏苗。
2 圖中的萬壽菊'香草(Vanilla)'具有罕見的奶油色。也作為切花在市面上流通。
3 也可種來當作茄科植物的共榮植物。獨特的氣味可驅除害蟲。

栽培起點	種子、幼苗
日照條件	全日照
發芽適溫	20 ～ 25°C
生長適溫	20 ～ 30°C
栽培適地	耐寒性・弱、耐暑性・中
介質	基本培養土 60%、椰纖 35%、珍珠石 5% (基本培養土是細粒赤玉土 60%、腐葉土 40%)
肥料	顆粒狀的緩效性肥料、液肥
株高	20 ～ 50 公分

栽培曆

	1	2	3	4	5	6	7	8	9	10	11	12
開花期												
播種												
種植・換土換盆												
施肥												

牽牛花

科．屬　旋花科牽牛花屬
原產地　熱帶～亞熱帶地區
分類　草花、一年生草本、蔓性
花色　●●○●●●◎

在奈良時代，作為藥草從中國傳入日本。在園藝盛行的江戶時代，作為觀賞用而深受喜愛，變異朝顏、大輪朝顏蔚為流行。梅雨過後，各地舉辦的朝顏市是夏天的風物詩。生長迅速，也可作為抵禦炎熱的綠色窗簾。

<基本的培育方法>

置放場所．種植場所

性喜陽光。排水和通風良好的地方。

播種

直播在地上或大盆器中，或是育苗播種在軟盆中。種子具有堅硬的外殼，所以必須先劃破一部分堅硬的種皮，或是在水裡浸泡一個晚上以促進發芽。市面上也有販售已經處理好的種子。發芽適溫較高，不宜過早播種。嫌光性種子，播種後需覆土 2 公分。本葉長出 3 ～ 4 片後定植。

種植．換土換盆

育苗時，如果從底孔看到白色的根，小心不要切斷根系地予以定植。種植時的株距為 30 ～ 50 公分。

澆水

播種或種植時，要充分澆水。之後，當盆栽的土表乾燥時，也請大量給水，但需避免過度潮濕。地植在展根前要確實澆水，之後基本上不需要再澆水。在花開前要稍微節制水量，一旦花朵開始綻放，需避免讓介質變乾燥。

立支架

定植後，當蔓莖開始伸長時，將其誘引至支架或網子上。

施肥

播種或種植 2 週後，施用適量的顆粒狀緩效性肥料。之後，整個 7 月每 2 週施用 1 次適量的液肥。

摘除殘花

開花過後，請勤於摘除殘花。

摘心．回剪

長出約 7 片本葉時，摘除頂芽以促進側芽萌生。蔓莖需時常回剪。

繁殖方法

利用播種繁殖。

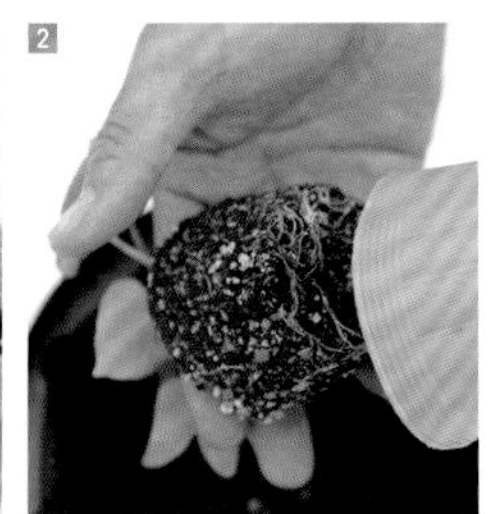

1 長出雙子葉。
2 在軟盆的底部可以看見根系前，將根球取出。
3 蔓莖日益茁壯，所以要種到更大的盆器中，讓支撐植株的根系得以充分伸展。到了夏天，植物會長得更高。

栽培起點	種子、幼苗
日照條件	全日照
發芽適溫	20 ～ 25°C
生長適溫	20 ～ 30°C
栽培適地	耐寒性．弱、耐暑性．強
介質	基本培養土 60%、椰纖 35%、珍珠石 5% (基本培養土是細粒赤玉土 60%、腐葉土 40%) ＊盆栽混合牛糞堆肥，地植混合苦土石灰和腐葉土
肥料	顆粒狀的緩效性肥料、液肥
株高	30 ～ 500 公分

栽培曆

	1	2	3	4	5	6	7	8	9	10	11	12
開花期						■	■	■	■	■		
播種				■	■							
種植．換土換盆					■	■						
施肥					■	■	■					

矮牽牛

科·屬 茄科矮牽牛屬

原產地 南美洲中東部熱帶～溫帶

分類 草花、一年生草本（視品種與地區會作為多年生栽培）

花色

在歐洲，它是裝飾窗臺的花卉之一。結實健壯，能開出色彩豐富的花朵。在原產地的南美洲山區到沿海地帶被視為宿根植物，在日本等地雖然被視為一年生草本，但可以越冬。它有皺波狀花朵和重瓣花，花色優雅別緻，從初夏持續盛開到秋天。

<基本的培育方法>

置放場所．種植場所

性喜陽光。排水和通風良好的地方。耐熱，但需避免西曬。花不耐雨淋，需格外留意。避開已經種了同為茄科植物的場所和介質。放在陽光充足的溫暖處即可越冬。

播種

撒播在育苗箱或軟盆中。好光性種子，覆蓋薄薄一層可遮蔽種子的土即可。本葉長出 3 ～ 4 片後定植。

種植．換土換盆

溫暖地區，幼苗在 3 月下旬就會上市，購買後在不用擔心晚霜的時候種植。若是地植，在介質中混合堆肥和腐葉土後種植。

澆水

播種或種植時，要充分澆水。之後，當盆栽的土表乾燥時，也請大量給水，但需避免過度潮濕。地植在展根前要確實澆水，之後基本上不需要再澆水。盛夏時在早上澆水。

施肥

播種或種植 2 週後，施用適量的顆粒狀緩效性肥料。之後每 2 週施用 1 次適量的液肥。花朵接二連三地綻放，所以要使用大量的肥料。

摘除殘花

開花過後，請勤於摘除殘花。

摘心．回剪

種植後摘心，可促進側芽萌發生長、增加花朵數量。種植後 2 個月若植株開始生長凌亂，請果斷回剪。

繁殖方法

利用播種、扦插繁殖。扦插是剪取帶有 3 個節點的莖來進行。4 ～ 5 週可生根。

栽培起點	種子、幼苗
日照條件	全日照
發芽適溫	20 ～ 25°C
生長適溫	20 ～ 30°C
栽培適地	耐寒性．弱～中、耐暑性．中
介質	基本培養土 60%、椰纖 35%、珍珠石 5% (基本培養土是細粒赤玉土 60%、腐葉土 40%)
肥料	顆粒狀的緩效性肥料、液肥
株高	10 ～ 40 公分

栽培曆

	1	2	3	4	5	6	7	8	9	10	11	12
開花期＊												
播種												
種植．換土換盆												
施肥												

＊視品種特性而定

1 濃紫色重瓣品種有玫瑰花型的'小葡萄'。2 優雅的'巧克力棕（Chocolat Brown）'以奶油色為基色，中間為深棕色。3 據說這種色彩絢麗的花朵照亮了歐洲的窗臺。

培育重點

[地植]

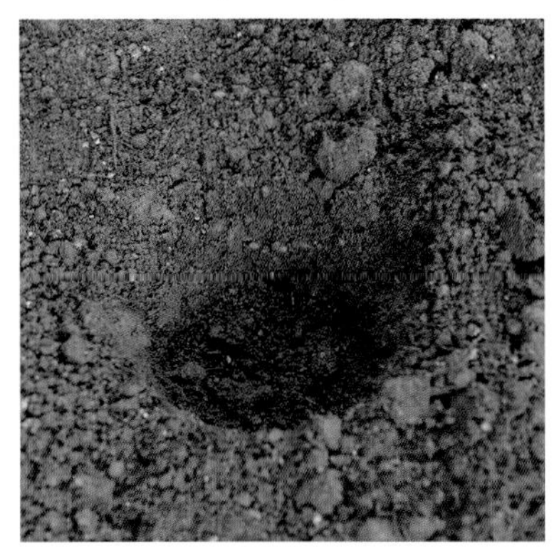

與添加腐葉土等介質的土充分混合，製成排水良好的肥沃土。植穴深度約 10 公分，株距為 20 公分。矮牽牛是茄科。茄科植物不喜歡已經種有其他茄科植物的場所與土。

從盆器中取出幼苗。根系沒有嚴重盤根，是適合栽種的幼苗。稍微鬆開底部的土。

種植後，用手輕輕將土分布平均地整平。嚴禁用力擠壓。

[種植到盆器中]

1 幼苗購入後請儘早種植。通常只要稍微把土鬆開就可以種植，不過若是遇到根系在盆器中盤根時，可以先去除些許底部的根，然後鬆土。

2 準備比軟盆大一號的盆器。以草花用培養土種植。修剪掉些許根系，會比較容易長出新根，順利地在新的介質中成活。盤根的根球如果直接種植，根系會無法適應新的介質，需格外注意。

[假植上盆]

1 播種於軟盆的小苗要取出假植。

2 從盆苗中取出後，小心鬆開根系，一株一株的分開。

3 一株株分別種在軟盆中，完成假植。

長春花

科・屬 夾竹桃科長春花屬

原產地 馬達加斯加

分類 草花、多年生草本，常作為一年生使用

花色 ●●●○●◎

不屈服於盛夏的炎熱和強烈的陽光，
生氣蓬勃地妝點著花圃。
無論土質如何，根系皆可筆直生長的軸根系植物。
不喜歡移植，所以一拿到幼苗，
要在根系在盆中盤根前儘快種植。
匍匐莖類型的蔓長春花，是不同屬的植物。

<基本的培育方法>

置放場所・種植場所

性喜陽光。排水和通風良好的地方。烈日和西曬會讓盆器的溫度升高，造成植株虛弱，需格外留意。也要避開風大的地方。如果在超過 13°C 的地方生長，就會變成灌木狀。

播種

播種在育苗箱或軟盆中。嫌光性種子，播種後需覆土 2 公分。本葉長出 2 ～ 3 片後定植。

種植・換土換盆

幼苗之間保留約 2 株幼苗的距離，並確保種植後可看見根球的表面，避免過度潮濕。因為是軸根系植物，所以不用破壞根球。

澆水

播種或種植時，要充分澆水。之後，當盆栽的土表乾燥時，也請大量給水。地植在展根前要確實澆水，之後基本上不需要再澆水。澆水請在中午前完成。不耐乾燥也不耐潮濕，需格外留意。

施肥

播種或種植 2 週後，施用適量的顆粒狀緩效性肥料。還有，從種植時開始便每 2 週施用 1 次適量的液肥。濃度過高會傷害根部，所以液肥需經過稀釋。

摘除殘花

勤於去除自然凋落的殘花。

摘心・回剪

本葉長到約 8 片時摘心。夏天，當植株生長凌亂時，在莖的適當位置進行修剪。反覆回剪，可讓花開得更好。

繁殖方法

利用播種、扦插繁殖。扦插是剪取帶有 3 個節點的莖來進行。4 ～ 5 週可生根。

1 不喜歡移植的軸根系植物，為了避免傷到根部，請在根球尚未纏繞時種植。
2 深胭脂色花朵中心點綴了白色的'果醬（Jam&Jelly）'。
3 白色小花清新優雅的'迷你堅果（Mini Nuts）'。

栽培起點	種子、幼苗
日照條件	全日照
發芽適溫	20 ～ 25°C
生長適溫	20 ～ 30°C
栽培適地	耐寒性・弱、耐暑性・中～強
介質	基本培養土 60%、椰纖 35%、珍珠石 5% (基本培養土是細粒赤玉土 60%、腐葉土 40%)
肥料	顆粒狀的緩效性肥料、液肥
株高	10 ～ 80 公分

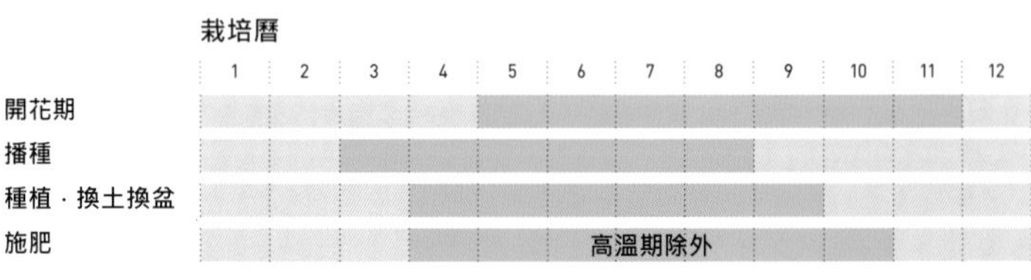

百日草

科・屬　菊科百日草屬
原產地　以墨西哥為分布中心的南北美洲
分類　草花、一年生草本
花色　●●●●○●◎

即使在盛夏也能持續長時間地開花，所以有百日草、百日菊之稱。近年在日本，使用屬名音譯稱為Zinnia這個名字變得很普遍，花色繽紛艷麗。有株高接近1公尺的一般型，也有株高僅30公分左右的迷你種。

<基本的培育方法>

置放場所・種植場所

性喜陽光。排水和通風良好的地方。日照不好的地方容易徒長，尤其是植株較高的切花用類型必須使用支架。

播種

撒播在育苗箱或軟盆中。好光性種子，需要有光才能發芽。覆蓋薄薄一層可遮住種子的土即可。本葉長出3片時，換到大一號的盆器中。

種植・換土換盆

當幼苗長出8～10片的本葉時，即可以盆栽或地植的方式種植。

澆水

播種或種植時，要充分澆水。之後，當盆栽的土表乾燥時，也請大量給水，但需避免過度潮濕。地植在展根前要確實澆水，之後基本上不需要再澆水。

施肥

播種或種植2週後，施用適量的顆粒狀緩效性肥料。花期較長，所以從夏天開始每2個月施用1次顆粒狀緩效性肥料。

摘除殘花

當花瓣邊緣開始枯萎時就把花朵摘除。小型植株也同時進行回剪。

摘心・回剪

本葉長出10片左右時，摘除頂芽。7月下旬時果斷回剪。盡可能保留綠色的下葉，把莖回剪可防止高溫潮溼的悶熱。如此即可長出新的莖葉、增加花朵數量。

繁殖方法

利用播種、扦插繁殖。扦插是剪取帶有2～3個節點的莖來進行。

小百日草
（粉紅色系）

小百日草
（黃色系）

芭比混色
（Barbie Mix）

斑點皇后萊姆
（Queen Lime with Blotch）

栽培起點	種子、幼苗
日照條件	全日照
發芽適溫	20～25°C
生長適溫	20～30°C
栽培適地	耐寒性・弱、耐暑性・中～強
介質	基本培養土60%、椰纖35%、珍珠石5% (基本培養土是細粒赤玉土60%、腐葉土40%)
肥料	顆粒狀的緩效性肥料、液肥
株高	20～100公分

栽培曆

	1	2	3	4	5	6	7	8	9	10	11	12
開花期												
播種												
種植・換土換盆												
施肥												

向日葵

科．屬 菊科向日葵屬
原產地 北美洲
分類 草花、一年生草本
花色 ●●●○●◎

仲夏盛開的亮黃色大花，帶來生氣蓬勃的活力。栽培時，必須培育出足以牢牢支撐高大莖幹的根系。因為是軸根系植物，所以在換土或種植時，不用鬆開根系，即可直接埋入土中。也有可種在花箱中的矮性品種。

<基本的培育方法>

置放場所．種植場所
性喜陽光。排水和通風良好的地方。高大的品種必須使用支架。

播種
不喜移植，所以直接播種。或是先播種在加高型軟盆中，等長出 3 ～ 4 片本葉時再定植到大型盆器或花箱中。

種植．換土換盆
不用鬆根，直接栽種。

澆水
播種或種植時，要充分澆水。之後，當盆栽的土表乾燥時，也請大量給水，但需避免過度潮濕。地植在展根前要確實澆水，之後基本上不需要再澆水。展根較淺，所以乾燥會讓葉片枯萎、植株變虛弱。為了防止乾燥，在根基部置放稻草或完熟腐葉土。

立支架
植株高大的品種，需視生長狀況立支架，誘引莖幹。

施肥
播種或種植 2 週後，施用適量的顆粒狀緩效性肥料。另外，在花開之前，每 2 週施用 1 次適量的液肥。

摘除殘花
多花型品種在開花過後，從花莖的基部修剪掉。

繁殖方法
利用播種繁殖。

1 因為是軸根系植物，所以使用加高型軟盆以點播方式播種。
2 在根系纏繞前種植幼苗。
3 根據植株的高度豎立支架。雖然黃色的花給人留下深刻的印象，但是市面上也有紅色和棕色品種的種子。

栽培起點	種子、幼苗
日照條件	全日照
發芽適溫	20 ～ 25°C
生長適溫	20 ～ 30°C
栽培適地	耐寒性．弱、耐暑性．強
介質	基本培養土 60%、椰纖 35%、珍珠石 5% (基本培養土是細粒赤玉土 60%、腐葉土 40%)
肥料	顆粒狀的緩效性肥料、液肥
株高	30 ～ 400 公分

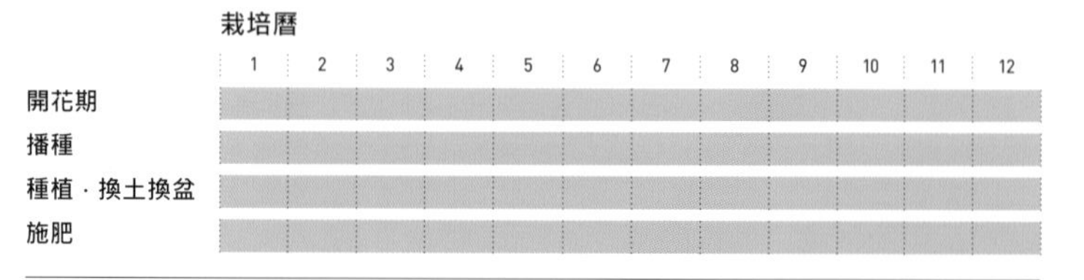

非洲鳳仙花

科・屬 鳳仙花科鳳仙花屬
原產地 熱帶非洲
分類 草花、一年生草本（視品種與地區會作為多年生栽培）
花色 ●●●○◎

從初夏到秋季，可以長時間賞花。適應氣候的強健品種，為仲夏庭院增添豐富色彩。生長在陰涼處，適合種在朝北的玄關入口或樹蔭花園。有花朵數量多的單瓣品種，也有具分量感且花形似玫瑰的重瓣品種。

<基本的培育方法>

置放場所・種植場所

性喜陰涼或半日照。花朵淋雨容易壞損，適合盆栽放於不淋雨處。

播種

播種在育苗箱或軟盆中。好光性種子，需要有光才能發芽。覆蓋薄薄一層可遮住種子的土即可。本葉長出 4 ～ 6 片時定植。

種植・換土換盆

盆栽適合使用塑膠盆。幼苗種在大 1 ～ 2 號的盆器中。

澆水

播種或種植時，要充分澆水。之後，當盆栽的土表乾燥時，也請大量給水，但需避免過度潮濕。地植在展根前要確實澆水，之後基本上不需要再澆水。花朵不要淋到水，儘量保持乾燥。

施肥

播種或種植 2 週後，施用適量的顆粒狀緩效性肥料。肥料耗盡會讓花朵數量減少、花色變差，所以開花後每 2 週施用 1 次適量的液肥。含氮量高的肥料會造成根部腐爛。

摘除殘花

散落的花瓣附著在葉子上會導致灰黴病，需勤於摘除。

摘心・回剪

種植時進行摘心。在夏天果斷回剪 1/3 ～ 1/2 使其恢復活力，秋天就會綻放美麗的花朵。

繁殖方法

除了用播種繁殖外，扦插也很容易繁殖。扦插是剪取帶有 2 個節點且含葉子的莖來進行。

鮮亮的橘色單瓣花。和同類的鳳仙花一樣，花背有一根被稱為距的細長部分。

玫瑰型品種。花朵很小，花瓣重疊。

栽培起點	種子、幼苗
日照條件	全日照
發芽適溫	20 ～ 25°C
生長適溫	20 ～ 30°C
栽培適地	耐寒性・強、耐暑性・弱
介質	基本培養土 60%、椰纖 35%、珍珠石 5% (基本培養土是細粒赤玉土 60%、腐葉土 40%)
肥料	顆粒狀的緩效性肥料、液肥
株高	20 ～ 60 公分

栽培曆

	1	2	3	4	5	6	7	8	9	10	11	12
開花期												
播種												
種植・換土換盆												
施肥												

大波斯菊

科・屬 菊科波斯菊屬
原產地 墨西哥
分類 草花、一年生草本
花色 ●●●●○●◎

秋天花朵的代名詞。隨風搖曳的嬌嫩花姿既可愛又纖細，實際上，只要有良好的陽光和通風，即使是自體撒落的種子也可繁殖，是很容易生長的花。它的同類之一巧克力波斯菊是不同種，被視為多年生草本。

＜基本的培育方法＞

置放場所・種植場所

性喜陽光。排水和通風良好的地方。在明亮的陰涼處容易徒長倒伏。

播種

好光性種子，覆蓋薄薄一層可遮住種子的土即可。直接播種在花圃中。株高會隨播種時期而改變。如果在 7 月下旬播種，會長成 30 ～ 50 公分的矮型植株，管理容易。本葉長出 3 ～ 4 片後定植。

種植・換土換盆

趁根系尚未盤根前，不用破壞根系，直接定植。

澆水

播種或種植時，要充分澆水。之後，當盆栽的土表乾燥時，也請大量給水。地植在展根前要確實澆水，之後基本上不需要再澆水。

立支架

植株長到約 50 公分高時，立支架來支撐莖幹。

施肥

播種或種植 2 週後，施用適量的顆粒狀緩效性肥料。肥料過多容易徒長倒伏，需格外留意。

摘除殘花

殘花從花莖處用剪刀修剪掉。

摘心・回剪

本葉長出約 8 片時，摘除摘心。只不過，以後需節制摘心。反覆摘心會抑制株高，促進側芽萌發。莖幹一旦過度伸長，請回剪以保持良好的通風。

繁殖方法

利用播種繁殖。

栽培起點	種子、幼苗
日照條件	全日照
發芽適溫	20 ～ 25°C
生長適溫	20 ～ 30°C
栽培適地	耐寒性・弱、耐暑性・中
介質	基本培養土 60%、椰纖 35%、珍珠石 5% (基本培養土是細粒赤玉土 60%、腐葉土 40%)
肥料	顆粒狀的緩效性肥料、液肥
株高	50 ～ 250 公分

栽培曆

	1	2	3	4	5	6	7	8	9	10	11	12
開花期												
播種												
種植・換土換盆												
施肥												

10 月初在相同地點拍攝的大波斯菊。右圖中的是在 6 月播種，植株長得很高，很多從基部倒伏後又立起來。如果是在 7 月播種，植株會如同左圖所示矮而整齊，花朵盛開且不易倒伏。

葉牡丹

科·屬	十字花科甘藍屬
原產地	歐洲西部
分類	草花、二年生草本、多年生草本
花色	●○●●◎

看起來像花瓣的，全部都是葉子。它是高麗菜的同類，已改良成園藝觀賞用。葉緣有細小皺褶的皺葉系、葉緣有深裂缺刻的裂葉系等，葉子的形狀和顏色豐富多樣。適合混植的小型品種是主流。春天，會開出像油菜一樣的花朵。

＜基本的培育方法＞

置放場所·種植場所

性喜陽光。排水和通風良好的地方。陽光與寒冷讓葉色益發鮮明。雖然耐熱，但需避免強風和強霜。

播種

播種在育苗箱或軟盆中。本葉長出 3 片後，上盆至 9 公分的軟盆中。

種植·換土換盆

選擇莖粗、葉多的幼苗。多株一起種植時，小型品種株距 20 公分、大型品種株距 30 ～ 40 公分，使每株的葉子不相互接觸。

澆水

播種或種植時，要充分澆水。之後，當盆栽的土表乾燥時，也請大量給水，但需避免過度潮濕。地植在展根前要確實澆水，之後基本上不需要再澆水。植株一旦牢牢展根，就保持微乾地管理。地植，基本上不需要澆水。

施肥

播種或種植 2 週後，施用適量的顆粒狀緩效性肥料。不需要追肥。

摘除殘花

花的盛開期一過，就把花莖修剪掉。修剪過的花莖底部會萌發新芽，到了晚秋再次變色。

繁殖方法

利用播種、扦插繁殖。適合扦插的時期，約為 5 月中下旬～ 6 月中下旬。剪取帶有新芽的莖來進行。

栽培起點	種子、幼苗
日照條件	全日照
發芽適溫	20 ～ 25°C
生長適溫	10 ～ 25°C
栽培適地	耐寒性·強、耐暑性·中～弱
介質	基本培養土 60%、椰纖 35%、珍珠石 5% (基本培養土是細粒赤玉土 60%、腐葉土 40%)
肥料	顆粒狀的緩效性肥料、液肥
株高	10 ～ 80 公分

栽培曆

	1	2	3	4	5	6	7	8	9	10	11	12
開花期		葉片觀賞期										
播種												
種植·換土換盆												
施肥												

1 3 月的花圃樣貌。抽苔的姿態頗為華麗。之後會開黃色的花。
2 '光子北極星(光子 Polaris)'。錦斑葉片帶有光澤，是裂葉的個性派品種。
3 具有接近霧面黑色調的 '黑色藍寶石(Black Sapphire)'。

蜂室花

科・屬 十字花科蜂室花屬
原產地 希臘、西南亞
分類 草花、多年生草本、一年生草本
花色 ●○●◎

具有甜美的香味，聚集成圓的花姿相當可愛。有多年生草本和一年生草本，品種繁多。照片中的是匍匐在地面蔓延生長的蜂室花（*Iberis sempervirens*）。除了用作地被植物外，還可用於混植和吊盆。

<基本的培育方法>

置放場所・種植場所

性喜陽光。排水和通風良好的地方。烈日和西曬會讓盆器的溫度升高，造成植株虛弱，需格外留意。不喜高溫潮濕。

播種

直接播種，或是播種在軟盆中。多年生草本是在春天播種，一年生草本則是在秋天播種。好光性種子，播種時不覆土。本葉長出 3 ～ 4 片後定植。

種植・換土換盆

不喜移植的軸根系植物，所以請在根系盤根前定植。

澆水

播種或種植時，要充分澆水。之後，當盆栽的土表乾燥時，也請大量給水，但需避免過度潮濕。地植在展根前要確實澆水，之後基本上不需要再澆水。冬天尤其需要保持乾燥。

施肥

播種或種植 2 週後，施用比標準量少一些的顆粒狀緩效性肥料。

摘除殘花

花朵一旦枯萎，從花序的下方修剪掉。

越夏・越冬

不耐高溫潮溼，因此夏季最好置放在陰涼的地方，例如葉隙流光的落葉樹下。繖形蜂室花（*Iberis umbellata*）在寒冷地區需要防寒。蜂室花的耐寒性強，可以在寒冷地區越冬。

回剪

多年生草本在開花過後進行回剪。

繁殖方法

多年生草本利用播種、分株、扦插繁殖，一年生草本利用播種繁殖。分株的適期是在 9 月下旬以後，扦插則是 5、10 月。

蜂室花會匍匐在花圃的邊緣等處，且喜歡乾燥，所以經常被運用在岩石花園（Rock Garden）。

同類的繖形蜂室花是一年生草本。株高約 60 公分，有粉紅、白、紅、紫等花色。也用作切花。

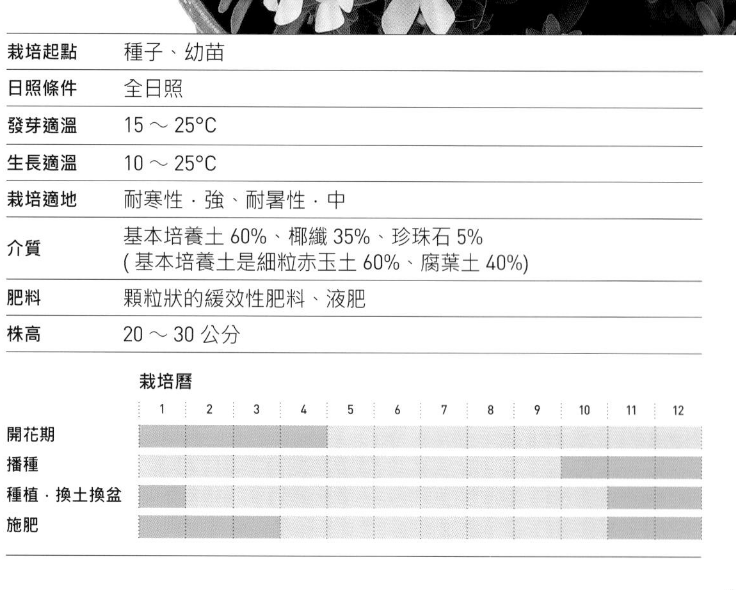

栽培起點	種子、幼苗
日照條件	全日照
發芽適溫	15 ～ 25°C
生長適溫	10 ～ 25°C
栽培適地	耐寒性・強、耐暑性・中
介質	基本培養土 60%、椰纖 35%、珍珠石 5% (基本培養土是細粒赤玉土 60%、腐葉土 40%)
肥料	顆粒狀的緩效性肥料、液肥
株高	20 ～ 30 公分

報春花

科・屬 報春花科報春花屬

原產地 歐洲

分類 草花、多年生草本（視品種與地區會作為一年生栽培）

花色 ●●●○○●●◎

與三色堇・小三色堇一樣，有各種五顏六色的花色，作為相對容易種植的盆花而深受喜愛。花形也相當豐富多樣。在冷涼的地區可以越夏、越冬，隔年也可再次欣賞。品種繁多，照片中的是西洋報春花（*Primula* × *polyantha*）。

<基本的培育方法>

置放場所・種植場所

除了夏天以外都喜歡陽光。排水和通風良好的地方。烈日和西曬會讓盆器的溫度升高，造成植株虛弱，需格外留意。開花後的植株放在落葉樹的下方等處，防止乾燥。在溫暖地區的越夏尤其困難。

播種

撒播在育苗箱或軟盆中。好光性種子，需要有光才能發芽。播種時最好不要覆土。到發芽前每天澆水 1 次，放在半日照處管理。本葉長出 4 片後定植。

種植・換土換盆

盆栽，一旦根系從盆底竄出，就換到大一號的盆器中。地植時，株距為 15 ～ 20 公分。

澆水

播種或種植時，要充分澆水。之後，當盆栽的土表乾燥時，也請大量給水，但需避免過度潮濕。地植在展根前要確實澆水，之後基本上不需要再澆水。冬季的管理請保持乾燥。

施肥

播種或種植 2 週後，施用適量的顆粒狀緩效性肥料。盆栽，每週施用 1 次比標準量少一些的追肥。地植，在炎夏時期不需要施肥，等彼岸花盛開時再開始施肥。

摘除殘花

開花過後，從花莖的基部用剪刀修剪掉。

繁殖方法

利用播種、分株繁殖。分株的適期是 3 月中旬～ 4 月上旬。牢牢握住植株基部，用手分開。需注意別分得太細。

1 開花過後，從植株基部用剪刀修剪掉，會更容易結新的花苞。
2 結種子時不需要摘除，就這樣使其生長。
3 耐寒性強，替晚秋到早春的花圃增色不少。花瓣捲曲的華麗玫瑰花型。

栽培起點	種子、幼苗
日照條件	全日照
發芽適溫	15 ～ 20°C
生長適溫	10 ～ 25°C
栽培適地	耐寒性・強、耐暑性・中～弱
介質	基本培養土 60%、椰纖 35%、珍珠石 5% (基本培養土是細粒赤玉土 60%、腐葉土 40%)
肥料	顆粒狀的緩效性肥料、液肥
株高	10 ～ 40 公分

栽培曆

	1	2	3	4	5	6	7	8	9	10	11	12
開花期	■	■	■	■								
播種										■	■	■
種植・換土換盆	■	■										■
施肥	■	■	■									■

芍藥

科・屬 芍藥科芍藥屬

原產地 中國東北部～歐亞大陸東北部

分類 草花、多年生草本

花色 ● ● ● ● ○ ◎

作為美人的代名詞而深受喜愛的優雅大輪花。日本在平安時代作為藥草從中國傳入，並在江戶園藝中作為觀賞植物而蓬勃發展。包括與歐洲改良品種的交配在內，有多種顏色和開花方式在市面上流通。透過與牡丹的交配，也誕生了黃色的品種。

<基本的培育方法>

置放場所・種植場所

置於日照良好，或半日照且不乾燥的地方。半日照的花朵數量通常會稍微減少。

種植・換土換盆

將幼苗種植在 8 寸以上的盆器中，使根系充分伸展、葉片繁茂。之後，每 2 ～ 3 年換土換盆 1 次。地植可 5 ～ 10 年不必更動。

澆水

播種或種植時，要充分澆水。之後，當盆栽的土表乾燥時，也請大量給水，但需避免過度潮濕。地植在展根前要確實澆水，之後基本上不需要再澆水。

立支架

株高較高的大輪品種，為了不被風雨吹倒，需立支架。

施肥

播種或種植 2 週後，施用適量的顆粒狀緩效性肥料。

覆料

為了保護根部，在植株基部覆料將有助生長。冬天時進行培土。

摘蕾

為了讓花開得更飽滿，將側蕾摘除，只留下頂部的花。

摘除殘花

開花過後，從花莖部分修剪掉。

繁殖方法

利用分株繁殖。適期是 9 月。

莎拉・伯恩哈特（Sarah Bernhardt）

邦克山（Bunker Hill）

羅斯福（Roosevelt）

開始冒出花苞的盆栽。培育成葉片茂盛的植株。

栽培起點	幼苗
日照條件	全日照、半日照
生長適溫	15 ～ 25°C
栽培適地	耐寒性・強、耐暑性・中
介質	基本培養土 60%、椰纖 35%、珍珠石 5% (基本培養土是細粒赤玉土 60%、腐葉土 40%)
肥料	顆粒狀的緩效性肥料、液肥
株高	60 ～ 120 公分

栽培曆

	1	2	3	4	5	6	7	8	9	10	11	12
開花期		●	●	●	●							
種植・換土換盆											●	
施肥	●										●	●

大戟屬植物

科・屬	大戟科大戟屬
原產地	地中海沿岸地區
分類	灌木、多年生草本（視品種與地區會作為一年生栽培）、草花
花色	

大戟屬從灌木到多肉植物，共有２０００多種。它們大部分會成為花園的重點，可讓您長時間欣賞顏色和形狀。照片中的品種是黑鳥（Blackbird）。所有品種都相當耐乾燥，因此易於培育。

<基本的培育方法>

置放場所・種植場所

性喜陽光。排水和通風良好的地方。雖然耐強烈的日照與乾燥，但大多不耐高溫潮溼。有些品種需要防寒，也有被視為一年生草本栽培的品種。

種植・換土換盆

幼苗種在中和過的介質中。不喜歡過度潮濕，因此要淺植，並用碎木屑等覆蓋植株基部。盆栽，當根系開始從盆器底部鼠出時，需換到大一號的盆器中。大約是每 2 ～ 3 年 1 次。

澆水

播種或種植時，要充分澆水。之後，當盆栽的土表乾燥時，也請大量給水，但需避免過度潮濕。地植在展根前要確實澆水，之後基本上不需要再澆水。春天的生長期給多一點，夏天需保持乾燥。

施肥

播種或種植 2 週後，施用適量的顆粒狀緩效性肥料。高溫期需節制肥料。

摘心・回剪

開花過後，把莖從基部修剪掉，以促進地面冒出之嫩芽的生長。

繁殖方法

利用扦插繁殖。扦插是利用頂芽來進行。有的也可利用播種或分株來繁殖。

栽培起點	種子、幼苗
日照條件	全日照、半日照
發芽適溫	15 ～ 20°C
生長適溫	10 ～ 25°C
栽培適地	耐寒性・中～強、耐暑性・中
介質	基本培養土 50%、椰纖 40%、珍珠石 10% (基本培養土是細粒赤玉土 60%、腐葉土 40%)
肥料	顆粒狀的緩效性肥料、液肥
株高	10 ～ 100 公分

栽培曆

	1	2	3	4	5	6	7	8	9	10	11	12
開花期＊												
播種												
種植・換土換盆												
施肥												

＊視品種特性而定

1 馬丁尼大戟（*Euphorbia* × *martinii*）等。
2 生長適溫為 5°C 以上的 '鑽石雪（Diamond Snow）'。有的在溫暖地區也可越冬。

鐵線蓮

科・屬	毛茛科鐵線蓮屬
原產地	主要在北半球和紐西蘭
分類	草木、多年生草本、蔓性
花色	●●○●●●◎

誘引到柵欄或牆面上生長的蔓性植物。不佔空間，而且能開出很多的花。美麗的花朵與玫瑰相得益彰，是玫瑰園中的絕佳配角。透過修剪，一年可開花2～3次。

<基本的培育方法>

置放場所・種植場所

性喜陽光。排水和通風良好的地方。討厭乾燥。地植後不喜移植，故需留意地點的選定。

種植・換土換盆

避開酷暑及寒冬期，適合的時期是早春。種植前先拌入堆肥或有機肥料。用腐葉土等覆蓋植株基部。

澆水

播種或種植時，要充分澆水。之後，當盆栽的土表乾燥時，也請大量給水，但需避免過度潮濕。地植在展根前要確實澆水，之後基本上不需要再澆水。盆栽需留意不要缺水。

立支架

盆栽在種植時需立支架。地植後一旦生長，就要誘引到棚架或柵欄上。

施肥

播種或種植 2 週後，施用適量的顆粒狀緩效性肥料。

摘除殘花

開花過後，整朵花修剪掉。

修剪

新枝開花品種，在開花後儘早從植株基部往上 2 ～ 3 節處予以回剪。冬季要將地上部枯萎的枝葉進行強剪。老枝開花品種，在開花後從花朵下方 1 節處修剪掉。冬季進行稍微修剪細枝前端的弱剪。冬季修剪的適期是 2 ～ 3 月。新枝老枝都開花的品種，其花後修剪與新枝開花品種相同。冬季是結合強剪和弱剪。

繁殖方法

利用扦插繁殖。播種不僅耗時，且大多發芽不良，所以不適合。

1 新枝開花品種

修剪

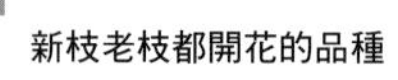

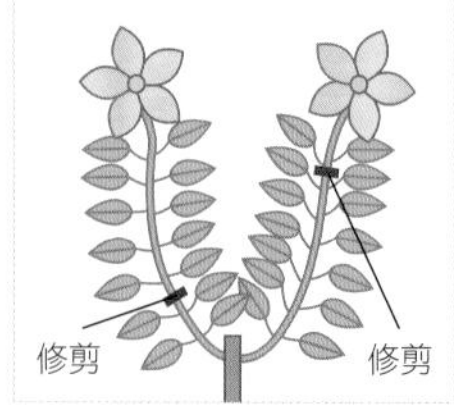

剪枝的方法有 3 種。
1 新枝開花品種的花後修剪，是從植株基部往上 2 ～ 3 節處修剪。
2 老枝開花品種的花後修剪，是從花朵下方 1 節處修剪。
3 新枝老枝都開花的品種的花後修剪與冬季修剪，是結合兩者的修剪方式。

栽培起點	幼苗
日照條件	全日照
生長適溫	20 ～ 30°C
栽培適地	耐寒性・強、耐暑性・中
介質	基本培養土 60%、椰纖 35%、珍珠石 5% (基本培養土是細粒赤玉土 60%、腐葉土 40%)
肥料	顆粒狀的緩效性肥料、液肥
株高	50 ～ 800 公分

栽培曆

	1	2	3	4	5	6	7	8	9	10	11	12
開花期＊												
種植・換土換盆												
施肥												

＊視品種特性而定

培育重點

[重繞藤蔓]

在重繞藤蔓之前先不要澆水，會比較好鬆開與纏繞。

1 密集生長的盆栽，把誘引到支架上的枝條全部鬆開，剪掉太密的枝條。

2 用新的介質種在大一號的盆器中，然後豎立支架。

3 分布平均地誘引到支架上，用塑膠魔帶固定莖蔓。

4 換了大一號的盆器並且豎立支架，通風也變好了。

[葉柄纏繞]

蔓性植物具有卷鬚和蔓莖纏繞的性質，鐵線蓮透過葉柄纏繞來固定枝條。如果放任不管，會自然地纏繞在周圍的葉子和莖枝上。

[發芽後的誘引]

將伸長的藤蔓，用塑膠魔帶綁住葉子纏繞處。由於還在生長，所以不要綁得太緊，寬鬆的固定即可。萌芽階段的莖還很軟，所以最好在花芽形成、莖變硬時進行誘引。

[發芽]

誘引到棚架上的鐵線蓮，從老枝長出了許多新葉的芽。

[修剪殘花]

開花過後，花瓣就會凋落，留下成為種子的部分。一旦結種子就會消耗植株的體力，所以不觀賞的話請儘早修剪掉。

[花後修剪]

新枝開花、老枝開花，或是新枝老枝同時開花，剪枝的位置有所不同。老枝開花，是在花朵往下 1 節處修剪。

鐵線蓮的花與種子

紫子丸

Abundance

Ianthina

Sunny Side

Purpurea Plena Elegans

Polonez

Piilu

白萬重

Black Prince

Venosa Violacea

Teksa

Caroline

Solidarnosc

Cherry Lip

Pritty Pinwheel

花島

東京小姐

妙福

藤香

卷鬚鐵線蓮（*Clematis cirrhosa*）

金光菊

科・屬 菊科金光菊屬
原產地 北美洲
分類 草花、多年生草本（視品種與地區會作為一年生栽培）
花色 ● ● ● ● ◎

即使在盛夏的烈日下，
依舊開朗而充滿活力地綻放著。
看起來像小向日葵的橙色和黃色花朵，
從夏季到秋季，成簇蓬勃地盛開。
開花過後即使不採摘，
中心部分也會長時間留存，可供欣賞。

<基本的培育方法>

置放場所・種植場所

性喜陽光。排水和通風良好的地方。一旦長大就很難移植，所以要注意種植地點。多年生草本類型，需選擇冬季不受寒風吹襲的地方。

播種

撒播在育苗箱中或點播在軟盆中。好光性種子，播種時最好不要覆土。本葉長出 3 ～ 4 片後定植。

種植・換土換盆

地植在種植前先拌入堆肥或腐葉土。盆栽約 1 年換土換盆 1 次。

澆水

留意高溫期的過度潮濕，冬季請保持乾燥。地植，除了種植外幾乎不需要澆水。

施肥

播種或種植 2 週後，施用適量的顆粒狀緩效性肥料。地植，除了種植外幾乎不需要施肥。

摘除殘花

開花過後，請從花梗的基部修剪掉。

摘心・回剪

開花後若植株生長凌亂，將整株修剪至約一半的高度。適期是 8 月左右。

繁殖方法

利用分株繁殖。不要分得太細，分切時確保都帶有根系。適期是 3 月中旬～ 4 月下旬。

1 閃亮金光菊（*Rudbeckia fulgida*）是日本在明治時代由東鄉平八郎從英國引進，別稱東鄉菊。
2 金光菊 ' 亨利艾勒斯 '（*Rudbeckia subtomentosa* 'Henry Eilers'）。株高 120 ～ 150 公分。也用作切花。
3 三裂葉金光菊（*Rudbeckia triloba*）。

栽培起點	種子、幼苗
日照條件	全日照
發芽適溫	20 ～ 25°C
生長適溫	20 ～ 30°C
栽培適地	耐寒性・中、耐暑性・強
介質	基本培養土 60%、椰纖 35%、珍珠石 5% (基本培養土是細粒赤玉土 60%、腐葉土 40%)
肥料	顆粒狀的緩效性肥料、液肥
株高	40 ～ 150 公分

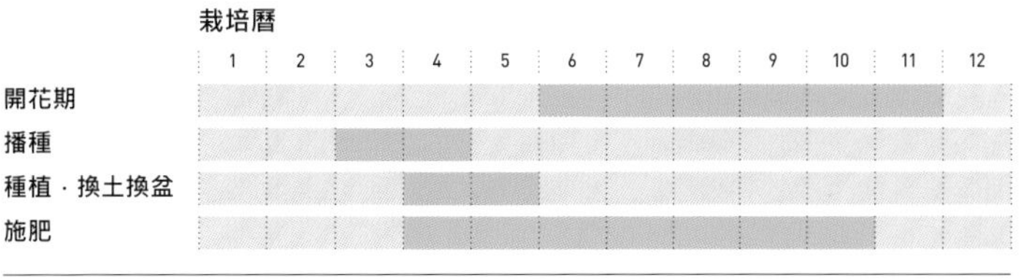

鼠尾草

科・屬	唇形科鼠尾草屬
原產地	中美洲、地中海沿岸等地
分類	草花、多年生草本（灌木）
花色	●●●●○●◎

鼠尾草 Salvia，又稱 Sage，在世界上大約有９００種。大多數是觀賞用，但也有用作殺菌和滋補草藥的藥用鼠尾草。花期很長，從初夏一直到秋天，紫色和紅色小花替開始褪色的秋天景象增添色彩。

<基本的培育方法>

置放場所・種植場所

性喜陽光。排水和通風良好的地方。挑選不會乾燥的地方。

播種

撒種在育苗箱，或是播種在軟盆中。好光性種子，需要有光才能發芽。播種時最好不要覆土。本葉長出 3 ～ 4 片後定植。

種植・換土換盆

將幼苗種植在拌入堆肥或腐葉土的中和介質中。地植如果排水不良，請添加河砂。

澆水

播種或種植時，要充分澆水。之後，當盆栽的土表乾燥時，也請大量給水，但需避免過度潮濕。地植在展根前要確實澆水，之後基本上不需要再澆水。

施肥

播種或種植 2 週後，施用適量的顆粒狀緩效性肥料。之後，花期長的類型需 1 個月 1 次，施用顆粒狀緩效性肥料。

摘心・回剪

定植後，當莖幹伸長時將前端摘除。如果葉子雜亂擁擠，請予以回剪。

摘除殘花

開花過後，把整串花穗修剪掉。

繁殖方法

利用播種、分株、扦插繁殖。

1 花序盛開、體力耗損的櫻桃鼠尾草。
2 摘下花序後，果斷將植株回剪至 1/3 高。
3 回剪後，施用適量的液肥，促進側芽生長，使其在秋季再次開花。

栽培起點	種子、幼苗
日照條件	全日照
發芽適溫	20 ～ 25°C
生長適溫	20 ～ 30°C
栽培適地	耐寒性・弱～強、耐暑性・弱～強　＊視品種而有所差異
介質	基本培養土 60%、椰纖 35%、珍珠石 5% (基本培養土是細粒赤玉土 60%、腐葉土 40%)
肥料	顆粒狀的緩效性肥料、液肥
株高	20 ～ 250 公分

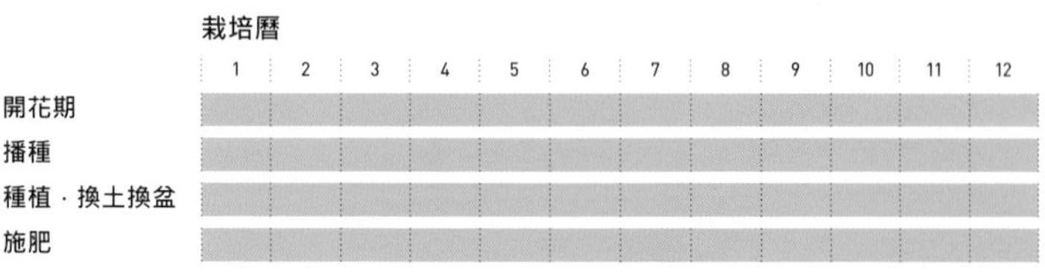

培育重點

[越冬]

半耐寒性類型的越冬，是在植株基部覆蓋塑料。在上面鋪蓋腐葉土可提高保溫效果，即可越冬。

[上盆]

插穗生根後，小心不要傷到根系，一株一株地移植到軟盆中。

[扦插]

鼠尾草的發芽率並不好，所以植株高的類型，建議用扦插繁殖。扦插後 2 ～ 3 週發芽。

鼠尾草的品種

墨西哥鼠尾草
(*Salvia leucantha*)

櫻桃鼠尾草
(*Salvia greggii*)

連翹鼠尾草
(*Salvia madrensis*)

紅花鼠尾草
(*Salvia coccinea*)

林蔭鼠尾草 ' 紫水晶 '
(*Salvia nemorosa* 'Amethyst')

鳳梨鼠尾草 ' 金冠 '
(*Salvia elegans* 'Golden Delicious')

小葉鼠尾草 ' 粉桃紅 '
(*Salvia microphylla* 'Pink Blush')

小葉鼠尾草 ' 烈焰紅唇 '
(*Salvia microphylla* 'Hot Lips')

草地鼠尾草 ' 幕光小夜曲 '
(*Salvia pratensis* 'Twilight Serenade')

巴格旦鼠尾草
(*Salvia officinalis* 'Berggarten')

玫瑰葉鼠尾草
(*Salvia involucrata*)

一串紅 ' 火炬 '
(*Salvia splendens* 'Torchlight')

石竹屬

科・屬	石竹科石竹屬
原產地	歐洲、北美洲、亞洲、南非
分類	草花、多年生草本
花色	●●●○●●●◎

石竹屬在世界上大約有300種，且有各式各樣的品種在市面上流通。可愛的花姿饒富特徵，在日本是秋之七草之一，有河原撫子等自生種。常綠，四季開花的品種很多，根據品種和地點的不同，一年四季都可以觀賞。

<基本的培育方法>

置放場所・種植場所

性喜陽光。排水和通風良好的地方。不喜高溫潮濕。

播種

撒播在育苗箱，或是播種在軟盆中。好光性種子，需要有光才能發芽。播種時最好不要覆土。本葉長出2～3片後定植。

種植・換土換盆

盆栽和地植，都是先在介質中混入少量苦土石灰再種植。盆栽很容易出現盤根的情況，所以每年都要鬆根換土。

澆水

播種或種植時，要充分澆水。之後，當盆栽的土表乾燥時，也請大量給水，但需避免過度潮濕。地植在展根前要確實澆水，之後基本上不需要再澆水。細葉類型需慎防缺水。冬天請保持微乾。

施肥

播種或種植2週後，施用適量的顆粒狀緩效性肥料。之後在早春和秋天施用顆粒狀緩效性肥料。高溫期需控制施肥。

摘除殘花

若不採集種子，開花過後請馬上修剪殘花。

摘心・回剪

開花過後的花莖，在靠近植株基部的地方修剪掉。

繁殖方法

利用分株、扦插繁殖。扦插是剪取1～2節的枝條來進行。約4週可生根。適期是4～6月。

為了因應梅雨季節的悶熱與越夏，要替植株進行回剪。高大的類型在每次開花過後，一根一根從基部修剪掉。矮小的類型在開花過後，整株修剪至約一半株高。

1 美女撫子'黑爵士（Blackadder）'。
2 河原撫子'流星粉紅（Meteor Pink）'。

栽培起點	種子、幼苗
日照條件	全日照
發芽適溫	15～20°C
生長適溫	15～25°C
栽培適地	耐寒性・強、耐暑性・中～強
介質	基本培養土60%、椰纖35%、珍珠石5% (基本培養土是細粒赤玉土60%、腐葉土40%)
肥料	顆粒狀的緩效性肥料、液肥
株高	10～80公分

栽培曆

	1	2	3	4	5	6	7	8	9	10	11	12
開花期	■	■	■	■	■	■					■	■
播種	■								■	■	■	■
種植・換土換盆	■	■								■	■	■
施肥	■	■	■	■	■					■	■	■

秋海棠屬

科・屬 秋海棠科秋海棠屬
原產地 熱帶、亞熱帶（澳洲除外）
分類 草花、一年生草本（視品種與地區會作為多年生栽培）
花色 ●●●●○◎

常綠植物，左右不對稱的葉片形狀是其特徵。
此外，同一株上分成雄花與雌花，兩者花蕊構造不同。
種類繁多，培育方式也隨種類而有所差異。
照片中的是常見的品種
四季秋海棠（*Begonia semperflorens*）。
春季至深秋開花，在溫暖地區也可越冬。

<基本的培育方法>

置放場所・種植場所

性喜陽光。排水和通風良好的地方。烈日和西曬會使植株衰弱，所以要注意。盛夏時請移至明亮的陰涼處。

播種

撒播在育苗箱，或是播種在軟盆中。好光性種子，播種時最好不要覆土。約 15 天發芽。本葉長出 2 ～ 3 片後定植。

種植・換土換盆

地植時，請拌入大量的腐葉土。盆栽如果從盆底能看到根，或者植株大小和盆器不合，就需要換土換盆。

澆水

播種或種植時，要充分澆水。之後，當盆栽的土表乾燥時，也請大量給水，但需避免過度潮濕，盛夏與冬天節制澆水。地植在展根前要確實澆水，之後基本上不需要再澆水，只有盛夏時，一旦乾燥請於早上澆水。

立支架

莖往上伸長的類型，需立支架。

施肥

盆栽在種植的 2 週後，施用適量的顆粒狀緩效性肥料。之後，每週施用 1 次適量的液肥。地植，使用緩效性肥料作為基肥與追肥。

摘除殘花

開花過後，從花莖的基部切除。自然凋落的殘花也予以清除。

繁殖方法

利用扦插繁殖。從沒有開花的莖，剪取 2 ～ 3 節帶有葉芽的長度來使用。

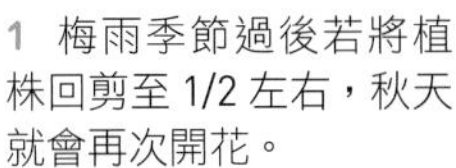

1 梅雨季節過後若將植株回剪至 1/2 左右，秋天就會再次開花。
2 在夏季的烈日照射下，尤其是西曬，葉片很容易灼傷。莖很容易折斷，所以要小心處理。
3 自古就叫做秋海棠的植物。

栽培起點	種子、幼苗
日照條件	全日照、半日照
發芽適溫	20 ～ 25°C
生長適溫	20 ～ 30°C
栽培適地	耐寒性・弱、耐暑性・中　＊視品種而有所差異
介質	基本培養土 60%、椰纖 35%、珍珠石 5% (基本培養土是細粒赤玉土 60%、腐葉土 40%)
肥料	顆粒狀的緩效性肥料、液肥
株高	20 ～ 80 公分

栽培曆

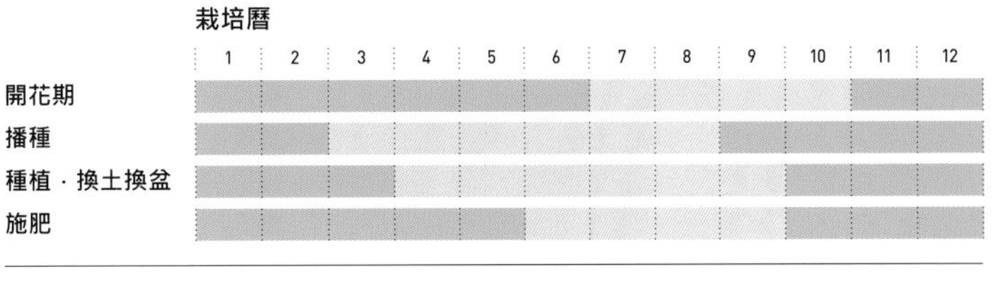

秋明菊

科・屬 毛茛科銀蓮花屬
原產地 中國中~南部、台灣
分類 草花、多年生草本
花色 ● ○

優雅的外觀，捎來了初秋的氣息。
雖然名字裡有菊，但其實隸屬於銀蓮花屬。
古代從中國引進日本，在京都的貴船地區野化。
目前包含與類似種的交配在內，被稱為秋明菊。
看起來像花瓣的是萼片，
真正的花瓣已經退化了。

<基本的培育方法>

置放場所・種植場所

性喜葉隙流光的落葉樹下、建築物的北側等明亮的陰涼處。

播種

撒播在育苗箱，或是播種在軟盆中。好光性種子，需要有光才能發芽。播種時最好不要覆土。本葉長出 3 ～ 4 片後定植。

種植・換土換盆

根部不喜歡高溫和乾燥，因此最好用腐葉土覆蓋根基部。盆栽需每年換土換盆 1 次。此時，剪掉多餘的根系，使根球變小。生長旺盛，所以最好採用地植。地植需耕土至 20 公分深再種植，每 3 ～ 5 年換土 1 次。

澆水

播種或種植時，要充分澆水。之後，當盆栽的土表乾燥時，也請大量給水，但需避免過度潮濕。地植在展根前要確實澆水，之後基本上不需要再澆水。

施肥

播種或種植 2 週後，施用適量的顆粒狀緩效性肥料。之後在春天，施用適量的顆粒狀緩效性肥料。

摘除殘花

開花過後，整朵花修剪掉。

覆料

冬天在植株基部覆料，以防植株浮起。

繁殖方法

利用播種、分株繁殖。分株的適期，是在早春當植株的地上部枯萎時。也可用根插繁殖。

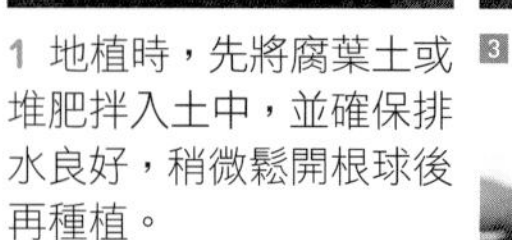

1 地植時，先將腐葉土或堆肥拌入土中，並確保排水良好，稍微鬆開根球後再種植。
2 種植前先鬆土，以利地下根莖生長。
3 盆栽在春季換土換盆，若植株擁擠可適當調整芽的數量。

栽培起點	種子、幼苗
日照條件	全日照～半日照
發芽適溫	15 ～ 20°C
生長適溫	15 ～ 25°C ＊若在 -5°C 左右，地植可越冬
栽培適地	耐寒性・強、耐暑性・中
介質	基本培養土 60%、椰纖 35%、珍珠石 5% (基本培養土是細粒赤玉土 60%、腐葉土 40%)
肥料	顆粒狀的緩效性肥料、液肥
株高	30 ～ 150 公分

栽培曆

	1	2	3	4	5	6	7	8	9	10	11	12
開花期								●	●	●		
播種											●	
種植・換土換盆			●	●	●							
施肥			●	●								

日本濱菊

科・屬	菊科日本濱菊屬
原產地	日本（青森縣～茨城縣的太平洋沿岸）
分類	草花（山野草）、多年生草木
花色	○

在日本，有許多自生的野菊。
結實且容易種植的日本濱菊也是其中一種。
自江戶時代就開始栽培。
秀麗且帶有田野氣息的花朵，
與任何花朵都很相配，
是秋季庭園的絕佳點綴。

栽培起點	幼苗
日照條件	全日照
發芽適溫	15 ～ 20°C
生長適溫	15 ～ 25°C
栽培適地	耐寒性・強、耐暑性・強
介質	基本培養土 60%、椰纖 35%、珍珠石 5% (基本培養土是細粒赤玉土 60%、腐葉土 40%)
肥料	顆粒狀的緩效性肥料、液肥
株高	30 ～ 80 公分

栽培曆

	1	2	3	4	5	6	7	8	9	10	11	12
開花期									■	■		
種植・換土換盆			■	■								
施肥			■								■	

<基本的培育方法>

置放場所・種植場所

性喜陽光。排水和通風良好的地方。具耐寒性，只要不會結凍，在露天的室外也可越冬。

種植・換土換盆

在植株基部覆蓋腐葉土等。地植時，先將腐葉土拌入介質中再種植。

澆水

播種或種植時，要充分澆水。之後，當盆栽的土表乾燥時，也請大量給水，但需避免過度潮濕。地植在展根前要確實澆水，之後基本上不需要再澆水。

施肥

播種或種植 2 週後，施用適量的顆粒狀緩效性肥料。之後在春季與秋季，施用適量的顆粒狀緩效性肥料。

摘除殘花

開花過後，整朵花修剪掉。

摘心・回剪

想讓花開在較低的位置時，請在 6 月中下旬之前回剪。開花後，為了調整植株的生長姿態，將其回剪至約一半的高度。莖會隨著植株的老化而木質化。

繁殖方法

利用扦插繁殖。在 4 ～ 6 月，切取嫩芽來進行。

1 自生種之一，野菊的園藝品種 '夕映 '。深紫色。
2 野菊的園藝品種 ' 帶解野紺菊 '。管狀的花瓣是其特徵。

孔雀紫菀

科・屬	菊科紫菀屬
原產地	北美洲
分類	草花（山野草）、多年生草本
花色	●●○●●

華麗的小花與柔美的姿態是其特徵。紫菀含括孔雀紫菀、花色豐富的友禪菊等，多年生草本植物的統稱。種類繁多，活躍在各種場合中。花色和株高也相當多彩多姿。

<基本的培育方法>

置放場所・種植場所

性喜陽光。排水和通風良好的地方。如果放在明亮的陰涼處，花朵的數量會減少，植株容易徒長。耐寒力很強，不需要防寒措施。

種植・換土換盆

幼苗不用破壞根球，直接種植。地植時，先挖出比根球大一圈的植穴再種。盆栽每年換土換盆 1 次。地植約每 3 年換土 1 次。

澆水

播種或種植時，要充分澆水。之後，當盆栽的土表乾燥時，也請大量給水，但需避免過度潮濕。地植在展根前要確實澆水，之後基本上不需要再澆水。對高溫潮濕有點棘手，所以夏季要保持乾燥。

施肥

播種或種植 2 週後，施用適量的顆粒狀緩效性肥料。之後每年 1 次，施用適量的顆粒狀緩效性肥料。

摘除殘花

開花過後，立刻將殘花摘除。

摘心・回剪

植株高的品種，在本葉長出 5 ～ 6 片時，將前端 2 節摘除。之後，當側芽數量達 5 ～ 6 個時，再次將前端 2 節摘除。在晚秋回剪枯枝。

繁殖方法

利用分株、扦插繁殖。扦插是剪取 2 節左右的枝條來進行。

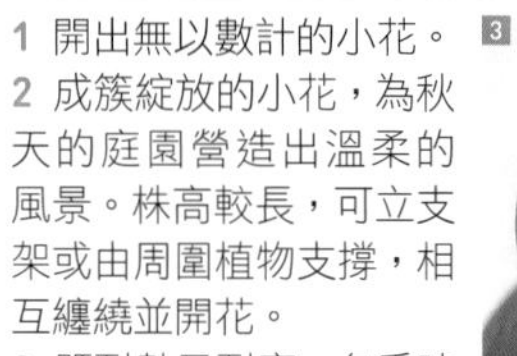

1 開出無以數計的小花。
2 成簇綻放的小花，為秋天的庭園營造出溫柔的風景。株高較長，可立支架或由周圍植物支撐，相互纏繞並開花。
3 既耐熱又耐寒，冬季時地上部會枯萎或長成小株來度過。

栽培起點	幼苗
日照條件	全日照
生長適溫	15 ～ 25°C　＊即使在 -10°C 的地方，地植仍可越冬
栽培適地	耐寒性・強、耐暑性・強
介質	基本培養土 60%、椰纖 35%、珍珠石 5% (基本培養土是細粒赤玉土 60%、腐葉土 40%)
肥料	顆粒狀的緩效性肥料、液肥
株高	30 ～ 180 公分

栽培曆

	1	2	3	4	5	6	7	8	9	10	11	12
開花期												
種植・換土換盆												
施肥												

澤蘭

科・屬	菊科澤蘭屬
原產地	東亞
分類	草花（山野草）、多年生草本
花色	●○●

楚楚動人的姿態和樸實的花朵，作為日本秋天七草之一，經常出現在古典作品中。作為大絹斑蝶喜愛的植物而廣為人知。莖葉和櫻餅的葉子一樣帶有香豆素的香味。野生種是瀕臨滅絕的物種，市面上也有澤蘭屬的雜交種。

特寫！

<基本的培育方法>

置放場所・種植場所

性喜陽光。排水和通風良好的地方。冬季也可在種植在戶外。具有優異的耐熱性、耐寒性。

播種

撒播在育苗箱，或是播種在軟盆中。好光性種子，需要有光才能發芽。播種時最好不要覆土。本葉長出約 2 片後，換盆至 3 寸軟盆中。本葉長出 6 片左右時定植。

種植・換土換盆

盆栽容易發生盤根，所以需每年換土換盆 1 次。此時，也可將根球切小一點。由於是透過地下莖的延伸來生長，所以地植時，需在與周圍的植物之間埋設長 20 ～ 30 公分的隔板來加以控制。

澆水

播種或種植時，要充分澆水。之後，當盆栽的土表乾燥時，也請大量給水，但需避免過度潮濕。地植在展根前要確實澆水，之後基本上不需要再澆水。冬天避免過於乾燥。地植除非是極度乾燥的時期，否則幾乎不需要澆水。

施肥

播種或種植 2 週後，施用適量的顆粒狀緩效性肥料。之後，在春季與秋季也施用同樣的量。多肥會造成植株過大，需多加留意。

摘除殘花

開花過後，立刻將殘花摘除。

摘心・回剪

想要抑制株高時，可在 5 ～ 6 月將植株回剪至 1/3 ～ 1/2 左右的高度。

繁殖方法

利用播種、分株、扦插繁殖。分株的適期是 3 月。約 3 年進行 1 次。扦插的適期是在 6 月。約 1 ～ 1.5 月後生根。

栽培起點	種子、幼苗
日照條件	全日照
發芽適溫	15 ～ 20°C
生長適溫	15 ～ 25°C
栽培適地	耐寒性・強、耐暑性・強
介質	基本培養土 60%、椰纖 35%、珍珠石 5% (基本培養土是細粒赤玉土 60%、腐葉土 40%)
肥料	顆粒狀的緩效性肥料、液肥
株高	60 ～ 150 公分

栽培曆

	1	2	3	4	5	6	7	8	9	10	11	12
開花期					●	●	●	●	●	●		
播種		●	●									
種植・換土換盆			●	●	●	●						
施肥			●	●	●	●	●	●	●	●		

1 不帶紅色的澤蘭。切花是以花苞的狀態上市，不會開花。
2 蕁麻葉澤蘭 '巧克力'（*Eupatorium rugosum* 'Chocolate'），莖呈巧克力色。
3 白花的澤蘭。又稱白花山蘭。

聖誕玫瑰

科・屬 毛茛科聖誕玫瑰屬
原產地 歐洲、高加索、中國西部
分類 草花、多年生草本
花色 ●●●○●●◎

本種花卉需要冷涼環境，台灣可以種植於中、高海拔山區，平地栽培不易。

從12月後半開花的白色單瓣原生種 *Helleborus niger* 為始，一直持續到春天，有多樣的品種陸續登場。健壯不需費心照料，是公園植栽常見的花卉。低著頭開花的模樣甚是可愛，耐寒性強，在陰涼處會益發強健。也可享受從種子培育原創花朵的樂趣。

<基本的培育方法>

置放場所・種植場所

盆栽在 10 月～ 5 月中旬放在日照良好處，盛夏放在通風良好的半日照處管理。地植可種在落葉樹下等處，打造出夏天可享受葉隙流光的半日照，冬天時日照良好的環境。

播種

撒播在育苗箱，或是播種在軟盆中。種子乾燥的話，發芽率會變得很差，需多加留意。本葉長出 2 ～ 3 片後定植。

種植・換土換盆

帶花的幼苗，需留意別切斷根系，把根球的周圍鬆開約 1 公分，再種於大 1 ～ 2 號的盆器中。需每年換土換盆 1 次。

澆水

播種或種植時，要充分澆水。之後，當盆栽的土表乾燥時，也請大量給水，但需避免過度潮濕。地植在展根前要確實澆水，之後基本上不需要再澆水。

施肥

播種或種植 2 週後，施用適量的顆粒狀緩效性肥料。之後在秋季，施用適量的顆粒狀緩效性肥料。

摘除殘花

開花過後，整朵花修剪掉。將花莖保留到 4 月左右。

去除老葉

11 月下旬～ 12 月下旬，將老葉從葉柄基部修剪掉，讓陽光能夠照射到植株的根基部。

繁殖方法

利用播種、分株繁殖。適期是 11 ～ 3 月（避開寒冬期）。

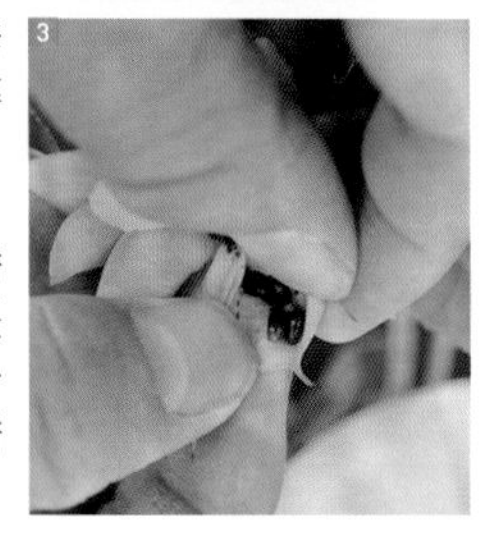

1 雄蕊脫落後，將網子套在要收集種子的花上，等待 5 ～ 6 月種子成熟。
2 開始成熟的狀態。
3 收集到的種子可立即播種，或是保持乾燥地妥善保存，並在 9 月下旬～ 10 月中旬種殼破裂前播種。

栽培起點	種子、幼苗
日照條件	全日照、半日照
發芽適溫	10 ～ 20°C
生長適溫	5 ～ 15°C
栽培適地	耐寒性・強、耐暑性・中
介質	基本培養土 50%、椰纖 40%、珍珠石 10% (基本培養土是細粒赤玉土 60%、腐葉土 40%)
肥料	顆粒狀的緩效性肥料、液肥
株高	20 ～ 50 公分

栽培曆

	1	2	3	4	5	6	7	8	9	10	11	12
開花期	●	●	●									●
播種					●	●						
種植・換土換盆	●	●	●	●						●	●	●
施肥										●		

變化型

[重瓣]

華麗的重瓣品種增加，花色從清澈的淡色到別緻的色調都有。

[單瓣]

單瓣是聖誕玫瑰的精髓。花朵中心的纖細雄蕊閃閃發光。

培育重點

[發花芽]

有些種類從年底開始開花，但大多是在 1 月左右開始發花芽，並慢慢膨脹成花苞。

[開花]

1 聖誕玫瑰大約與梅花同時開花，直到染井吉野櫻開花前。
2 滿開過後，新葉展開，為來年的花朵做準備。

[修剪]

雖然視種類而定，但如果在寒冷的季節開花，花莖就不會生長。天氣變暖和，莖就會變長。

[分株]

如果放任不管會變得很難開花，因此進行分株。10 ～ 12 月是最適合的時期。分得太細會讓生長變差，所以每株至少要分到 3 個以上的芽。

[種植．換土]

生長旺盛，所以每年都需要換土。幼苗在冬～春季時需將根球稍微鬆開，秋季的幼苗需要鬆根，去除損傷的根系後再種植。

[施肥]

在秋季施用緩效性肥料。盆栽最好在 1 月下旬～ 2 月上旬也施用。

番紅花

科・屬 鳶尾科番紅花屬
原產地 地中海沿岸地區、安納托力亞
分類 球根、多年生草本
花色 ● ○ ● ◎

本種花卉，在台灣作為消耗性產品栽培，開花後即丟棄。

有秋種春開和夏種秋開這兩種類型。
也很適合水耕栽培的春開品種，
別名春番紅花。
在花色不多的早春花圃裡，
從地面上綻放出鮮黃色和紫色的小花，
宣告著春天的到來。

<基本的培育方法>

置放場所・種植場所

性喜陽光。排水和通風良好的地方。需要接觸到冬季的寒冷才會開花，所以盆栽種植後應放在室外。

種植・換土換盆

盆栽時，在 4 寸盆中種 4 ～ 5 球。耐寒性強，但不耐高溫時的潮濕，所以不宜過早種植。盆栽需每年換土換盆 1 次。地植可以維持 3 年左右再換土。春開的在秋天種植，秋開的則在夏末種植。

澆水

直到展根的約 1 個月期間，一旦土表乾燥就大量給水。之後，當盆栽的土表乾燥時，也請大量給水。地植除非相當乾燥，否則不必給水。無論盆栽或地植，一旦葉子開始枯萎，就需節制給水。

施肥

播種或種植 2 週後，施用適量的顆粒狀緩效性肥料。追肥是在 2 月中旬，施用 1 次適量的顆粒狀緩效性肥料。

摘除殘花

開花過後，將殘花與發育成種子的子房修剪掉，以便養分到達球根。

繁殖方法

利用分球繁殖。在葉子變黃的 6 月左右挖出球根，放在通風良好的明亮陰涼處晾乾後保存。

1 挖出 3 個球根深（約 6 公分）的洞，將球根放進去後覆土。
2 透過等距種植、集中種植、分開種植或間隔不一地種植，來打造出自然風貌的花圃。
3 3 月開花的模樣。

栽培起點	球根、幼苗
日照條件	全日照
生長適溫	5 ～ 15°C
栽培適地	耐寒性・強、耐暑性・中　＊夏季休眠
介質	基本培養土 60%、椰纖 35%、珍珠石 5% (基本培養土是細粒赤玉土 60%、腐葉土 40%)
肥料	顆粒狀的緩效性肥料、液肥
株高	春開型 5 ～ 10 公分、秋開型 10 ～ 15 公分

栽培曆

	1	2	3	4	5	6	7	8	9	10	11	12
開花期												
種植・換土換盆												

水仙

科・屬 石蒜科水仙屬

原產地 以伊比利亞半島為中心的地中海沿岸地區

分類 球根、多年生草本

花色 ●●●○●◎

本種花卉，在台灣作為消耗性產品栽培，開花後即丟棄。

妝點早春花圃不可或缺的花卉。作為正月吉祥花卉的日本水仙、鮮豔的顏色引人注目的喇叭水仙，重瓣、多花等，花形繁多豐富。以黃色為主的花色變化也很多樣，據說有超過1萬多個品種。

<基本的培育方法>

置放場所・種植場所

性喜陽光。排水和通風良好的地方。

種植・換土換盆

盆栽時，混合約 20% 的堆肥與腐葉土。地植也一樣。

澆水

直到展根的約 1 個月期間，一旦土表乾燥就大量給水。之後，當盆栽的土表乾燥時，也請大量給水。地植除非相當乾燥，否則不必給水。無論盆栽或地植，一旦葉子開始枯萎，就需節制給水。

施肥

最好使用磷酸含量高的肥料。種植 2 週後，施用適量的顆粒狀緩效性肥料。追肥是在早春或秋季，施用適量的顆粒狀緩效性肥料。

摘除殘花

開花過後，從花首修剪掉。葉片一直保留到枯萎的話，隔年也會開花。

繁殖方法

利用分球繁殖。6 月下旬～ 7 月中旬當葉子枯萎時，就挖出球根。水仙的母球內含有 3 ～ 4 個子球，先用手剝開。放在通風良好的明亮陰涼處晾乾後保存。

1 纖細優雅的姿態。
2 當花朵開始枯萎時，從花首處將殘花修剪掉。
3 多花的中國水仙，作為新年花而深受喜愛。芳香宜人。在淡路島、越前海岸、南房總等日本各地都有群生地。

栽培起點	球根、幼苗
日照條件	全日照
生長適溫	5 ～ 15°C
栽培適地	耐寒性・強、耐暑性・中　＊夏季休眠
介質	基本培養土 60%、椰纖 35%、珍珠石 5% (基本培養土是細粒赤玉土 60%、腐葉土 40%)
肥料	顆粒狀的緩效性肥料、液肥
株高	10 ～ 40 公分

栽培曆

	1	2	3	4	5	6	7	8	9	10	11	12
開花期												
種植・換土換盆												

葡萄風信子

科・屬 天門冬科葡萄風信子屬
原產地 地中海沿岸～西南亞
分類 球根、多年生草本
花色 ●○●●

本種花卉，在台灣作為消耗性產品栽培，開花後即丟棄，高冷地山區可以繼續栽培。

像一串倒掛葡萄的可愛形狀，以及清新的花色是其特徵。與鬱金香、小三色堇和三色堇等春季植物很相配，在混植或花圃中，用藍色和紫色加以點綴。單獨用作地被植物也能構成一幅如畫般的風景。葉子太長就修剪，使其與花朵取得平衡。

<基本的培育方法>

置放場所・種植場所

性喜陽光。排水和通風良好的地方。休眠中的夏季放在陰涼處管理。

種植・換土換盆

如果在 11 月上旬～下旬種植，葉子會較為緊湊，花朵也會開得更美。盆栽，以 10 公分的株距種植，並覆蓋 2 ～ 3 公分深的土。地植，需挖 4 ～ 5 公分深的植穴，並以 15 公分的株距種植。性喜弱鹼性。

澆水

直到展根的約 1 個月期間，一旦土表乾燥就大量給水。之後，當盆栽的土表乾燥時，也請大量給水。地植除非相當乾燥，否則不必給水。無論盆栽或地植，6 月上旬～ 9 月上旬不需要澆水。

施肥

種植 2 週後，施用適量的顆粒狀緩效性肥料。追肥是在 3 月上旬，施用 1 次顆粒狀緩效性肥料或適量的液肥。

摘除殘花

開花過後，請立刻修剪殘花。

繁殖方法

利用分球繁殖。在 6 月上旬左右挖出球根，放在通風良好的明亮陰涼處晾乾保存。挖掘球根最好每年進行，有困難的話也可 3 年 1 次。

1 花已經開完、葉子開始枯萎的葡萄風信子。到了 6 月即可挖出球根。
2 也有白花的類型。
3 藍色或紫色的品種很多，照片中的是深紫色。把臉湊近時，可感受到一股沁人心脾的香氣。

栽培起點	球根
日照條件	全日照
生長適溫	10 ～ 25°C
栽培適地	耐寒性・強、耐暑性・中　＊夏季休眠
介質	基本培養土 60%、椰纖 35%、珍珠石 5% (基本培養土是細粒赤玉土 60%、腐葉土 40%)
肥料	顆粒狀的緩效性肥料、液肥
株高	10 ～ 40 公分

栽培曆

	1	2	3	4	5	6	7	8	9	10	11	12
開花期	■	■	■									■
種植・換土換盆	■	■									■	■

培育重點

[摘除殘花]

只摘除殘花，保留行光合作用的莖，讓球根肥大。

花梗枯萎就儘快拔除，以防止病蟲害。

[放在明亮的陰涼處晾乾]

把挖掘出來的球根，放進通風良好的網袋等容器，置於明亮的陰涼處晾乾。

[施肥]

種植 2 週後，零散播撒適量的顆粒狀緩效性肥料。

[發芽後]

如果擔心介質會因低溫而結冰，可將其移至室內。注意不要太早種植，以免葉子長得太長。

[開花]

花朵由下往上盛開。把鼻子靠近即可聞到清新的香氣。

[種植球根]

1 盆底平坦不易排水的盆器，可先鋪盆底石，再加入培養土。

2 種得密集一點，花開的時後看起來會比較漂亮。

3 覆蓋約 3 公分深的介質。保留約 2 公分高的蓄水空間。澆水後介質會變密實，所以不需要壓實。

風信子

科・屬 天門冬科風信子屬
原產地 地中海沿岸、西亞
分類 球根、多年生草本
花色 ●●●●○●●

本種花卉在台灣多作為消耗性產品栽培，開花後即丟棄，高冷地山區可以繼續栽培。

絢麗的花朵替寒冷的冬日房間增添華麗的色彩。在水耕栽培中很受歡迎，裝飾在房間裡會散發出香水般的香味。隨著花梗的生長由下往上陸續開花，雖然肉質的花和莖很結實，仍可能會因為花序的重量而彎曲。

栽培起點	球根、幼苗
日照條件	全日照
生長適溫	5 ～ 20°C
栽培適地	耐寒性・強、耐暑性・中　＊夏季休眠
介質	基本培養土 60%、椰纖 35%、珍珠石 5% (基本培養土是細粒赤玉土 60%、腐葉土 40%)
肥料	顆粒狀的緩效性肥料、液肥
株高	20 ～ 40 公分

栽培曆

	1	2	3	4	5	6	7	8	9	10	11	12
開花期	●	●	●									●
種植・換土換盆											●	●

<基本的培育方法>

置放場所・種植場所

性喜陽光。排水和通風良好的地方。需要接觸到冬季的寒冷才會開花，所以盆栽應放在室外。休眠中的夏季放在陰涼處管理。

種植・換土換盆

無論盆栽或地植，球根的種植深度約為 15 公分。地植在種植前 2 週，先拌入苦土石灰調整土壤的酸度。

澆水

直到展根的約 1 個月期間，一旦土表乾燥就大量給水。之後，當盆栽的土表乾燥時，也請大量給水。地植除非相當乾燥，否則不必給水。無論盆栽或地植，一旦葉子開始枯萎，就需節制給水。

施肥

種植 2 週後，施用適量的顆粒狀緩效性肥料。追肥是在 3 月上旬，施用 1 次顆粒狀緩效性肥料。

立支架

地植，當花滿開時花序會變重，必要時需立支架。

摘除殘花

開花過後把殘花一輪一輪地修剪掉。莖保留到枯萎為止。

繁殖方法

利用分球繁殖。6 月左右，待葉片完全枯萎時挖出球根。放在通風良好的明亮陰涼處晾乾後保存。

1 特大球根。
2 水耕栽培應放在寒冷的環境下直到年底，然後在室內的陽光下培育。如果沒有種在接觸寒冷的環境，直接在溫暖的房間裡培育，在尚未長高前就會開花。
3 摘除殘花使其無法結種子，藉此培育球根。

陸蓮花

科・屬	毛茛科毛茛屬
原產地	中東～歐洲東南部
分類	球根、多年生草本
花色	● ● ● ● ○ ● ● ● ◎

日本在1960年代後期開始品種改良，誕生了各式各樣的品種。以重瓣花為主，也有半重瓣和單瓣花。花色五彩繽紛，甚至還有綠色和褐色。有的品種在降霜下也能生長。即使是相同品種也有個體差異，也是一大魅力。

栽培起點	球根、幼苗
日照條件	全日照
生長適溫	10 ～ 20°C
栽培適地	耐寒性・強、耐暑性・中　＊夏季休眠
介質	基本培養土 60%、椰纖 35%、珍珠石 5% (基本培養土是細粒赤玉土 60%、腐葉土 40%)
肥料	顆粒狀的緩效性肥料、液肥
株高	30 ～ 80 公分

栽培曆

	1	2	3	4	5	6	7	8	9	10	11	12
開花期	●	●	●	●								●
種植・換土換盆										●	●	●
施肥	●	●	●	●							●	●

<基本的培育方法>

球根的前置處理

球根以乾燥狀態在市面上流通。乾的球根直接種植容易腐爛，因此要經過前置處理（用濕毛巾包覆球根，然後用保鮮膜包好，放在冰箱或10°C 左右的地方一個晚上）。

置放場所・種植場所

性喜陽光。排水和通風良好的地方。休眠中的夏季放在陰涼處管理，冬季需防寒。

種植・換土換盆

透過前置處理吸飽水分的球根，在確認方向後即可種植。無論是盆栽或地植，植穴深度應為5 公分左右。盆栽當根從底部竄出時，根球不用破壞，直接換土換盆。

澆水

直到展根的約 1 個月期間，一旦土表乾燥就大量給水。之後，當盆栽的土表乾燥時，也請大量給水。地植除非相當乾燥，否則不必給水。

施肥

種植 2 週後，施用適量的顆粒狀緩效性肥料。追肥是在 3 月上旬，施用 1 次顆粒狀緩效性肥料。

摘除殘花

開花過後，從花梗的基部修剪掉。

繁殖方法

利用分球、播種繁殖。5 月下旬～ 6 月中旬當葉片變褐色時挖出球根，然後分球。放在通風良好的明亮陰涼處晾乾後保存。

1 市面上的球根為乾燥狀態，因此種植前需吸水。先確認球根的上下再種。
2 剪掉殘花，以免引起疾病。
3 葉子枯萎也容易引起疾病，請儘早修剪。

鬱金香

科・屬 百合科鬱金香屬
原產地 中亞～地中海沿岸地區
分類 球根、多年生草本
花色

在童謠中被歌唱，廣受歡迎的春天代表花卉。深受土耳其王朝的喜愛，16世紀中葉在歐洲風靡一時。擁有5000多個品種，顏色和花形也豐富多樣。複色的類型也很多，可透過挑選的品種來打造令人印象深刻的庭園。

<基本的培育方法>

置放場所・種植場所

性喜陽光。排水和通風良好的地方。需要接觸到冬季的寒冷才會開花，所以盆栽應放在室外。

種植・換土換盆

盆栽的種植深度為 2 個球根，地植則是 3 個球根的深度。地植時，在土中拌入堆肥或腐葉土。

澆水

直到展根的約 1 個月期間，一旦土表乾燥就大量給水。之後，當盆栽的土表乾燥時，也請大量給水。地植除非相當乾燥，否則不必給水。無論盆栽或地植，一旦葉子開始枯萎，就需節制給水。

施肥

種植 2 週後，施用適量的顆粒狀緩效性肥料。追肥是在 3 月上旬，施用 1 次顆粒狀緩效性肥料。

摘除殘花

開花過後，將殘花和種莢摘除，以利球根吸收養分。留下花莖和葉子。

繁殖方法

利用分球繁殖。在 6 月上旬～ 7 月上旬挖出球根。留下莖和葉直到枯萎。當球根表面乾燥且根部枯萎時，即可進行分球。

1 跪下來，將雙手拿著的鬱金香球根拋落至地面。
2 散落的鬱金香球根。有別於等間隔種植的鬱金香，能夠替花圃營造自然的氛圍。
3 在落地的地方一顆一顆地種植。

栽培起點	球根、幼苗
日照條件	全日照
生長適溫	10 ～ 20°C
栽培適地	耐寒性・強、耐暑性・中　＊夏季休眠
介質	基本培養土 60%、椰纖 35%、珍珠石 5% (基本培養土是細粒赤玉土 60%、腐葉土 40%)
肥料	顆粒狀的緩效性肥料、液肥
株高	10 ～ 50 公分

栽培曆

	1	2	3	4	5	6	7	8	9	10	11	12
開花期	■	■	■									■
種植・換土換盆	■										■	■

培育重點

[生長過程]

雖然喜歡陽光，但如果不受到寒冷的刺激，莖可能不會生長，花也可能不會開。將其放在室外曝寒也很重要。

染上色彩的鬱金香。如果開花時期是持續高溫的好天氣，花很快就會盛開。一旦開始綻放，請將其移至不會受到陽光直射的地方或室內的玄關。如果移到低溫的地方，則會慢慢地開花，讓觀賞期變長。

[澆水]

澆水至蓄水空間積滿水，直到水從盆底流出。水排乾後，表面會下沉約 2 公分。

[施肥]

種植 2 週後，根部就會開始活絡，此時就需要施肥。用手抓取顆粒狀的緩效性肥料，適量地零散播撒。

緩效性肥料，最好像是在盆器的表面畫圓般地播撒。

[剝掉球根的表皮]

先剝掉球根的表皮，檢查是否有損傷或疾病再種植。球根，從上方的視角來看，平坦的那一側稱為腹，帶有圓弧的那一側稱為尻。

[盆栽]

使用深盆，種在約 2 個球根的深度。第 1 片大葉子會從腹側長出來，所以種的時候將腹側朝向盆器的外側。

[地植]

地植的種植深度約 3 個球根。

column

夏季不用挖球的品種

鬱金香原產於高原地區的涼爽地帶。不耐悶熱的夏季，種植後任其生長會耗損衰弱。然而，小型的原種可在種植後任其生長。開花後，別忘了摘除殘花，讓球根肥大，這樣來年也可開出可愛的花朵。地植時，有一個訣竅可以在種植後任其生長，並使其開花（請參照 p.187）。

摘除殘花後的施肥

當鬱金香開始開花時，新的球根會開始生長。然後，一旦花朵盛開，就集中精力讓球根變大。請注意，即使開花過後也不要忘記澆水。但是在這段期間禁止施肥。肥料會導致球根腐爛，所以不要施肥。

培育重點

［挖掘球根］

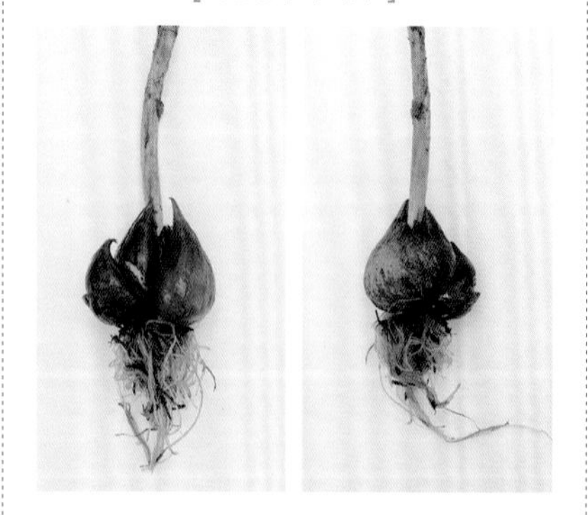

在葉片轉黃的 6 月～ 7 月上旬，天氣晴朗時挖出球根。鬱金香是透過分球來繁殖，這裡是把 2 球分成大小不一的 8 球。大的球根明年種植時就會開花，中型球根則是有可能會開花。小的種植後若開始生長，會在 1 ～ 2 年後開花。
註：通常台灣平地不保留球根繼續栽培。

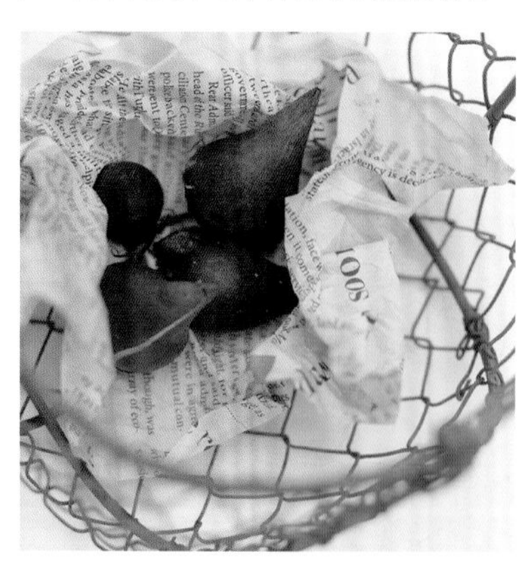

挖出球根後，仔細地清除土壤，放入網籃或竹簍中，置於通風良好的陰涼處晾乾後存放。

［摘除殘花］

1 當花瓣開始枯萎時，就可以摘除殘花了。從花朵的正下方修剪掉。

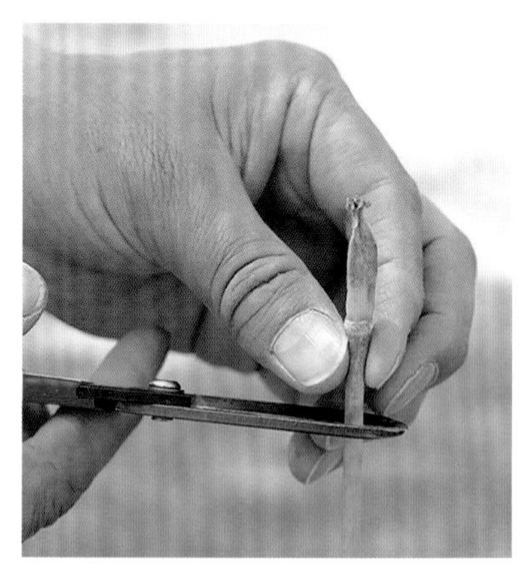

2 如果花朵不小心散落，一樣在花朵的正下方剪掉。

3 開花過後的這個時期，必須儲存光合作用所獲得的能量，使球根變得更加肥大。花梗也能進行光合作用，所以盡量保留下來。

鬱金香的品種

Salmon Impression
Affaire
Flaming Flag
White Flag
Brisbane
Limousine
Yellow Pomponette
Yellow Varely
Miranda
Banja Luka
Orange Princess
Foxtrot
Pretty Lady
Pretty Woman
Van Eijk
Imena
Gorilla
Queen of Night
Blue Diamond
Bullit

蔥屬

科・屬 石蒜科蔥屬

原產地 歐亞大陸、北非、北美洲

分類 球根、多年生草本

花色 ●○●●

筆直的花梗上開著形狀逗趣可愛的花朵。除了照片中高度可達150公分的繡球蔥，以及細莖的小型種等觀賞用種外，還有大蔥、洋蔥和大蒜等食用品種。小花接二連三地綻放，花期長且花姿獨特，培育方法也很簡單。

栽培起點	球根、幼苗
日照條件	全日照
生長適溫	15 ～ 25°C
栽培適地	耐寒性・中～強、耐暑性・中　＊夏季休眠
介質	基本培養土 60%、椰纖 35%、珍珠石 5% (基本培養土是細粒赤玉土 60%、腐葉土 40%)
肥料	顆粒狀的緩效性肥料、液肥
株高	10 ～ 200 公分

栽培曆

	1	2	3	4	5	6	7	8	9	10	11	12
開花期	■	■	■									■
種植・換土換盆	■										■	■

<基本的培育方法>

置放場所・種植場所

性喜陽光。排水和通風良好的地方。經常曬太陽的話，花梗會長得很結實。

種植・換土換盆

盆栽時，大型品種在 6 寸盆中種植 1 個球根，小型品種在 6 寸盆中種植大約 3 個球根。覆土 5 公分左右。地植時，種植深度約為 2 個球根。

澆水

直到展根的約 1 個月期間，一旦土表乾燥就大量給水。之後，當盆栽的土表乾燥時，也請大量給水。地植除非相當乾燥，否則不必給水。無論盆栽或地植，在 3 月的成長期需留意別缺水。一旦葉子開始枯萎，就需節制給水。

施肥

種植 2 週後，施用適量的顆粒狀緩效性肥料。追肥是在 3 月上旬，施用 1 次適量的顆粒狀緩效性肥料。

摘除殘花

開花過後，從花莖的基部修剪掉。葉子要保留。

繁殖方法

利用分球繁殖。大型品種在 6 ～ 7 月左右，當地上部約 2/3 枯萎時挖出球根。將附著在母球上的子球一一分開，置於通風良好的明亮陰涼處晾乾後存放。小型品種，每 1 ～ 2 年挖出球根，種植在新的介質中。

1 繡球蔥（*Allium giganteum*）的巨大圓形花朵，替庭園增添視覺焦點。葉子會枯萎，所以最好用花草覆蓋基部。
2 純白色的那不勒斯花蔥（*Allium neapolitanum*）植株較矮，莖細且彎曲。
3 蔥有蔥味，但 ' 藍色香水（Blue Perfume）' 有香草味。

百子蘭

科・屬	石蒜科百子蘭屬
原產地	南非
分類	球根、多年生草本
花色	○●●◎

從梅雨季節到夏季盛開的清爽藍紫色和白色花朵令人印象深刻。種植後即可任其生長，健壯又無需費心照料，相當適合園藝新手。除了常用於街道植栽的大型植株外，市面上也有適合盆栽的小巧緊湊類型。

栽培起點	球根
日照條件	全日照
生長適溫	15～25°C
栽培適地	耐寒性・強（落葉型）、弱（常綠型）、耐暑性・強
介質	基本培養土 60%、椰纖 35%、珍珠石 5% (基本培養土是細粒赤玉土 60%、腐葉土 40%)
肥料	顆粒狀的緩效性肥料、液肥
株高	30～120 公分

栽培曆

	1	2	3	4	5	6	7	8	9	10	11	12
開花期												
種植・換土換盆												
施肥												

<基本的培育方法>

置放場所・種植場所

性喜陽光。排水和通風良好的地方。半日照即可栽培。

種植・換土換盆

無論盆栽或地植，都在介質中拌入堆肥或腐葉土。盆栽容易發生盤根，所以每 2 年換土換盆 1 次。

澆水

盆栽，當介質表面乾燥時給予大量的水分。不耐過度潮濕，給水過多會造成根系腐爛。地植除了乾燥期以外不必給水。

施肥

播種或種植 2 週後，施用適量的顆粒狀緩效性肥料。之後，盆栽每 2～3 個月 1 次，施用適量的顆粒狀緩效性肥料。或是 2 週 1 次，施用適量的液肥。地植，在早春或初夏時施用適量的顆粒狀緩效性肥料。

摘除殘花

開花過後，從花梗的基部修剪掉。

繁殖方法

利用分株繁殖。分株適期是在 3 月上旬～4 月上旬。分大一點是訣竅所在。

Sky Blue

Garden Table

時間之舞

森之和

百合

科・屬 百合科百合屬

原產地 北半球的溫帶地區

分類 球根、多年生草本

花色

為夏季庭園增添優雅繽紛的色彩。
日本是百合的寶庫，自生著許多美麗的原種。
以其中的山百合等為親代，
誕生了卡薩布蘭卡百合等多數品種。
絢麗的花姿和濃郁的香氣極具魅力。
自古以來就坐擁無可撼動的人氣。

<基本的培育方法>

置放場所・種植場所

透百合和鐵炮百合等適合全日照，雜交型等適合半日照。接受冬天的寒冷可綻放美麗的花朵。

種植・換土換盆

盆栽需準備深盆。為了讓從球根的上下長出的根系充分生長，種植時至少覆土 10 公分以上。建議每 2 ～ 3 年換土 1 次。地植時，在介質中拌入堆肥或腐葉土。種植球根的深度，約為球根高度的 3 ～ 4 倍。基本上種植後可任其生長。

澆水

播種或種植時，要充分澆水。之後，當盆栽的土表乾燥時，也請大量給水，但需避免過度潮濕。地植在展根前要確實澆水，之後基本上不需要再澆水。介質的表面一旦乾燥，就給予大量的水分。注意別缺水。

施肥

播種或種植 2 週後，施用適量的顆粒狀緩效性肥料。開花後，施用適量的顆粒狀緩效性肥料作為禮肥。

摘除殘花

開花過後，保留葉和莖，用手摘除結種子的子房（曾經有花的地方）。

繁殖方法

利用分球繁殖。在葉片轉黃的 11 ～ 12 月左右挖出球根，然後分球。一分球就立即殺菌並種植。或是將球根放在稍微潮濕的木屑中，然後存放在陰涼的暗處。

1 挖出球根，分球後直接種植。購買的球根通常已經長出根。
2 深度約 3 ～ 4 個球根。透過深植，可以支撐大花和長莖。
3 地植時，將腐葉土或堆肥拌入土中。

栽培起點	球根、幼苗
日照條件	全日照（透百合、鐵炮百合等）、半日照（雜交型等）
生長適溫	15 ～ 25°C
栽培適地	耐寒性・強、耐暑性・中
介質	基本培養土 60%、椰纖 35%、珍珠石 5% (基本培養土是細粒赤玉土 60%、腐葉土 40%)
肥料	顆粒狀的緩效性肥料、液肥
株高	40 ～ 250 公分

栽培曆

	1	2	3	4	5	6	7	8	9	10	11	12
開花期	全年（夏季為主）											
種植・換土換盆	全年（夏季為主）											
施肥	全年初（休眠期除外）											

百合的品種

Red Twin

Siberia

Zeba

Conca D'or

Jasminum

Sweet Zanica

Yellow Diamond

Canaletto

Orange Cocotte

Gold Twin

培育重點

[挑選幼苗]

雜交型品種大多是側向開花，但也有如照片所示的向上開花類型。

[挖出球根]

深秋時挖出的球根。百合具有支撐球根本體的下根，以及從莖長出來用以吸收養分的上根。除了大顆的新球根之外，上根也會著生稱為木子的小球根。

[從木子發芽]

剛種植的木子。木子的芽雖小，但播種後2年就會開花。

大麗花

科・屬　菊科大麗花屬
原產地　墨西哥、瓜地馬拉
分類　球根、多年生草本
花色　●●●○●●●◎

花色和花形相當豐富，從巨型花到小花非常多樣。生長旺盛，可透過摘心或回剪打造成容易培育的植株。從夏天到秋天都可以欣賞到美麗的花朵，觀賞期很長也是其魅力所在。在日本，品種改良十分盛行。

＜基本的培育方法＞

置放場所・種植場所

性喜陽光。排水和通風良好的地方。陰涼處容易造成徒長、花數減少、花色變差等影響。

種植・換土換盆

地植時，要挖 30 公分以上的深度，並混合腐葉土和堆肥。盆栽的種植深度約 5 公分，地植約 10 公分。

澆水

種植時，要充分澆水。之後，當盆栽的土表乾燥時，也請大量給水，但需避免過度潮濕。地植在展根前要確實澆水，之後基本上不需要再澆水。

施肥

播種或種植 2 週後，施用適量的顆粒狀緩效性肥料。

摘除殘花

花開始受損時，把殘花修剪掉。可以只摘除花朵本身，或是從節的上方剪掉。

摘心・回剪

想要抑制株高時，摘心僅留下 2 ～ 3 節。在 7 月下旬～ 8 月上旬回剪，讓植株恢復體力。莖是中空的，所以用鋁箔紙等覆蓋切口，以防止雨水和細菌進入。

繁殖方法

利用分球、扦插繁殖。在沒有霜降的地區，不需要挖出球根。寒冷地區 10 月下旬～ 11 月下旬挖出球根，貯藏在 10°C 左右的地方。盆栽放在屋簷下等處越冬。分球適期是 3 月下旬，扦插則是 6 月。

1 7 月下旬～ 8 月上旬，把莖回剪至僅存下方 3 ～ 4 節，讓因炎熱而疲憊的植株恢復體力。
2 用鋁箔紙覆蓋切面，以防止水囤積在稻稈狀的莖部裡面。
3 最後用橡皮筋固定。

栽培起點	球根
日照條件	全日照
生長適溫	15 ～ 30°C
栽培適地	耐寒性・弱、耐暑性・強
介質	基本培養土 60%、椰纖 35%、珍珠石 5% (基本培養土是細粒赤玉土 60%、腐葉土 40%)
肥料	顆粒狀的緩效性肥料、液肥
株高	20 ～ 300 公分

栽培曆

	1	2	3	4	5	6	7	8	9	10	11	12
開花期												
種植・換土換盆												
施肥												

培育重點

[只摘除花朵]

花瓣從最外側開始耗損。

用手握住花朵基部，小心地把花朵摘除。

因為只摘除花朵，所以呈現花芯覆蓋住莖部的狀態，因此不會積水。

[切除花莖時]

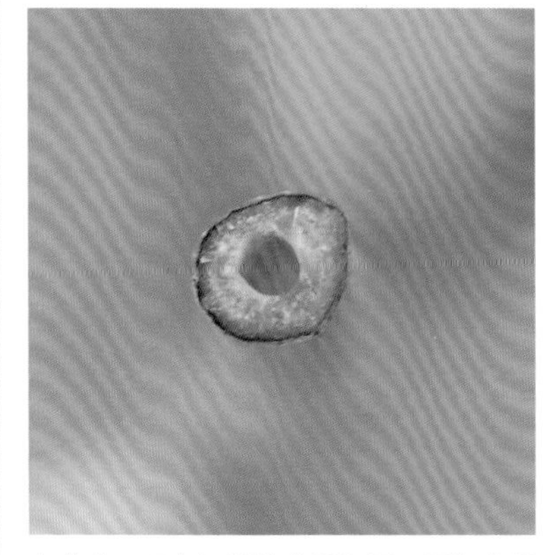

在花朵正下方切開的莖部切面。因為莖部呈現稻稈狀，如果保持原樣會積水導致腐爛。

正確的做法，是在節的正上方剪掉花莖，以防止水囤積在莖部內。

[種植]

盆栽深度約 5 公分，芽朝向中心。深度因品種而異，請檢查品種標籤上的說明確認。

[發芽]

春植球根發芽早，此為種植後約 1 個月的狀態。

[摘心]

從植株基部往上 2 ～ 3 節摘心。在較低的位置萌生側芽增長枝條，形成高度較矮的穩定植株。還具有延遲開花、增加花數、產生小花的作用。

培育重點

挖出的球根。1 株結有多個球根。

分開球根時務必要有芽頭。

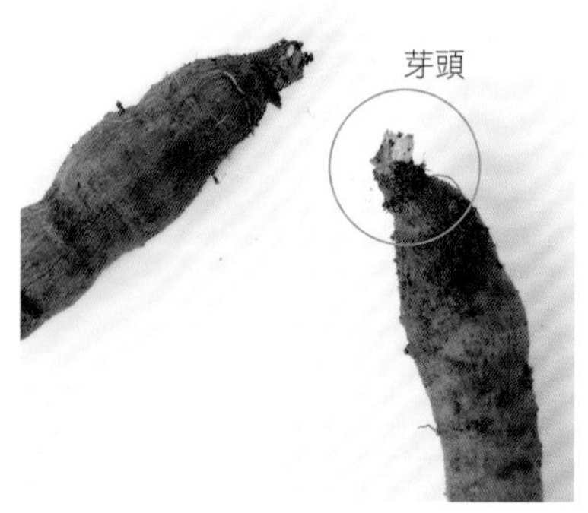

帶有芽頭的球根。球根再大，沒有芽頭就不會生長。

[越 冬]

地上部幾乎全數枯萎的大麗花盆栽。葉片幾乎都變成褐色。

莖如果是綠色的，就保留下來使其行光合作用，如果全部枯萎的話，就從基部修剪掉。

剪掉地上部分後，就這樣使其越冬。放在溫暖的屋簷下或玄關以防風吹雨淋。

[挖出球根]

大麗花不耐寒，其地上部在晚秋枯萎。寒冷地區，氣溫低於 5°C 時挖出球根。溫暖地區不必挖出，讓它越冬。
（註：台灣冬季不用挖）

挖出來的大麗花。一個球根已經繁殖成了好幾個。

在寒冷地區，將微濕的泥炭蘚和球根放入塑膠袋，再裝入瓦楞紙箱中，放在 10°C 左右的地方，到了春天進行分球。

大麗花的品種

Port light Pair Beauty　LALALA　金魚花火　Malcolms White

朦朧之月　Halloween party　Hamilton Junior　Croydon Ace

綸　Chouchou　Bridal Pink　Pink Diamond

Amethyst Orb　Beautiful Days　Blue Light　Croydon comet

黑蝶　Glenplace　Red Star　大戀愛

薑黃屬

科・屬	薑科薑黃屬
原產地	馬來半島
分類	球根、多年生草本、熱帶植物
花色	●●●○●●◎

鮮豔的花色充滿了熱帶風情。
不只花形，連球根的形狀也很特色。
即使在花朵很少的盛夏也能開很久，非常珍貴。
看起來像花瓣的部分是苞片，
花朵很小，在苞片內開花約1週。
苞片能持續一個多月也很讓人欣喜。

<基本的培育方法>

置放場所・種植場所

性喜陽光。排水和通風良好的地方。不耐寒，需多加留意。

種植・換土換盆

盆栽需準備深盆。種植深度約 4 ～ 5 公分。

澆水

種植時，要充分澆水。之後，當盆栽的土表乾燥時，也請大量給水，但需避免過度潮濕。地植在展根前要確實澆水，之後基本上不需要再澆水。花朵和葉子容易積水，所以要在澆在植株基部。留意別缺水。

摘除殘花

開花過後，將花梗修剪掉。葉片保留到枯萎為止。

繁殖方法

利用分球繁殖。在 11 月上旬～中旬挖出球根。成長旺盛，所以 1 球的盆栽可增生 3 ～ 4 球。將挖出的球根存放在溫度能保持在 5°C 以上的地方。

1
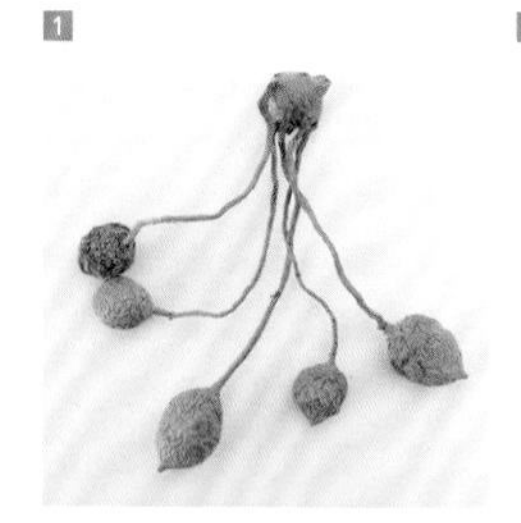

2

3

1 發芽的球根下方，連接著儲存營養的球根，獨特的形狀是其特徵。
2 在花朵稀少的盛夏，盛開著色彩鮮豔的花朵。
3 看起來像花瓣的其實是苞片，之間開著小花。水會積在苞片中，所以需摘除殘花。

栽培起點	球根、幼苗
日照條件	全日照
生長適溫	20 ～ 30°C
栽培適地	耐寒性・弱、耐暑性・強
介質	基本培養土 60%、椰纖 35%、珍珠石 5% (基本培養土是細粒赤玉土 60%、腐葉土 40%)
肥料	顆粒狀的緩效性肥料、液肥
株高	20 ～ 120 公分

栽培曆

	1	2	3	4	5	6	7	8	9	10	11	12
開花期					■	■	■	■	■	■		
種植・換土換盆			■	■	■	■	■	■	■			
施肥			■	■	■	■	■	■	■			

納麗石蒜

科・屬	石蒜科納麗石蒜屬
原產地	南非
分類	球根、多年生草本
花色	●●●○●◎

和石蒜一樣，
在秋天只伸長花莖並開花。
花期長，可持續開花約1個月，
替深秋到冬季顯得寂寥的庭院增添色彩。
開花後長出的葉子在5月左右枯萎，在夏季休眠。
適合盆器或花箱栽培。

<基本的培育方法>

置放場所・種植場所

性喜陽光。排水和通風良好的地方。夏季超過 25°C，葉子就會變黃並進入休眠狀態，因此要放不會淋雨的陰涼處越夏。越冬應選擇不受寒霜凍影響的地方。

種植・換土換盆

最適合用盆器栽培。3 寸盆種 1 球，或是 5 寸盆種 3 ～ 4 球。種植在可覆蓋球根 1/3 的深度。

澆水

不喜過度潮濕，所以需保持乾燥。尤其是休眠中的高溫期需避免過度潮濕。休眠期以外，當介質的表面乾燥時給水。

施肥

種植 2 週後，施用適量的顆粒狀緩效性肥料。之後，要非常節制地施用。11 月中旬～ 2 月上旬每月 1 次，施用適量鉀含量高的液肥。

摘除殘花

開花過後，從花朵下方折斷。

繁殖方法

利用分球繁殖。種植 3 ～ 4 年，當球根長到溢出盆器的程度時挖出來，換土換盆。

淡粉紅色的園藝品種。

原種的納麗石蒜（*Nerine sarniensis*）。

別名鑽石百合（Diamond Lily）。

葉片在花後長出，在夏天枯萎。

栽培起點	球根、幼苗
日照條件	全日照、半日照
生長適溫	10 ～ 20°C
栽培適地	耐寒性・弱、耐暑性・強
介質	基本培養土 60%、椰纖 35%、珍珠石 5% (基本培養土是細粒赤玉土 60%、腐葉土 40%)
肥料	顆粒狀的緩效性肥料、液肥
株高	30 ～ 40 公分

栽培曆

	1	2	3	4	5	6	7	8	9	10	11	12
開花期												
種植・換土換盆												
施肥												

仙客來

科・屬　報春花科仙客來屬

原產地　地中海沿岸地區

分類　球根、多年生草本

花色　●●●○●◎

顏色和形狀經年持續進化。可以欣賞地植和室內這兩種類型的美，也是這種花的一大特點。在室內觀賞的時候，白天放在明亮的窗邊，晚上放在不會過度暖和的地方，是讓花開得更漂亮更長久的訣竅。

<基本的培育方法>

置放場所・種植場所

室外類型，將其放在不會受到寒霜的樹下或屋簷下。室內類型，放在陽光充足的窗邊。理想的環境是白天 20°C 左右、夜間 10°C 左右。

播種

選擇葉子多的幼苗。無論是盆栽或地植，種植時都要讓球莖的頸部露出土表。

澆水

當介質的表面乾燥時，請大量給水。使用窄口澆水器將水倒入植株基部，小心不要碰到球根的頂部。

種植・換土換盆

播種或種植 2 週後，施用適量的顆粒狀緩效性肥料。之後，每 2 週施用 1 次適量的液肥。初夏到夏季的休眠期不要施肥。

施肥

播種或種植 2 週後，施用適量的顆粒狀緩效性肥料。之後在春天，施用適量的緩效性肥料。

整葉

在秋季和開花期間進行。將植株中間的葉子移到外側的老葉下方，使葉柄呈放射狀擴散，以利接收更多的陽光。

摘除殘花

用一隻手按住植株，用手拔除開過的花和枯萎的葉。

越夏

6 月上旬～ 9 月上旬使其休眠，或是比照原樣管理。如果是休眠，請停止澆水並在初秋將其重新種植到新盆中。種到新盆後，不要施肥，持續澆水。當暑氣開始退去時，每 2 週施用 1 次適量的液肥。

繁殖方法

利用播種繁殖。從花後結的果實中採集種子。種子成熟需要耗時 2 個月。從種子開始培育時，需要將近 2 年才能開花。

栽培起點	球根、幼苗、種子
日照條件	全日照
發芽適溫	15°C 左右
生長適溫	10 ～ 20°C
栽培適地	耐寒性・弱、耐暑性・中
介質	基本培養土 60%、椰纖 35%、珍珠石 5% (基本培養土是細粒赤玉土 60%、腐葉土 40%)
肥料	顆粒狀的緩效性肥料、液肥
株高	20 ～ 60 公分

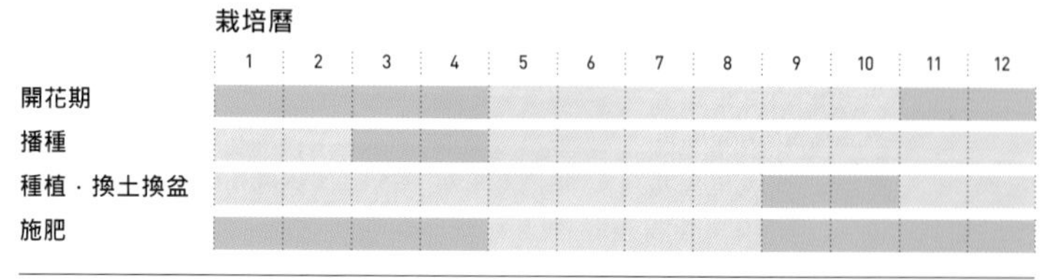

迷你仙客來，是以耐寒的原種仙客來為基礎培育而成的小型品種。市面上已有具獨特花葉顏色和形狀的品種。在冬季來臨前種植。冬季放在不會受到寒霜的室外培育。

培育重點

[整理前]

未經整理的盆栽。雖然也可保持其原本的自然樣貌，但當葉子和花朵生長茂密時，光線會無法到達中心，通風也容易變差。

[整理後]

葉子位置較低，花朵簇擁在中央，給人整齊的印象。

[整葉]

讓光線照射在植株中心的芽以促進生長。將植株中心的葉子穿插到外側的老葉，然後將它們鉤住。如此可植株呈現葉子朝外、花朵聚集在中心的整齊姿態。如果在生長旺盛的秋天和開花期間進行，會開出小小的花苞。

[澆水]

水碰到球根的頂部會使其損傷，所以弄開葉子倒在植株基部。使用窄口澆水器等器具，一旦介質的表面變乾燥，就澆透直到水從盆底流出。

[摘除殘花]

開花過後，握住花莖將其筆直往上拔除。如果用剪刀修剪，需小心殘留的花莖可能會腐爛。

column **人氣原種**
仙客來（*Cyclamen coum*）

線圈狀的花梗饒富特徵。葉子形狀多樣且有花紋的，例如銀葉等，即使不開花也有觀賞價值，而且容易種植，最近很受歡迎。花色有粉紅色、白色和紫色。耐熱性、耐寒性強，即使在寒冷地區也可地植。

紫蘇

科・屬	唇形科紫蘇屬
原產地	中國
分類	香草、一年生草本、蔬菜
花色	● ○
葉色	● ●

富含維生素和礦物質，是經典的調味料。只要有一株，繁盛的葉片相當好用。強健且耐暑，是園藝新手也很容易培育的植物。其獨特的香味具有強烈的殺菌作用和防蟲效果，也可作為茄子、青椒等植物的共榮植物。有青紫蘇和紅紫蘇。

<基本的培育方法>

置放場所・種植場所

性喜陽光。排水和通風良好的地方。半日照也可栽培。

播種

條播或撒播在育苗箱內，或播種在軟盆中。好光性種子，需要有光才能發芽。覆蓋薄薄一層可遮住種子的土即可。從播種到發芽需要 7 ～ 14 天。當長出雙子葉時，疏苗使其間隔 3 ～ 4 公分。

種植・換土換盆

本葉長出 4 ～ 5 片後，盆栽是使用蔬菜用的培養土種植。地植是先在土中拌入適量的苦土石灰，約 1 週後再拌入適量的堆肥、腐葉土，以 20 公分的株距種植。

澆水

播種或種植時，要充分澆水。之後，當盆栽的土表乾燥時，也請大量給水。地植在展根前要確實澆水，之後基本上不需要再澆水。夏天早晚 2 次。梅雨季節結束後，用稻草覆蓋植株基部，以防止介質乾燥。

施肥

播種或種植 2 週後，施用適量的顆粒狀緩效性肥料。之後每 2 個月 1 次，施用顆粒狀緩效性肥料。

摘心・回剪

株高達 15 ～ 20 公分時進行摘心。

採收

種植後 30 ～ 40 天可採收葉片。

繁殖方法

利用播種繁殖。自體撒落的種子也會繁殖。

栽培起點	種子、幼苗
日照條件	全日照
發芽適溫	20 ～ 25°C
生長適溫	15 ～ 25°C
栽培適地	耐寒性・弱、耐暑性・強
介質	基本培養土 60%、椰纖 35%、珍珠石 5% (基本培養土是細粒赤玉土 60%、腐葉土 40%)
肥料	顆粒狀的緩效性肥料、液肥、有機質肥料
株高	40 ～ 60 公分

栽培曆

	1	2	3	4	5	6	7	8	9	10	11	12
採收期					■	■	■	■	■	■	■	
開花期							■	■	■	■	■	
播種		■	■									
種植・換土換盆			■	■	■							
施肥			■	■	■							

1 青紫蘇發芽。一旦長出雙子葉就進行疏苗，疏除下來的苗可用作芽紫蘇。
2 長出 4 片本葉時定植。
3 發花芽會讓葉片變硬，所以要把花芽摘掉。如果讓花持續生長，則可依序使用花穗紫蘇、穗紫蘇和果實紫蘇。

百里香

科・屬	唇形科百里香屬
原產地	地中海沿岸地區、亞洲
分類	香草（山野草）、灌木
花色	●●○●
葉色	●●◎

具清涼感的香味和甘甜的香氣，帶點微苦的味道而被用作辛香料。殺菌防腐效果良好，也用於花草茶和漱口水。有可以當作地被植物的類型，作為花園材料也相當有人氣。不耐高溫潮濕，因此梅雨季前要回剪以確保通風。

<基本的培育方法>

置放場所・種植場所

性喜陽光。排水和通風良好的地方。烈日和西曬會讓盆器的溫度升高，造成植株虛弱，需格外留意。

播種

撒播在育苗箱內，或播種在軟盆中。好光性種子，需要有光才能發芽。覆蓋薄薄一層可遮住種子的土即可。

種植・換土換盆

比較耐寒、耐熱，但如果排水差可能會枯萎。地植時，種植在拌入 20 ～ 30% 堆肥和腐葉土的介質中。盆栽時，在春季或秋季鬆開根球後換土換盆。

澆水

播種或種植時，要充分澆水。之後，當盆栽的土表乾燥時，也請大量給水，但需避免過度潮濕。地植在展根前要確實澆水，之後基本上不需要再澆水。

施肥

播種或種植 2 週後，施用適量的顆粒狀緩效性肥料。稍微節制施肥，可長成一株芬芳且結實的植株。

摘心・回剪

開花過後，在進入梅雨季前回剪以防悶熱。差不多回剪至植株的一半高度。

採收

從前端切下 10 ～ 15 公分即可採收。

繁殖方法

利用播種、分株、扦插繁殖。避開盛夏和隆冬。收穫的種子播種後，會因為個體差異，導致氣味和品種有所不同。

栽培起點	種子、幼苗
日照條件	全日照
發芽適溫	20 ～ 25°C
生長適溫	15 ～ 25°C
栽培適地	耐寒性・強、耐暑性・強
介質	基本培養土 60%、椰纖 35%、珍珠石 5% (基本培養土是細粒赤玉土 60%、腐葉土 40%)
肥料	顆粒狀的緩效性肥料、液肥、有機質肥料
株高	5 ～ 15 公分

栽培曆

	1	2	3	4	5	6	7	8	9	10	11	12
採收期	■	■	■	■	■					■	■	■
開花期			■	■	■							
播種	■	■	■							■	■	■
種植・換土換盆	■	■	■	■						■	■	■
施肥	■	■	■	■						■	■	■

1 匍匐型的長莖百里香（*Thymus longicaulis*），因其生長快、強健且茂密，而被用作地被植物。花朵呈球形，花朵數量非常多。
2 直立性的百里香。兩者在用手觸摸時，都會散發出清新的氣味。

德國洋甘菊

科・屬　菊科母菊屬
原產地　地中海沿岸地區～中亞
分類　香草、一年生草本、草花
花色　○

白色的小花，在中心逐漸隆起、花瓣下垂後，顯得可愛極了。花朵像蘋果一樣有酸甜的芳香。只摘下花朵部分，倒入熱水，就可以泡花草茶。

耐寒且強健，一旦種下，就會隨著自體散落的種子而繁殖。

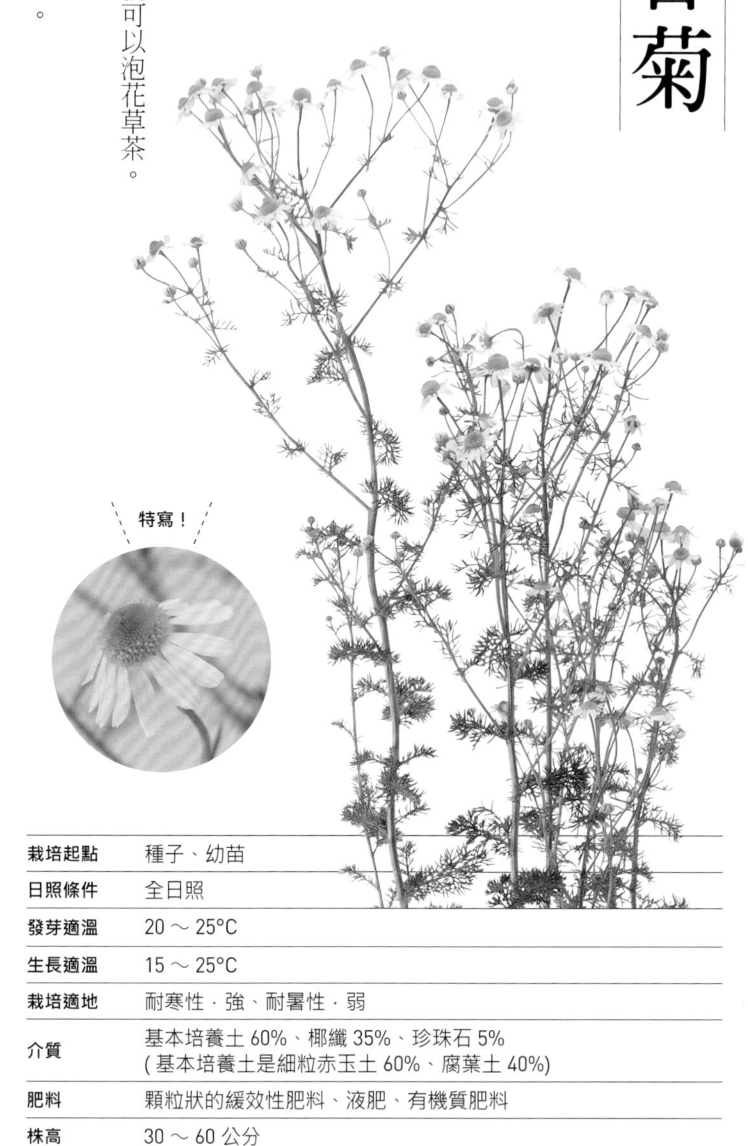

栽培起點	種子、幼苗
日照條件	全日照
發芽適溫	20 ～ 25°C
生長適溫	15 ～ 25°C
栽培適地	耐寒性・強、耐暑性・弱
介質	基本培養土 60%、椰纖 35%、珍珠石 5% (基本培養土是細粒赤玉土 60%、腐葉土 40%)
肥料	顆粒狀的緩效性肥料、液肥、有機質肥料
株高	30 ～ 60 公分

栽培曆

	1	2	3	4	5	6	7	8	9	10	11	12
採收期			■	■	■							
開花期			■	■	■							
播種		■	■					■	■			
種植・換土換盆	■	■	■							■	■	■
施肥	■	■	■							■	■	■

＜基本的培育方法＞

置放場所・種植場所

性喜陽光。排水和通風良好的地方。烈日和西曬會讓盆器的溫度升高，造成植株虛弱，需格外留意。

播種

撒播在育苗箱內，或播種在軟盆中。好光性種子，需要有光才能發芽。覆蓋薄薄一層可遮住種子的土即可。

種植・換土換盆

當株高 7 ～ 8 公分時換土。盆栽建議使用香草用的介質。地植時，在介質中拌入苦土石灰、堆肥、腐葉土，以 10 ～ 30 公分的株距種植。

澆水

播種或種植時，要充分澆水。因為種子容易流動，所以先從底部給水，在發芽前從底部給水或用噴霧給水。之後，當盆栽的土表乾燥時，也請大量給水，但需避免過度潮濕。地植在展根前要確實澆水，之後基本上不需要再澆水。

施肥

播種或種植 2 週後，施用適量的顆粒狀緩效性肥料。初夏時，施用等量的顆粒狀緩效性肥料。

摘心・回剪

株高達 15 ～ 20 公分時，把莖回剪以促進側芽生長。

採收

當開花且花瓣開到水平狀態時，即可連莖一同採收。留下花苞。採收的花朵可以乾燥後保存，也可以冷藏或冷凍保存。

繁殖方法

利用播種繁殖。自體撒落的種子也會繁殖。

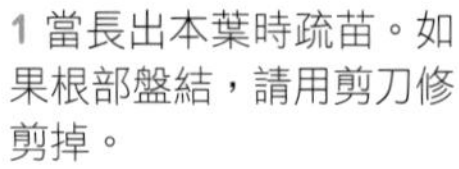

1 當長出本葉時疏苗。如果根部盤結，請用剪刀修剪掉。
2 株高達 7 ～ 8 公分時定植，已長至 10 公分左右。饒富特徵的纖細葉子繁茂生長。
3 花瓣開到水平狀態時最香。在這個時候採摘。

細香蔥

科·屬 石蒜科蔥屬
原產地 歐洲～西伯利亞
分類 蔬菜、多年生草本、草花、香草
花色 ●○●

常用於佳餚調理的蔥屬成員。與日式、西式、中式的料理都很搭，增添了細膩優雅的風味。從春季到秋季，採收時保留基部就會越長越旺盛。為了欣賞可愛的花朵，也可種植收穫用和觀賞用的品種。

特寫！

<基本的培育方法>

置放場所·種植場所

性喜陽光。排水和通風良好的地方。烈日和西曬會讓盆器的溫度升高，造成植株虛弱，需格外留意。

播種

條播或撒播在育苗箱內，或播種在軟盆中。好光性種子，需要有光才能發芽。覆蓋薄薄一層可遮住種子的土即可。

種植·換土換盆

當株高約 10 公分時，將多株合為一株定植。種植深度為 2～3 公分。地植時，在土中拌入苦土灰石、堆肥、腐葉土。過了幾年，葉子變硬或變細的話就換土。

澆水

盆栽需避免過度潮濕。種植後，和其他蔥屬植物一樣，需節制澆水以免根系損傷，僅在葉子萎縮時才澆水。盆栽在展根後，一旦土表乾燥就大量給水。地植在展根前要確實澆水，之後基本上不需要再澆水。

施肥

播種或種植 2 週後，施用適量的顆粒狀緩效性肥料。地植時，先施用有機質肥料再種植。無論是盆栽或地植，在第一次和最後一次採收後施用顆粒狀緩效性肥料。

採收

採收葉片時，保留距離基部 4～5 公分的長度。之後，大約 2 週後就會再生。

繁殖方法

利用播種、分株繁殖。分株是在 3 月下旬～4 月下旬、9 月中旬～10 月中旬，當葉片變擁擠時進行。

不耐高溫潮濕，夏季最好放在半日照處管理。除了地上部枯萎的冬季以外，隨時都可以採收。

開出直徑 2～3 公分絨球狀的粉紅色花朵。地植幾乎不需要澆水，但要小心如果過於乾燥，葉尖會枯萎。

栽培起點	種子、幼苗
日照條件	全日照
發芽適溫	20～25°C
生長適溫	15～25°C
栽培適地	耐寒性·中～強、耐暑性·弱
介質	基本培養土 60%、椰纖 35%、珍珠石 5% (基本培養土是細粒赤玉土 60%、腐葉土 40%)
肥料	顆粒狀的緩效性肥料、液肥、有機質肥料
株高	20～40 公分

栽培曆

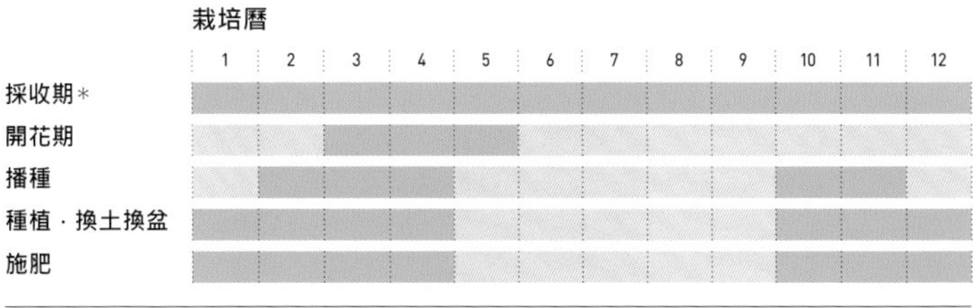

*夏季較少

羅勒

科・屬　唇形科羅勒屬
原產地　熱帶亞洲、印度
分類　香草、一年生草本（部分地區視為多年生草本）、蔬菜
花色
葉色

辛香的氣味令人食欲大振，是消除夏季疲勞的強力夥伴。除了用來烹飪，還可作為藥草和觀賞的實用香草。性喜高溫潮濕，葉片在炎夏繁茂生長。花開時葉子會變硬，所以要摘掉花芽。葉子也可以乾燥保存。

<基本的培育方法>

置放場所・種植場所

性喜陽光。排水和通風良好的地方。烈日和西曬會讓盆器的溫度升高，造成植株虛弱，需格外留意。

播種

條播或撒播在育苗箱內，或播種在軟盆中。好光性種子，需要有光才能發芽。覆蓋薄薄一層可遮住種子的土即可。

種植・換土換盆

當植株長出 2 ～ 3 片本葉時，盆栽請用香草專用的介質種植。地植時，在介質中拌入苦土石灰，1 週後拌入堆肥，放置 1 週，再以 30 公分的株距種植。

澆水

播種或種植時，要充分澆水。之後，當盆栽的土表乾燥時，也請大量給水，但需避免過度潮濕。地植在展根前要確實澆水，之後基本上不需要再澆水。

施肥

播種或種植 2 週後，施用適量的顆粒狀緩效性肥料。種植後每 2 ～ 3 個月用等量施肥。之後再培土。

摘心・回剪

株高約 20 公分時摘心，以促進側芽生長。根據採收狀況適當修剪植物也是個好主意。另外也可視情況，兼作採收地進行回剪。

採收

從低處長得較大的葉子開始採收。如果過於擁擠，也可連同莖一起剪下來。

繁殖方法

利用播種、扦插繁殖。扦插的適期是 4 ～ 7 月左右。

羅勒的強烈氣味可以驅除害蟲，作為共榮植物，是茄子、番茄、萵苣和春菊等許多蔬菜生長時的得力助手。照片是和茄子一起種植的羅勒。

葉色為紫色系品種的紫葉羅勒（Dark Opal Basil）。時尚的黑紫綠色葉片，也被用作切花用的花材。

栽培起點	種子、幼苗
日照條件	全日照
發芽適溫	20 ～ 25°C
生長適溫	15 ～ 25°C
栽培適地	耐寒性・弱、耐暑性・中
介質	基本培養土 60%、椰纖 35%、珍珠石 5% (基本培養土是細粒赤玉土 60%、腐葉土 40%)
肥料	顆粒狀的緩效性肥料、液肥、有機質肥料
株高	20 ～ 60 公分

栽培曆

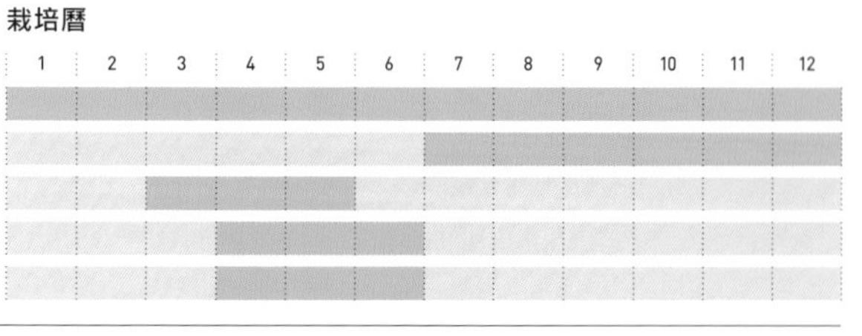

培育重點

[初次採收]

播種到採收約需 1 個半月。雖然葉片很小，但是可以一片一片地用剪刀剪取採收。

[摘心・回剪]

株高超過 20 公分時，替莖的前端摘心。生長過高時則需回剪。

[發花芽]

一旦開花，葉子就會變硬，所以要摘除花芽，以利長期採收柔軟的葉子。也可利用花芽來收集種子。

[長出本葉]

長出本葉。已經有羅勒的香味。

[種植]

1 將幼苗從軟盆中取出，小心不要破壞根球。不要碰到根部，直接移到盆器中。
2 種植在盆器中。

[播種]

在 3 寸軟盆中倒入介質，一次播撒 5 粒種子。

[薄薄地覆土]

羅勒是好光性種子，所以覆蓋薄薄一層土。給予大量的水分，為了避免小顆的種子流出去，也可從底部給水。

[發芽]

發芽並長出小小的雙子葉。

薄荷

科・屬	唇形科薄荷屬
原產地	日本、歐亞大陸、北非
分類	香草、多年生草本、草花
花色	● ○ ●
葉色	● ◎

具清涼感的香味相當吸引人的香草。有蘋果、鳳梨、巧克力等各式各樣的香味。食用、精油、藥用、園藝用等，視品種而有不同的用途也是其特徵。浸泡在水中就會生根發芽，旺盛生長。也可用來製作乾燥花香氛和花環等工藝品。

栽培起點	種子、幼苗
日照條件	全日照、半日照（斑葉類）
發芽適溫	20 ～ 25°C
生長適溫	15 ～ 25°C
栽培適地	耐寒性・中～強、耐暑性・中～強　＊視品種而異
介質	基本培養土 60%、椰纖 35%、珍珠石 5% （基本培養土是細粒赤玉土 60%、腐葉土 40%）
肥料	顆粒狀的緩效性肥料、液肥、有機質肥料
株高	10 ～ 100 公分

栽培曆

	1	2	3	4	5	6	7	8	9	10	11	12
採收期	■	■	■	■	■	■	■	■	■	■	■	■
開花期									■	■	■	■
播種			■	■	■							
種植・換土換盆	■	■	■	■	■	■	■	■	■	■	■	■
施肥	■	■	■	■	■	■	■	■	■	■	■	■

<基本的培育方法>

置放場所・種植場所

性喜陽光。排水和通風良好的地方。烈日和西曬會讓盆器的溫度升高，造成植株虛弱，需格外留意。斑葉品種也可半日照。

播種

條播或撒播在育苗箱內，或播種在軟盆中。好光性種子，需要有光才能發芽。覆蓋薄薄一層可遮住種子的土即可。

種植・換土換盆

長出 3 ～ 4 片本葉時，盆栽請用香草專用的介質種植。地植時，以 20 公分以上的株距種植。最好每年換土 1 次。

澆水

播種或種植時，要充分澆水。之後，當盆栽的土表乾燥時，也請大量給水，但需避免過度潮濕。地植在展根前要確實澆水，之後基本上不需要再澆水。

施肥

播種或種植 2 週後，施用比標準量少的顆粒狀緩效性肥料。之後每 3 個月 1 次，施用相同的量。

摘心・回剪

6 月左右，在葉片的基部上方把莖修剪掉。一旦形成花穗，葉子就會變硬，味道也會變差，所以要經常回剪。

採收

當植株長到 20 ～ 30 公分高時，採收側枝的新芽。

繁殖方法

利用播種、分株、扦插繁殖。分株是在換土時，如果地下莖的前端有新芽或生根，就將其切分開來。扦插只需將 10 ～ 15 公分的莖放入一杯水中即可生根。

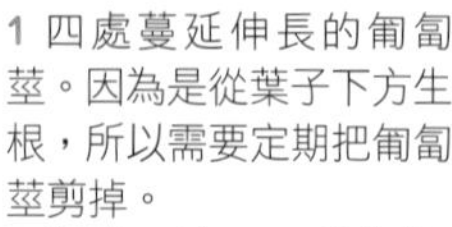

1 四處蔓延伸長的匍匐莖。因為是從葉子下方生根，所以需要定期把匍匐莖剪掉。

2 觀賞用的 '鳳梨薄荷'（Pineapple Mint）有斑葉。

3 '香橙薄荷'（Orange Mint）的花。薄荷很容易雜交，因此不同品種不要種得太近。

薰衣草

科・屬 唇形科薰衣草屬

原產地 地中海沿岸地區～西亞

分類 香草、灌木、草花

花色 ●○●

因其美麗的藍紫色花朵和濃郁的香氣而享有「香草皇后」的稱號。藥用、食用、日用品、工藝品等，是生活中廣泛使用的植物之一。根據品種的不同，種植方法略有差異，在購買種子或幼苗時一定要仔細檢查標籤。

栽培起點	種子、幼苗
日照條件	全日照
發芽適溫	20 ～ 25°C
生長適溫	15 ～ 25°C
栽培適地	耐寒性・強、耐暑性・強
介質	基本培養土 60%、椰纖 35%、珍珠石 5% (基本培養土是細粒赤玉土 60%、腐葉土 40%)
肥料	顆粒狀的緩效性肥料、液肥、有機質肥料
株高	20 ～ 120 公分

栽培曆

1 2 3 4 5 6 7 8 9 10 11 12

採收期

開花期

播種

種植・換土換盆

施肥

<基本的培育方法>

置放場所・種植場所

性喜陽光。排水和通風良好的地方。烈日和西曬會使植株衰弱，需格外留意。

播種

條播或撒播在育苗箱內，或播種在軟盆中。好光性種子，需要有光才能發芽。覆蓋薄薄一層可遮住種子的土即可。

種植・換土換盆

當株高達 10 公分時，在 3 寸盆中種植 1 株。地植以 10 ～ 30 公分的株距種植。

澆水

播種或種植時，要充分澆水。之後，當盆栽的土表乾燥時，也請大量給水，但需避免過度潮濕。地植在展根前要確實澆水，之後基本上不需要再澆水。夏季需留意過度潮濕，下雨時將盆栽移到屋簷下等處。

施肥

播種或種植 2 週後，施用適量的顆粒狀緩效性肥料。不喜多肥，所以夏季至秋季不需要施肥。隔年 3 月，施用等量的顆粒狀緩效性肥料。

修剪

植株容易生長凌亂，因此在 3 月左右回剪。在梅雨季節、9 月下旬，透過疏剪確保通風。

採收

5 月下旬～ 7 月下旬，花開 7 成左右時，剪去約一半的花莖，修剪同時採收。

繁殖方法

利用播種、扦插繁殖。使用修剪下來的枝條。放在陰涼處約 1 週後，移至明亮的地方管理。適期是 5 月中旬～ 6 月下旬。

1 滿開的法國薰衣草。像兔耳的苞片饒富特徵。香味比英國薰衣草溫和，但耐熱且易於生長。
2 花開 7 成左右時，將花莖回剪至側芽的上方，同時採收。
3 修剪成小而緊湊的狀態，以防止悶熱。

迷迭香

科・屬	唇形科鼠尾草屬
原產地	地中海沿岸地區
分類	香草、灌木、花木
花色	●○●●

具有類似針葉樹的清爽香氣，
自古以來就被當作藥用的香草。
強健且容易培育，家裡種一盆，
即可用於烹飪和手作等多種用途。
鬱鬱蔥蔥的葉子常綠，小花反覆綻放。
修剪的同時，還可活用在生活當中。

栽培起點	種子、幼苗
日照條件	全日照
發芽適溫	20 ～ 25°C
生長適溫	15 ～ 25°C　＊越冬的溫度約在 -5°C 左右
栽培適地	耐寒性・中、耐暑性・強
介質	基本培養土 60%、椰纖 35%、珍珠石 5% (基本培養土是細粒赤玉土 60%、腐葉土 40%)
肥料	顆粒狀的緩效性肥料、液肥、有機質肥料
株高	30 ～ 200 公分

栽培曆

	1	2	3	4	5	6	7	8	9	10	11	12
採收期	■	■	■	■	■	■	■	■	■	■	■	■
開花期	■	■	■	■	■					■	■	■
播種			■	■	■							
種植・換土換盆	■	■	■	■	■	■	■	■	■	■	■	■
施肥	■	■	■	■	■				■	■	■	■

<基本的培育方法>

置放場所・種植場所

性喜陽光。排水和通風良好的地方。烈日和西曬會讓盆器的溫度升高，造成植株虛弱，需格外留意。有往上生長的類型和在地上匍匐的類型，所以需考量置放地點。

播種

條播或撒播在育苗箱內，或播種在軟盆中。好光性種子，需要有光才能發芽。覆蓋薄薄一層可遮住種子的土即可。

種植・換土換盆

當植株長到 3 公分左右時，將其一株一株地種植在 9 寸盆中。當株高達 15 ～ 20 公分時，根球不用破壞，直接淺植。之後應每 2 年換土 1 次。

澆水

播種或種植時，要充分澆水。之後，當盆栽的土表乾燥時，也請大量給水，但需避免過度潮濕。地植在展根前要確實澆水，之後基本上不需要再澆水。夏季需留意過度潮濕，下雨時將盆栽移到屋簷下等處。

施肥

播種或種植 2 週後，施用適量的顆粒狀緩效性肥料。之後每個月 2 次，施用適量的液肥。

摘心・修剪

適時進行新芽的摘心與修剪。如果枝條變得太擁擠時就修剪，讓高度整齊一致。適期是 4 月下旬～ 10 月中旬，避開高溫期。

採收

隨時可以採收。

繁殖方法

利用播種、扦插繁殖。嫩枝切取 2 節來進行。扦插的適期是 5 月中旬～ 6 月下旬。

1 主要在春季到夏季反覆開花。
2 當枝條伸長後就回剪，修剪成喜歡的尺寸。
3 剪掉新的枝條，讓植株的高度幾乎相同。修剪下來的枝條有多種用途，也可用作入浴劑。

紫錐花

科・屬	菊科紫錐花屬
原產地	北美洲
分類	香草、多年生草本、草花
花色	●●●●○●◎

圓形褐色的中心部分和垂下的花瓣是其特徵。大的單瓣花朵相當耐熱，接二連三地綻放，點綴著盛夏的庭院。近年來，觀賞品種漸趨豐富，五彩繽紛的花給人煥然一新的形象。也是廣為人知的可提升免疫力的香草。

栽培起點	種子、幼苗
日照條件	全日照
發芽適溫	20 ～ 25°C
生長適溫	15 ～ 25°C
栽培適地	耐寒性・強、耐暑性・強
介質	基本培養土 60%、椰纖 35%、珍珠石 5% (基本培養土是細粒赤玉土 60%、腐葉土 40%)
肥料	顆粒狀的緩效性肥料、液肥、有機質肥料
株高	30 ～ 100 公分

栽培曆

	1	2	3	4	5	6	7	8	9	10	11	12
開花期						■	■	■	■	■		
播種	■	■	■									
種植・換土換盆		■	■	■								
施肥		■	■	■	■	■	■	■	■			

<基本的培育方法>

置放場所・種植場所

性喜陽光。排水和通風良好的地方。烈日和西曬會讓盆器的溫度升高，造成植株虛弱，需格外留意。梅雨季節為了避免根系腐爛，把盆栽移到屋簷下等處。

播種

條播或撒播在育苗箱內，或播種在軟盆中。好光性種子，需要有光才能發芽。覆蓋薄薄一層可遮住種子的土即可。

種植・換土換盆

一般是從幼苗開始培育。因為容易出現盤根的現象，所以盆栽每年都要鬆根並更換新的介質。地植時，在介質中拌入苦土石灰、堆肥、腐葉土後種植。

澆水

播種或種植時，要充分澆水。之後，當盆栽的土表乾燥時，也請大量給水，但需避免過度潮濕。地植在展根前要確實澆水，之後基本上不需要再澆水。

施肥

播種或種植 2 週後，施用適量的顆粒狀緩效性肥料。之後每 2 個月 1 次，施用等量的顆粒狀緩效性肥料。

摘除殘花

開花過後，將整個花莖修剪掉。最好勤於修剪。

繁殖方法

利用扦插、分株繁殖。適期是 3 ～ 4 月左右。

重瓣品種。

單瓣的白花類型。

Double Scoop Raspberry

Cherry Fluff

梔子花

科・屬 茜草科梔子屬

原產地 日本（東海地區以西的本州～沖繩）、台灣、中國

分類 花木（常綠）、灌木

花色 ○

梅雨季節，綻放出甜美而濃郁的香氣。與春天的瑞香、秋天的丹桂並稱三大香木。果實成熟後也不會開裂，所以日本稱之為無言花（口無し）。橙色的果實也被用作染料、食用色素、中藥等。

<基本的培育方法>

置放場所・種植場所

無論是全日照或半日照，都喜歡不過於乾燥的土壤。要開花和結果，需放在日照半天以上的地方。如果是盆栽，即使是窄小的空間也可栽培。

種植・換土換盆

盆栽使用培養土種植。地植時，挖一個比盆器大且深 2 ～ 3 倍的植穴，把根球鬆土約 1/3，然後種在拌入腐葉土和堆肥的介質中。

澆水

盆栽需留意不要使土表乾燥。夏天早上和傍晚 2 次，春天和秋天 1 ～ 2 天 1 次，冬天在乾燥的時候給水。地植，除了夏天的乾燥時期以外幾乎不用給水。

施肥

種植 2 週後，施用適量的顆粒狀緩效性肥料。之後，在 3 月和 6 月施用於植株的周圍。夏季以後不要施肥，否則花芽會難以形成。

摘除殘花

開花過後，請勤於摘除殘花。

修剪

因為樹形自然整齊，所以基本上只需要回剪徒長枝等枝條。6 月開花後到 7 月花芽分化前，是修剪的期間。開花後請儘早修剪。

繁殖方法

利用扦插繁殖。切取當年新長的枝條 10 ～ 15 公分，保留前端的 2 ～ 3 片葉子來進行。避免乾燥地管理，大約 2 個月後生根。

因為樹形自然整齊，所以修剪不費事，加上花帶有芳香，所以經常被用作行道樹。單瓣花也會結果實。

秋天會結出橙色的果實。可用作染料和著色劑等，利用價值高。也可用於御節料理。

栽培起點	幼苗
日照條件	日照～半日照（花會減少）
生長適溫	15 ～ 25°C
栽培適地	耐寒性・中、耐暑性・強
介質	基本培養土 60%、椰纖 35%、珍珠石 5% （基本培養土是細粒赤玉土 60%、腐葉土 40%）
肥料	顆粒狀的緩效性肥料、液肥、有機質肥料
樹高	0.8 ～ 2 公尺

栽培曆

	1	2	3	4	5	6	7	8	9	10	11	12
開花期												
種植・換土換盆												
施肥												

玫瑰

科・屬　薔薇科薔薇屬

原產地　亞洲、歐洲、中東、北美洲、非洲部分地區

分類　花木（落葉）、灌木（一部分為蔓性）

花色　●●●●○●●●◎

在春天的種植季節，能看到大量新苗的人氣花木。

除了花形，甚至連香味、開花量、樹形等，皆可根據喜好從各式各樣的品種中挑選。

選擇品種時，除了花朵的美麗之外，培育難易度、栽培環境也是考量重點。

<基本的培育方法>

置放場所・種植場所

性喜陽光。排水和通風良好的地方。盛夏時用腐葉土等覆蓋植株基部，以防止陽光直射。

種植・換土換盆

富含有機質的土是最合適的。春天上市的新苗，不用破壞根球以免傷及根部。盆栽要準備比大苗的盆器大一號的盆器。地植時先整土再種植。

澆水

種植時，一旦盆栽的土表乾燥就大量給水。地植時，在少雨乾燥的盛夏要給予大量的水分。冬季的地植，最好保持乾燥。

施肥

播種或種植 2 週後，施用適量的顆粒狀緩效性肥料。四季開花性的花朵數量較多，請勤於施肥。

摘除殘花

開花過後，請立刻修剪殘花。

修剪

四季開花的玫瑰，具有剪枝後會產生新芽和促使開花的特性，因此修剪很重要。8 ～ 9 月的夏季修剪是為了調整樹形，讓植株恢復體力。1 ～ 2 月的冬季修剪，是為了調整樹形，讓植株恢復年輕。3 月時進行摘芽。

中耕

當土變硬時，淺耕土的表面，以改善土壤的透氣性和排水。

繁殖方法

利用扦插、播種繁殖。種子是從花後結的果實中採集，採集後直接播種。

1 即使從盆中取出，根球也不會散掉，根系也沒有過度盤結，狀態非常好。根的狀況反映了地上部的生長狀況。
2 細小的白根活絡地吸收養分和水分。

栽培起點	種子、幼苗
日照條件	全日照
發芽適溫	15°C 左右
生長適溫	15 ～ 25°C
栽培適地	耐寒性・強、耐暑性・強
介質	基本培養土 60%、椰纖 35%、珍珠石 5% (基本培養土是細粒赤玉土 60%、腐葉土 40%)
肥料	顆粒狀的緩效性肥料、比標準量多的液肥
樹高	0.15 ～ 10 公尺

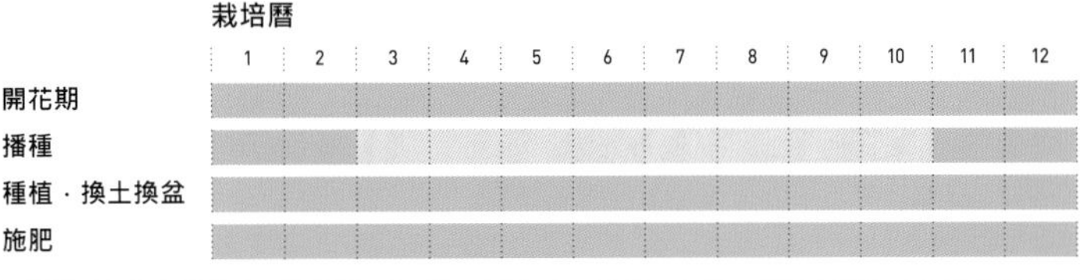

培育重點

[摘除殘花]

單花型玫瑰

單花型玫瑰，當第一輪的花開完後，在其下方的 5 片葉子之上剪掉。時機點是花朵開始變色的時候。品種是 'Parole'。如果花瓣落在葉子上，不可置之不理，需去除以促進光合作用，同時預防疾病發生。

修剪下來的殘花。在距離花朵最近的 5 片葉子下方剪掉。

摘除殘花後的枝條。切口的下方，已經開始萌生二次花的新芽。

多花型玫瑰

1 單一枝條上成簇開花的豐花型玫瑰（Floribunda），需一朵一朵地採摘花朵。品種是 ' 雙喜 '（Double Delight）。

2 開花過後一朵一朵地採摘。修剪位置不拘。

3 留下的玫瑰花顯得更美、通風更好，且能開得更久。當所有花簇都開花後，約在最上面的 5 片葉子之上，或是與其下方的 5 片葉子之間修剪掉。檢查植株的整體高度來縮剪。

[發芽]

1 到了 3 月，新芽在春天的陽光下蠢蠢欲動。植株精神飽滿，從枝條的 1 個地方長出了 3 個芽。

2 如果花芽數量太多，會因為枝葉過於繁茂而有發生病蟲害的風險，所以要在這個時期疏芽。另一方面，這個時期因強風導致樹枝搖晃、相互摩擦，要小心別讓新芽因此掉落。

3 枝條的中央保留了最大的新芽。

培育重點

[修剪]

夏季修剪

夏季修剪的目的，是整理樹形，讓植株恢復健康。近年來天氣格外炎熱，以至於一些植株因疲憊而使葉子變黃。

1 處理掉落在盆內的枯葉、雜草等。務必時常清除枯葉，以預防病蟲害的發生。

2 在擁擠的枝條中，選擇最健康、花朵最多的枝條，然後把周圍妨礙通風的細枝與重疊的枝條修剪掉。最好保留一些葉子。

3 將留下的健康枝條修剪至原本高度的1/2 ～ 2/3。

4 留意整體平衡，以相同方式修剪整棵植株。

5 修剪掉大量的枝葉，夏季修剪就結束了。這是為了秋天的玫瑰季節而做的準備。修剪後，最好使用活力素。

[新枝的處理]

基枝

從植株基部旺盛生長的基枝。如果留下這根格外強健的枝條，會集中消耗養分，抑制周圍枝條的生長，因此必須進行摘心。適期是花苞開始出現的時候。

側枝

從枝條中間健康生長的側枝。這些也予以摘心。

蔓性玫瑰的枝條

蔓性玫瑰在新長出來的枝條前端，於隔年春年綻放。不要剪掉生長旺盛的枝條，而是用麻線固定在周圍的枝條上。

培育重點

[大苗的種植．換土換盆]

1 玫瑰苗，包括春季上市的新苗、11～2月由新苗培育而成的大苗（2年苗），以及已培育好的盆栽苗。大苗與盆栽苗的種植，以及盆栽的換土換盆，在11～2月進行。

2 種植用的介質，推薦使用在硬質赤玉土40%、腐葉土30%、牛糞堆肥25%、魚粉5%中，添加少量碳化稻殼和珪酸白土的培養土。

3 一旦牢牢展根就很難從盆中取出來。從外面敲擊花盆以取出根球，以免損壞根部。

冬季修剪

1 整理樹形，讓植株恢復年輕的冬季修剪。適期是氣溫低，植物處於休眠狀態的1～2月。

2 修剪細枝、不健康的枝條以及枯萎的枝條。把密集且影響阻礙通風和日照的枝條修剪掉。

3 一邊檢視整體的平衡，一邊修剪至原高度的1/3～1/2，完成冬季修剪。

4 4月時的植株狀態。枝葉健康活絡地生長。

當下方葉子因炎熱而掉落時

1 下方的葉子因為夏季的炎熱而全部凋落，變成失去活力的植株。毫無生氣的葉子僅附著在枝條的上方。

2 只修剪枝條尖端。不健康的植株，枝條剪得太低會很難恢復體力。

3 修剪完成。雖然顯得更為寂寥，但隨著涼爽季節的到來，植株將會恢復體力。之後給予適量的活力素。

培育重點

4 冬季的種植會破壞根球，但在春季種植的新苗，基本上不動根球，直接種植。根據幼苗的狀態，有時需稍微鬆開以催生新根。

5 將新苗放在盆器的中央。一邊用手扶住幼苗使其保持直立，一邊小心地添加介質。不要用手從上方按壓介質。

6 將表面的土整平後就完成了。在秋天可能會開花。

[新苗的種植]

1 新苗，是在冬季嫁接的苗。4 月下旬～6 月上市，又稱幼苗或春苗。

2 有時也會有花苞，但開花會消耗體力，所以要予以摘心。

3 取出根球。由於新苗還很幼小，根系通常不太會盤根。

4 鬆開並去除根球上部的 1/3 和底部的土，形成圓形。

5 調整高度以預留蓄水空間，然後將幼苗放在盆器的中央。

6 倒入介質並小心地種植，讓介質填滿根系的空隙。

7 種植、換土換盆完成。倒入足以從盆底流出的大量水分。之後，當介質乾燥時就給水。

玫瑰的品種

＜現代玫瑰＞

史卡波羅花市（Scarborough Fair）

和平（Peace）

初音（Hatsune）

冰山（Iceberg）

格蕾絲（Grace）

安部姬（Ambridge Rose）

摩洛哥公主（Princesse de Monaco）

聖賽西麗亞（St.Cecilia）

福利吉亞（Friesia）

咖啡拿鐵（Caffè Latte）

新浪（New Wave）

亞斯米娜（Jasmina）

齊格菲（Siegfried）

達文西（Leonardo da Vinci）

吸引（Knock Out）

雪拉莎德（Sheherazad）

<玫瑰的果實>

犬薔薇（*Rosa canina*）

Alba Semi-plena

野薔薇（*Rosa multiflora*）

密刺薔薇（*Rosa spinosissima*）

Rosa rugosa 的果實

巨花薔薇（*Rosa gigantea*）

Rosa gallica 'Complicata'

紫葉薔薇（*Rosa glauca*）

<古典玫瑰>

布羅德男爵
（Baron Girod de L'Ain）

西比拉盧森堡公（Princesse Sibilla de Luxembourg）

櫻鏡（Duchesse de Brabant）

科尼莉亞（Cornelia）

希靈登夫人（Lady Hillingdon）

玫瑰戰爭（York and Lancaster）

<原生種>

Rosa rugosa

野薔薇（*Rosa multiflora*）

繡球花

科・屬 八仙花科八仙花屬
原產地 東亞
分類 花木（落葉）、灌木
花色 ●●○●●●◎

在梅雨的天空下，開著藍色和紫色具清涼感花朵的花木。起源於日本的原生種。在歐洲經過品種的改良，以 Hydrangea 的名字聞名於世。需留意乾燥缺水。

＜基本的培育方法＞

置放場所・種植場所

性喜陽光。排水和通風良好的地方。烈日和西曬會讓盆器的溫度升高，造成植株虛弱與葉片灼傷，需格外留意。

種植・換土換盆

盆栽容易變乾，所以使用塑膠盆來防止乾燥。或在植株基部覆蓋腐葉土。

澆水

無論是盆栽或地植都需留意不要缺水，當土表開始乾燥時就大量給水。地植如果乾燥導致葉子下垂時，請在植株基部覆蓋腐葉土或落葉。

施肥

種植 2 週後，施用適量的顆粒狀緩效性肥料。之後，盆栽每 2 週施用 1 次適量的液肥。地植在 3 月下旬，於植株周圍挖出約 10 公分深的溝後施肥，再把土回填。

摘除殘花

在修剪適期摘除殘花。
＊開花後褪色的花，可用作切花中的秋色繡球花。

修剪

修剪的時機很重要。繡球花是在秋天形成隔年的花芽，如果在花苞形成後修剪會導致花芽掉落，還請特別留意。大約每 5 年修剪 1 次，以控制植株的大小。

繁殖方法

利用扦插繁殖。可用前年的枝條在春天扦插，或是在 6 月左右使用當年伸長的枝條。

栽培起點	幼苗
日照條件	全日照～半日照
生長適溫	15 ～ 25°C
栽培適地	耐寒性・強、耐暑性・中
介質	基本培養土 60%、椰纖 35%、珍珠石 5% (基本培養土是細粒赤玉土 60%、腐葉土 40%)
肥料	顆粒狀的緩效性肥料、液肥、有機質肥料
樹高	0.8 ～ 2 公尺

栽培曆

1 2 3 4 5 6 7 8 9 10 11 12

開花期

種植・換土換盆

施肥

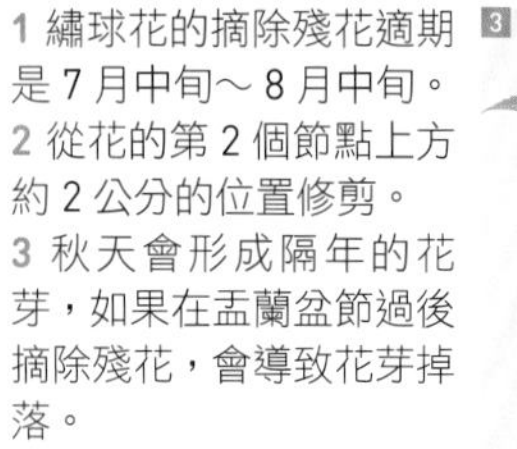

1 繡球花的摘除殘花適期是 7 月中旬～ 8 月中旬。
2 從花的第 2 個節點上方約 2 公分的位置修剪。
3 秋天會形成隔年的花芽，如果在盂蘭盆節過後摘除殘花，會導致花芽掉落。

繡球花的品種

<繡球花>

隅田花火

斑葉繡球花

White Shadow

小菊

Afternoon dream

Cotton Candy

Posy Bouquet

Princess Charlotte

銀河

Blue Picotee Manaslu

Magical Revolution

霧島之惠

培育重點

[3 月]

3 月初。枝頭上的芽還很硬，但芽裡在前年秋天已經形成了花芽。

[4 月]

蒲公英綻放的季節。繡球花的枝條前端和植株基部，開始發芽展葉。

[5 月]

葉片旺盛展開，中心開始出現小花。1 個月後，繡球花開花了。

繡球花的品種

＜繡球花的同類＞

喬木繡球花 '安娜貝爾'
(*Hydrangea arborescen*s 'Annabelle')

橡葉繡球 '雪花'
(*Hydrangea quercifolia* 'Snowflake')

粉紅安娜貝爾

常山(*Dichroa febrifuga*)

＜山繡球類＞

秋篠手鞠

七變化

清澄澤紫陽花

藍姬

黑姬

Popcorn

旭之舞姬

Black Diamond

Casanova

Fairy love

Deep purple

Carly Sparkle

穗花牡荊

科・屬	唇形科牡荊屬
原產地	歐洲南部
分類	香草、灌木、花木（落葉）
花色	●●●○

替盛夏時節，點綴著清爽的藍色花朵。由於生長旺盛且耐寒，近年來作為庭木很受歡迎。因為枝條廣闊伸展，所以適合地植。花期長，花和葉的辛香氣味也是其特徵。葉子近似於人參。

栽培起點	幼苗
日照條件	全日照
生長適溫	20 ～ 30°C　＊在降到 -6°C 以下的寒冷地區，室外難以越冬
栽培適地	耐寒性．強、耐暑性．強
介質	基本培養土 60%、椰纖 35%、珍珠石 5% (基本培養土是細粒赤玉土 60%、腐葉土 40%)
肥料	顆粒狀的緩效性肥料、液肥、有機質肥料
樹高	2 ～ 4 公尺

栽培曆

	1	2	3	4	5	6	7	8	9	10	11	12
開花期												
種植．換土換盆												
施肥												

<基本的培育方法>

置放場所．種植場所

性喜陽光。排水和通風良好的地方。最好放在不過度乾燥，冬天不吹寒風的地方。

種植．換土換盆

將根球鬆掉約 1/3，挖 2 ～ 3 倍深的植穴，混入約 1/3 的腐葉土，然後種植。一旦樹木成年就很難移植，因此要謹慎挑選種植位置。

澆水

盆栽的土表乾燥時就大量給水，但需避免過度潮濕。地植在展根前要確實澆水，之後基本上不需要再澆水。

施肥

種植 2 週後施用適量的有機肥料，或是施用適量的顆粒狀緩效性肥料。2 ～ 3 月比照施用作為寒肥。

摘除殘花

開花過後，請勤於摘除殘花。

修剪

節制強剪。回剪與修剪徒長枝和枯枝。

繁殖方法

利用扦插繁殖。9 月使用當年生長的枝條，3 月使用前年生長的枝條。剪取 2 ～ 3 節，將葉子剪成 1/3 ～ 1/2 大小來進行。如果放在陰涼處並避免乾燥，2 ～ 3 個月可生根。

作為玫瑰花園在夏天花量較少時的色彩點綴，這種花木很受歡迎。除了園藝素材以外，果實也被活用於香草茶和香料等。據説也有調整女性荷爾蒙、放鬆的效果。花色除了藍紫色之外，還有白色和粉紅色。

藍莓

科・屬 杜鵑花科越橘屬
原產地 北美洲
分類 果樹、灌木、花木（落葉）
花色 ● ○
果實色 ● ●

受歡迎的理由，
是容易培育且果實美味。
栽培時，一起種植2個以上不同的品種。
使用酸性且保水性良好的土或專用土，
並且好好地澆水，
就能結出豐碩的果實。

＜基本的培育方法＞

置放場所・種植場所

性喜陽光。排水和通風良好的地方。喜歡酸性土壤。

種植・換土換盆

準備已知品種名稱的幼苗。使用酸性土壤或藍莓用的培養土。盆栽應每 3 年換土換盆 1 次。地植時拌入鹿沼土。

澆水

種植時要充分澆水。之後，當盆栽的土表乾燥時，也請大量給水。地植在夏季未降雨或極度乾燥時給水。

施肥

種植 2 週後，施用適量的顆粒狀緩效性肥料。之後無論是盆栽或地植，均在 3 月施用春肥，9 月中下旬追肥。施用適量的有機質肥料或顆粒狀緩效性肥料。

人工授粉

將紙鋪在花朵下方，搖晃枝條讓花粉掉落。將花粉塗在不同品種的雌蕊上授粉。

採收

當果實完全成熟並呈紫色時採收。

修剪

冬季修剪時，保留前一年在枝頭上結有大花芽的枝條，並疏剪細弱的枝條。夏季修剪則是修剪擁擠的枝條。

繁殖方法

利用扦插繁殖。將冬季修剪下來的徒長枝存放在冰箱的蔬果室等處，保持水分以防止乾燥。在發芽時期進行。

特寫！

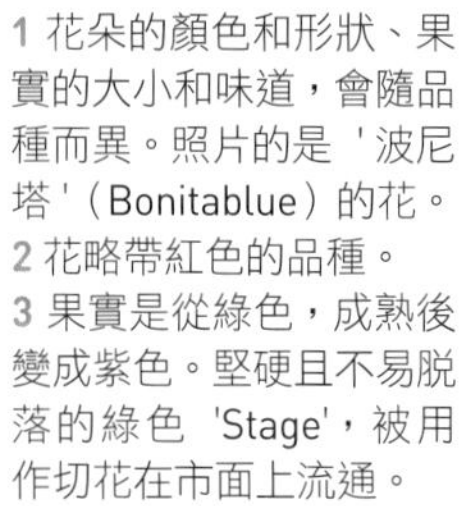

1 花朵的顏色和形狀、果實的大小和味道，會隨品種而異。照片的是 '波尼塔'（Bonitablue）的花。
2 花略帶紅色的品種。
3 果實是從綠色，成熟後變成紫色。堅硬且不易脫落的綠色 'Stage'，被用作切花在市面上流通。

栽培起點	幼苗
日照條件	全日照
生長適溫	15 ～ 25°C
栽培適地	耐寒性・強（高叢）、弱（兔眼） 耐暑性・中（高叢）、強（兔眼）
介質	藍莓專用介質、酸性（pH4.5 左右）且保水性佳的土
肥料	顆粒狀的緩效性肥料、液肥、有機質肥料
樹高	1 ～ 3 公尺

栽培曆

	1	2	3	4	5	6	7	8	9	10	11	12
採收期＊	■	■	■	■	■							■
開花期	■	■	■	■							■	■
種植・換土換盆	■	■	■							■	■	■
施肥		■	■						■	■		

＊視品種而異

木槿

科・屬	錦葵科木槿屬
原產地	中國
分類	花木（落葉）、灌木
花色	●●○●◎

和南國之花朱槿等同為木槿屬，夏天不斷地綻放，加上耐寒性強，所以也被用作行道樹。

由於生長旺盛，因此適合地植。

如果在早春（2～4月）之間修剪，夏天的花況會很好。

不必費心照料，對園藝新手來說很容易培育的花木。

<基本的培育方法>

置放場所・種植場所

性喜陽光。排水和通風良好的地方。雖然不特別挑剔土壤，但在富含腐植質的土中開花狀況更好。

種植・換土換盆

地植時，挖比根球大一圈的植穴，拌入腐葉土等再種植。

澆水

盆栽當土表乾燥時就大量給水，但需避免過度潮濕。地植在展根前要確實澆水，之後基本上不需要再澆水。

施肥

種植 2 週後，施用適量的顆粒狀緩效性肥料。之後，在開花期施用以促進開花。作為寒肥，在 12 ～ 1 月施用適量的顆粒狀緩效性肥料。

修剪

為了使春季枝條長出後能產生花芽，應從秋季落葉後到 3 月進行修剪。即使枝條已經伸長，如果在 5 月之前修剪，在夏天也會開花。

繁殖方法

利用扦插繁殖。剪取前端保留 4 ～ 6 片葉子、長度約 15 公分的枝條來進行。如果放在陰涼處，並給予充足的水分以防乾燥，大約 1 個月可生根。

Pink Delight

Corestis

白花笠

夏空

栽培起點	幼苗
日照條件	全日照
生長適溫	15 ～ 25°C
栽培適地	耐寒性・強、耐暑性・強
介質	基本培養土 60%、椰纖 35%、珍珠石 5% (基本培養土是細粒赤玉土 60%、腐葉土 40%)
肥料	顆粒狀的緩效性肥料、液肥、有機質肥料
樹高	1 ～ 3 公尺

栽培曆

	1	2	3	4	5	6	7	8	9	10	11	12
開花期					■	■	■	■	■	■		
種植・換土換盆＊	■	■	■	■	■	■	■	■	■	■	■	■
施肥			■	■	■							

＊避開寒冬期

梅

- **科・屬** 薔薇科李屬
- **原產地** 中國
- **分類** 花木（落葉）、喬木
- **花色** ●●○◎

在初春時分，散發出清甜香味的花木。自古以來，就與日本人的生活息息相關。觀賞花朵的品種叫花梅，採收果實的品種叫果梅。花梅的花形、香味、樹幹的形狀都很豐富多彩。另一方面，果梅則被用來製作醃梅和梅酒等。

栽培起點	幼苗
日照條件	全日照
生長適溫	5 ～ 25°C
栽培適地	耐寒性・強、耐暑性・中
介質	基本培養土 60%、椰纖 35%、珍珠石 5% (基本培養土是細粒赤玉土 60%、腐葉土 40%)
肥料	顆粒狀的緩效性肥料、液肥、有機質肥料
樹高	4 ～ 8 公尺

栽培曆

	1	2	3	4	5	6	7	8	9	10	11	12
採收期＊1			●	●	●							
開花期	●											●
種植・換土換盆＊2	●	●									●	●
施肥	●										●	●

＊1 視品種而異　＊2 避開寒冬期

＜基本的培育方法＞

置放場所・種植場所

性喜陽光。排水和通風良好的地方。

種植・換土換盆

落葉到發芽前是合適的時期。每 2 ～ 3 年換土 1 次。

澆水

盆栽當土表乾燥時就大量給水，但需避免過度潮濕。地植在展根前要確實澆水，之後基本上不需要再澆水。

施肥

種植 2 週後，施用適量的顆粒狀緩效性肥料。之後在 12 月上旬～ 1 月下旬施用適量的液肥。

修剪

冬季修剪是將朝向外側的芽的上方枝條修剪掉，以促進果實生長。夏季修剪是在 6 ～ 7 月回剪徒長枝，疏除不必要的枝條。為了在 7 ～ 8 月讓枝條上的芽變成花芽，將枝條的前端稍微回剪。

採收

果實用來釀製梅酒或梅漿時，當果實變圓、果皮表面的毛變少變光滑時採收。

繁殖方法

透過嫁接繁殖。在 3 月中下旬，從枝條上取 5 公分的接穗，削切後接合在砧木上。接合處用膠帶固定。整盆放入塑膠袋中，密封以防乾燥。

1 枝條細，花和葉都很小的野梅系的重瓣花。花梅可分成野梅系、緋梅系、豐後系 3 大系統。
2 滿開的紅梅。一隻繡眼鳥停駐在枝頭上。
3 3 月上旬。梅樹的果實只有 2 公分左右。

銀葉金合歡

科．屬　豆科相思樹屬
原產地　澳洲東南部
分類　花木（常綠）、喬木
花色

又稱貝利氏相思樹的人氣花木。早春時節，氣味香甜的黃色小花成簇綻放，相當吸睛。銀灰色葉子也很美，作為庭木受到好評。生長快，樹幹粗壯但柔軟，所以需要支架。有花的樹枝，可以製作花環和乾燥花。

栽培起點	幼苗
日照條件	全日照
生長適溫	10 ～ 25°C
栽培適地	耐寒性．中、耐暑性．強
介質	基本培養土 60%、椰纖 35%、珍珠石 5% （基本培養土是細粒赤玉土 60%、腐葉土 40%）
肥料	顆粒狀的緩效性肥料、液肥、有機質肥料
樹高	4 ～ 8 公尺

栽培曆

	1	2	3	4	5	6	7	8	9	10	11	12
開花期		●	●									
種植．換土換盆*				●	●	●	●	●	●	●		
施肥				●	●	●	●	●	●	●		

＊高溫期除外

＜基本的培育方法＞

置放場所．種植場所

性喜陽光。排水和通風良好的地方。烈日和西曬會讓盆器的溫度升高，造成植株虛弱與葉片灼傷，需格外留意。強風會吹斷樹枝，因此請選擇不受強風吹襲的地方。一旦樹木成年就很難移植，因此要謹慎挑選種植位置。

種植．換土換盆

盆栽生長速度很快，所以盡量種植在大型盆器中。地植時，將約 20 ～ 30% 的堆肥和腐葉土混入深度和直徑為根球 2 倍的植穴中。

澆水

盆栽當土表乾燥時就大量給水，但需避免過度潮濕。地植在展根前要確實澆水，之後基本上不需要再澆水。

立支架

樹枝容易被風吹斷的幼樹，需立支架支撐。

施肥

種植 2 週後，施用適量的顆粒狀緩效性肥料。

修剪

剪掉不必要的樹枝。6 月中下旬開始可見花芽形成，應在此之前進行修剪。

繁殖方法

利用壓條繁殖。

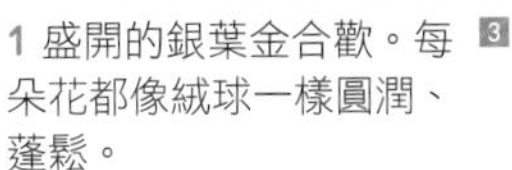

1 盛開的銀葉金合歡。每朵花都像絨球一樣圓潤、蓬鬆。
2 9 月的銀葉金合歡。花穗已經形成，可看見小小的花苞。
3 和銀葉金合歡同為相思樹屬的珍珠金合歡（*Acacia podalyriifolia*）。極其相似的黃色花朵，所以同樣被稱為貝利氏相思樹。

櫻花

科・屬 薔薇科李屬

原產地 東亞的溫帶地區

分類 花木（落葉）、喬木

花色 ● ● ○ ● ●

象徵著爛漫的春天，原產於日本的花木。古代的《萬葉集》和《枕草子》中都有記載，自平安時代以來一直是賞花的對象。春天從彼岸櫻開始到染井吉野櫻、八重櫻，初夏有葉櫻，秋天盛開的十月櫻還有紅葉，每個季節都有自己的風味。

<基本的培育方法>

置放場所・種植場所

性喜陽光。排水和通風良好的地方。烈日和西曬會讓盆器的溫度升高，造成植株虛弱與葉片灼傷，需格外留意。

種植・換土換盆

盆栽時，將根球鬆掉約 1/3，剪去長根後種植。地植時，挖一個深度和直徑為根球 1.5 倍的植穴，混合約 20 ～ 30% 的堆肥或腐葉土後種植。

澆水

盆栽當土表乾燥時就大量給水，但需避免過度潮濕。地植在展根前要確實澆水，之後基本上不需要再澆水。

施肥

種植 2 週後，施用適量的顆粒狀緩效性肥料。之後，在 11 ～ 12 月施用適量的顆粒狀緩效性肥料或有機質肥料。

修剪

不喜歡強剪，所以在開花後剪掉交錯或擁擠的枝條即可。此時，也把從植株基部長出來的不定芽或從樹幹長出來的枝條修剪掉。徒長枝在開花後或秋季予以修剪。切口務必塗抹癒合劑加以保護。

繁殖方法

利用扦插、嫁接繁殖。櫻花有許多難以生根的品種，最好使用發根劑。

八重紅枝垂
(*Itosakura*)

御室有明櫻
(Omuro-ariake)

太白櫻
(Taihaku)

紫櫻
(Purpurea)

栽培起點	幼苗
日照條件	全日照
生長適溫	10 ～ 25°C
栽培適地	耐寒性・中～強、耐暑性・中～強　＊視品種而異
介質	基本培養土 60%、椰纖 35%、珍珠石 5% (基本培養土是細粒赤玉土 60%、腐葉土 40%)
肥料	顆粒狀的緩效性肥料、液肥、有機質肥料
樹高	3 ～ 20 公尺

栽培曆

	1	2	3	4	5	6	7	8	9	10	11	12
開花期	■	■	■	■	■							■
種植・換土換盆＊	■	■									■	■
施肥	■	■									■	■

＊寒冬期除外

大花四照花

科・屬 山茱萸科山茱萸屬
原產地 北美東部～墨西哥東北部
分類 花木（落葉）、喬木
花色 ●●○

行道樹被粉紅色和白色花朵點綴的風景，成為了晚春的風物詩。樹枝不會過於茂密，很容易以自然的樹形生長，而且盛開時花朵美麗，作為庭院的象徵樹而備受喜愛。秋天葉子轉紅，小果實也染上了紅色。

栽培起點	幼苗、種子
日照條件	全日照
發芽適溫	15°C 左右
生長適溫	15 ～ 25°C
栽培適地	耐寒性・強、耐暑性・強
介質	基本培養土 60%、椰纖 35%、珍珠石 5% (基本培養土是細粒赤玉土 60%、腐葉土 40%)
肥料	顆粒狀的緩效性肥料、液肥、有機質肥料
樹高	4 ～ 10 公尺

栽培曆

	1	2	3	4	5	6	7	8	9	10	11	12
開花期				■	■							
播種			■	■								
種植・換土換盆＊	■	■	■								■	■
施肥	■	■									■	■

＊寒冬期除外

＜基本的培育方法＞

置放場所・種植場所

性喜陽光。排水和通風良好的地方。烈日和西曬會讓盆器的溫度升高，造成植株虛弱與葉片灼傷，需格外留意。因為是樹枝橫向生長的樹形，所以要避開強風處。

種植・換土換盆

地植時，挖 1 個深度和直徑為根球直徑 2 倍的植穴，混入約 1/3 的堆肥和腐葉土後種植。盆栽應每 2 ～ 3 年換土換盆 1 次。

澆水

盆栽當土表乾燥時就大量給水，但需避免過度潮濕。地植在展根前要確實澆水，之後基本上不需要再澆水。

立支架

樹枝容易被風吹斷的幼樹，需立支架支撐。

施肥

播種或種植 2 週後，施用適量的顆粒狀緩效性肥料。之後，在落葉期施用適量的顆粒狀緩效性肥料或有機質肥料作為寒肥。沒有施用寒肥的時候，在開花後施肥。不施寒肥的時候，花後施肥。施肥過多會難以發花芽，需格外留意。

修剪

修剪掉枯枝和徒長枝即可。落葉後進行，留下花芽整理樹形。開花後的 5 月，修剪掉擁擠的樹枝。

繁殖方法

利用播種繁殖。從成熟的果實中取出種子，用水清洗後採集。待本葉長出 3 ～ 4 片時種到盆器中。

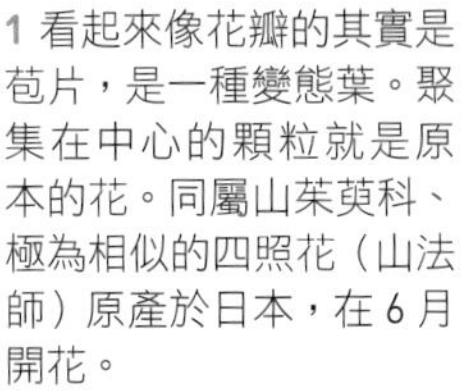

1 看起來像花瓣的其實是苞片，是一種變態葉。聚集在中心的顆粒就是原本的花。同屬山茱萸科、極為相似的四照花（山法師）原產於日本，在 6 月開花。
2 粉紅色的花色。
3 秋季成熟的果實。與紅葉攜手將秋天送達街角。

桉樹

科・屬 桃金孃科桉樹屬
原產地 澳洲、東南亞、密克羅尼西亞
分類 木本（常綠）、喬木
花色 ●●○●

適合作為庭院的主景樹和室內綠化，清爽的芳香也被用於香草的桉樹。從灌木到幾十尺的喬木，有數以百計的品種。多花桉、加寧桉、檸檬桉等，可以購入喜愛的品種來栽培。

<基本的培育方法>

置放場所・種植場所

性喜陽光。排水和通風良好的地方。會長得很高大，所以請確保有足夠的空間。

種植・換土換盆

盆栽時，先剪掉根球中受損的根再種植。約每1～2年換土換盆1次。地植時，先在介質中拌入小粒硬質赤玉土和珍珠石再種植。展根較淺，所以需避免高畦栽培。

澆水

盆栽當土表乾燥時就大量給水，但需避免過度潮濕。地植在展根前要確實澆水，之後基本上不需要再澆水。

施肥

種植2週後，施用適量的顆粒狀緩效性肥料。之後在3月下旬～4月下旬，施用適量的顆粒狀緩效性肥料或有機質肥料。

修剪

生長非常旺盛，所以必須勤於修剪。修剪擁擠的枝條，以改善通風並確保樹形。

越夏・越冬

夏季的悶熱和烈日會造成葉片灼傷，需格外留意。盆栽最好移至通風良好的半日照處。不耐寒的品種若以盆栽種植時，冬天需移至室內，放在日照良好的房間管理。

繁殖方法

利用扦插繁殖。視品種不同，快的5～6週可生根。

加寧桉

圓葉桉「藍寶貝」

銀世界

小葉桉

栽培起點	幼苗
日照條件	全日照
生長適溫	15～25°C
栽培適地	耐寒性・中、耐暑性・強
介質	基本培養土60%、椰纖35%、珍珠石5% (基本培養土是細粒赤玉土60%、腐葉土40%)
肥料	顆粒狀的緩效性肥料、液肥、有機質肥料
樹高	5～50公尺

栽培曆

	1	2	3	4	5	6	7	8	9	10	11	12
開花期＊												
種植・換土換盆												
施肥												

＊視品種而異

油橄欖

科・屬	木犀科油橄欖屬
原產地	地中海沿岸～中東一帶
分類	果樹、喬木、花木（常綠）
花色	○
果實色	● ●

輕盈的銀葉、柔軟的樹枝、可愛的果實。是最受歡迎的主景樹。種在像故鄉地中海沿岸地區般陽光充足和排水良好的土壤中，就會結出豐碩的果實。關鍵是至少要種植2個不同的品種。因為其特性是只有單獨1種花粉不會結果。

<基本的培育方法>

置放場所・種植場所

性喜陽光。排水和通風良好的地方。如果不暴露在寒冬下就不會開花結果，所以冬天需在10°C 以下管理。

種植・換土換盆

盆栽時，破壞根球、鬆開根系後種植。地植需在種植前 2 週，挖出深度、直徑約 50 公分的植穴，製作混入堆肥、腐葉土和苦土石灰的介質。種植的時候要淺植，並縮剪至 50 公分高。

澆水

盆栽當土表乾燥時就大量給水，但需避免過度潮濕。地植在展根前要確實澆水，之後基本上不需要再澆水。

立支架

樹枝容易被風吹斷的幼樹，需立支架支撐。

施肥

種植 2 週後，施用適量的顆粒狀緩效性肥料。之後，在 2 月和 10 月各 1 次，施用適量的有機質肥料或速效性肥料。

修剪

為了抑制樹木的擴展，利用疏剪去除不需要的枝條。

採收

如果要醃製未成熟的果實，應在 9 月以後採收。如果要壓榨橄欖油，應在 12 月左右完全成熟時採收。

繁殖方法

利用扦插繁殖。約 2 個月可生根。

Nevadillo blanco 的果實

1 油橄欖不進行深剪枝，而是讓枝條留出空隙的疏剪即可。
2 成簇綻放的油橄欖。
3 插枝 1～2 年的扦插苗在種植後，需要花費 3～4 年才可採收果實。未成熟的綠色果實也可用於鹽漬等。

栽培起點	幼苗
日照條件	全日照
生長適溫	15～30°C
栽培適地	耐寒性・中、耐暑性・強
介質	基本培養土 60%、椰纖 35%、珍珠石 5% (基本培養土是細粒赤玉土 60%、腐葉土 40%)
肥料	顆粒狀的緩效性肥料、液肥、有機質肥料
樹高	2～6 公尺

栽培曆

	1	2	3	4	5	6	7	8	9	10	11	12
採收期＊									■	■	■	
開花期					■	■						
種植・換土換盆	■	■	■	■	■	■	■	■	■	■	■	■
施肥		■								■		

＊視品種而異

紫薇

科・屬	千屈菜科紫薇屬
原產地	中國南部
分類	花木（落葉）、喬木
花色	●●○●

色彩鮮豔的花輕盈地綻放。因為從初夏開到秋天，所以別名百日紅。也誕生了株高較矮的改良品種，品種各色各樣。光滑的樹幹具有觀賞價值，使其成為受歡迎的庭木。

栽培起點	幼苗、種子
日照條件	全日照
發芽適溫	15°C 左右
生長適溫	20 ～ 30°C
栽培適地	耐寒性・強、耐暑性・強
介質	基本培養土 60%、椰纖 35%、珍珠石 5% (基本培養土是細粒赤玉土 60%、腐葉土 40%)
肥料	顆粒狀的緩效性肥料、液肥、有機質肥料
樹高	3 ～ 7 公尺

栽培曆

	1	2	3	4	5	6	7	8	9	10	11	12
開花期						■	■	■	■			
種植・換土換盆	■	■	■							■	■	■
施肥			■	■								

<基本的培育方法>

置放場所・種植場所

性喜陽光或日照半天以上的地方。排水和通風良好的地方。

種植・換土換盆

盆栽應選擇矮性品種。地植時，挖出深度和寬度為根球 2 倍的植穴，在土裡混入約 1/3 的腐葉土後種植。

澆水

盆栽當土表乾燥時就大量給水，但需避免過度潮濕。地植在展根前要確實澆水，之後基本上不需要再澆水。不耐乾燥，所以夏天要多加留意。

立支架

樹枝容易被風吹斷的幼樹，需立支架支撐。

施肥

種植 2 週後，施用適量的顆粒狀緩效性肥料。之後在 2 月上旬～ 3 月上旬，將有機質肥料埋在植株基部。

修剪

春天會在生長的枝條前端形成花芽，因此在此之前進行修剪。

繁殖方法

利用播種、扦插繁殖。種子在秋季採集後存放在冰箱，待 3 ～ 4 月播種。2 ～ 3 月修剪下來的枝條，也可用來扦插。

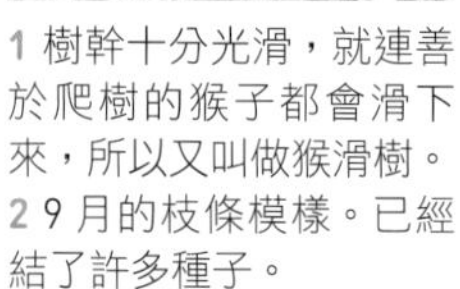

1 樹幹十分光滑，就連善於爬樹的猴子都會滑下來，所以又叫做猴滑樹。
2 9 月的枝條模樣。已經結了許多種子。
3 晴空萬里的 12 月冬季。即使葉子都凋落了，種子仍然牢牢地附著在樹枝上。

紫薇的品種

Seminole

灌木的類型

Dear Weeping

Natchez

Dear rouge

Hardy Pink

column 告知季節的行道樹

一路上，告知著季節變化的行道樹。春有花開、夏有綠蔭，秋天的紅葉賞心悅目。
銀杏、櫻花、櫸樹從以前就一直深受喜愛，成排的樹木儼然成為街道的象徵。近年來人氣持續攀升的大花四照花，是在櫻花盛開過後開花，在秋天葉子轉紅、結紅色果實的落葉樹。綻放碩大花朵的繡球花和芬芳的梔子花，是宣告梅雨季節到來的行道樹。盛夏時節，乾燥的街道上盛開的紫薇和木槿，讓人心曠神怡。
除了美化景觀，而且容易照料，還能抵抗病蟲害，因此被用作行道樹。此外，也必須能夠承受全球暖化引起的夏季炎熱和乾燥。

櫻花

木槿

繡球花

丹桂

科·屬 木犀科木犀屬
原產地 中國
分類 花木（常綠）、喬木
花色 ●

是花朵香味濃郁的三大香木之一。甜甜且帶有清涼感的香味，在晚上尤其濃烈。在原產地的中國，會把這種花製成的乾燥桂花，用來替料理或利口酒增添風味。生長快速，種植時要確保有足夠的空間。

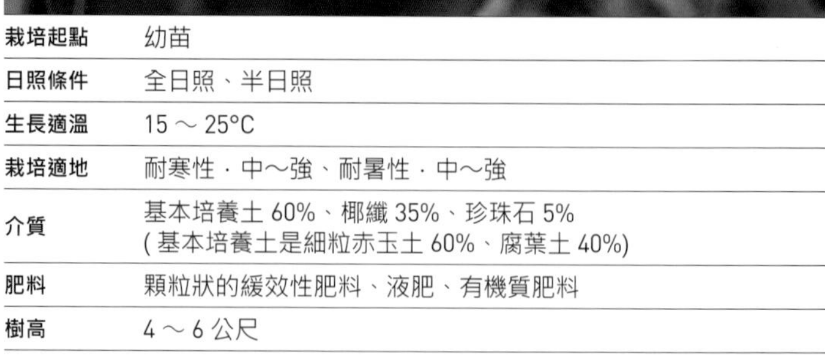

栽培起點	幼苗
日照條件	全日照、半日照
生長適溫	15～25°C
栽培適地	耐寒性·中～強、耐暑性·中～強
介質	基本培養土 60%、椰纖 35%、珍珠石 5% (基本培養土是細粒赤玉土 60%、腐葉土 40%)
肥料	顆粒狀的緩效性肥料、液肥、有機質肥料
樹高	4～6 公尺

栽培曆

	1	2	3	4	5	6	7	8	9	10	11	12
開花期									■	■	■	
種植·換土換盆			■	■								
施肥			■	■								

＜基本的培育方法＞

置放場所·種植場所

性喜陽光或日照半天以上的地方。排水和通風良好的地方。不耐寒，在降霜的地方會生長不良。請選擇冷風不會直接吹襲的地方。

種植·換土換盆

盆栽種植在約幼苗 2 倍大的盆器中，每 2～3 年換土換盆 1 次。地植時，挖出比根球的深度和直徑大 2 倍的植穴，混合適量的腐葉土和堆肥後種植。

澆水

盆栽當土表乾燥時就大量給水，但需避免過度潮濕。地植在展根前要確實澆水，之後基本上不需要再澆水。

施肥

種植 2 週後，施用適量的顆粒狀緩效性肥料。施用適量的顆粒狀緩效性肥料或有機質肥作為寒肥。

修剪

疏除不必要的樹枝，或是縮剪枝條僅留下 2～3 個節點。花芽形成是在 7～8 月。

繁殖方法

利用扦插繁殖。2～3 個月可生根。

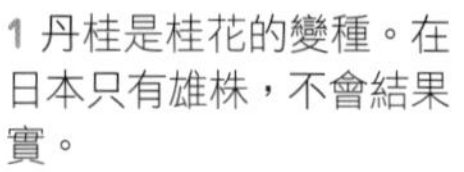

1 丹桂是桂花的變種。在日本只有雄株，不會結果實。

2 經常修剪的植株。如果不修剪，就會長成一棵 5～6 公尺高的大樹。

3 開花是在 9 月下旬～10 月中旬。日本各地幾乎同時開花。

茶花

科・屬 山茶科山茶屬

原產地 日本、台灣、朝鮮半島南部、中國（山東、浙江）

分類 木本（常綠）、喬木

花色

華麗的重瓣花和侘寂的單瓣花，在光亮葉片的襯托下顯得格外動人。自萬葉集時代就廣為人知的日本自生常綠樹。在花少的時期，嬌豔盛開的花朵受到茶會歡迎，江戶時代誕生了豐富多彩的園藝品種。在歐美被稱為 Camellia 並深受喜愛。

<基本的培育方法>

置放場所・種植場所

性喜陽光或日照半天以上的地方。排水和通風良好的地方。最適合不接觸西曬的半日照處。

種植・換土換盆

根球下方去除約 1/3，把根部剪短。盆栽要種在大一號的盆器中，每 2 ～ 3 年換土 1 次。地植時，挖出比根球的深度和直徑大 1.5 倍的植穴，混合適量的腐葉土和堆肥後種植。

澆水

盆栽當土表乾燥時就大量給水，但需避免過度潮濕。地植在展根前要確實澆水，之後基本上不需要再澆水。

施肥

種植 2 週後，施用適量的顆粒狀緩效性肥料。之後在 2 ～ 3 月，在植株基部周圍施用適量的顆粒狀緩效性肥料。

修剪

修剪要在花開始枯萎之前進行。疏剪植株內側的枝條、徒長枝等，並將外側的枝條修剪整齊。花芽形成是在 5 月下旬～ 6 月下旬。

繁殖方法

利用扦插繁殖。

寒椿

乙女椿

數寄屋侘助　　津川絞

栽培起點	幼苗
日照條件	全日照、半日照
生長適溫	15 ～ 25°C
栽培適地	耐寒性・強、耐暑性・強
介質	基本培養土 60%、椰纖 35%、珍珠石 5% (基本培養土是細粒赤玉土 60%、腐葉土 40%)
肥料	顆粒狀的緩效性肥料、液肥、有機質肥料
樹高	2 ～ 10 公尺

栽培曆

	1	2	3	4	5	6	7	8	9	10	11	12
開花期	●	●	●	●							●	●
種植・換土換盆	●	●	●	●	●	●	●	●	●	●	●	●
施肥			●	●								

草莓

科・屬　薔薇科草莓屬
原產地　北美、智利等處
分類　蔬菜
花色

以豐香、栃乙女等人氣品種為首，種類繁多。秋天上市的苗，經過冬天寒冷的洗禮，果實變得更為香甜。一旦種植即可多年採收，也是其魅力所在。春天，有開白色花朵的開花苗上市。

＜基本的培育方法＞

置放場所・種植場所

性喜陽光。排水和通風良好的地方。結出果實後，在成熟前應避免淋雨。

種植

種植的重點，是讓種植深度與走莖切下的痕跡一致。盆栽用蔬菜用培養土或草莓專用培養土種植。地植時先整土，然後以 15 ～ 20 公分的株距，稍微覆蓋莖基部芽頭的程度淺植。

澆水

種植時，要充分澆水。之後，無論是盆栽或地植，當土表乾燥時就大量給水。不要淋到花朵或果實。

施肥

種植 2 週後，施用適量的顆粒狀緩效性肥料或有機質肥料。之後，春天與秋天各 1 次，施用適量的顆粒狀緩效性肥料。

中耕

種植後，除草、中耕數次。去除枯葉以預防疾病。

人工授粉

開花過後，用筆刷等進行授粉。

採收

在蒂頭正下方處採摘變紅的果實。

繁殖方法

利用分株繁殖。用採收期開始伸長的莖（走莖）上附著的子株，繁殖下一個幼苗。

當果實變紅時，即可一一採摘下來。草莓是成簇開花，一簇的花朵過多會讓每顆草莓不夠飽滿，所以過多時進行疏果。一旦開始變紅，果實就會成為野鳥等的目標，最好用防蟲網等覆蓋。

栽培起點	幼苗
日照條件	全日照
生長適溫	15 ～ 20°C
栽培適地	耐寒性・強、耐暑性・中
介質	基本培養土 60%、椰纖 35%、珍珠石 5% (基本培養土是細粒赤玉土 60%、腐葉土 40%)
肥料	顆粒狀的緩效性肥料、液肥、有機質肥料
株高	20 ～ 30 公分

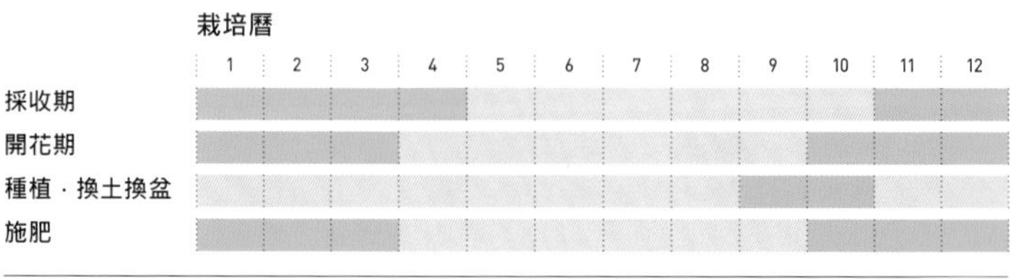

培育重點

[繁殖的訣竅]

1 當果實開始採收時，植株的走莖也開始伸長。將在走莖前端形成的子株種植到軟盆中。

2 將走莖的前端放在介質上，用 U 型鐵絲等固定。

3 待根長出後，剪掉走莖，製作幼苗。

[開花]

開花後，進行人工授粉以結出果實。如果是在昆蟲不容易飛進來的陽臺培育，或是在昆蟲不太活躍的寒冷時期，這項工作更是必要。用柔軟的筆刷小心地將花粉塗抹在雌蕊上，使其授粉。如果授粉不足，會長出畸形的果實。

[結果實]

注意不要淋到花朵和果實地持續澆水 1 個月。果實染上紅色，迎來收穫期。

[種植]

調整幼苗位置，讓走莖的切口端朝向盆器的中心。以稍微覆蓋莖幹基部的鋸齒狀芽頭的程度淺植。新芽會從這個芽頭長出來。購買時，應選擇芽頭結實的幼苗。

[長花芽]

到了 2 月就會出現花芽。花朵向外綻放，結出彷彿從盆器溢出的果實。

蠶豆

科．屬	豆科蠶豆屬
原產地	西南亞～北非
分類	蔬菜
花色	○●◎

豆莢朝着天空向上生長，
所以在日本稱之為天空豆。
與大豆和花生並列6大食用豆類之一。
越冬後就會長出花芽，並在春天迅速成長。
因為新鮮度消失得很快，
所以採收後馬上用鹽水汆燙吧！

<基本的培育方法>

置放場所．種植場所

性喜陽光。排水和通風良好的地方。烈日和西曬會讓盆器的溫度升高，造成植株虛弱與葉片灼傷，需格外留意。

播種

直接播種或播種在軟盆中。直徑9公分的軟盆中種1顆。當本葉長出2～3片，且株高達7～8公分高時，將主枝（最先長出的枝條）從地際修剪下來後定植。地植時，每隔40公分埋入2顆種子。

種植

盆栽用蔬菜盆栽土種植。地植時先整土，然後以30～40公分的株距種植。

澆水

播種或種植時，要充分澆水。之後，無論是盆栽或地植，當土表乾燥時就大量給水。需留意別過度澆水。

施肥

播種或種植2週後，施用適量的顆粒狀緩效性肥料或有機質肥料。之後每3個月1次，施用適量的顆粒狀緩效性肥料。

整枝

當株高達到30～40公分時，修剪掉多餘的枝條，使盆栽每株有4～5根枝條，地植每株有6～7根枝條。

立支架

在株高40～50公分處豎立支架以誘引莖條。

採收

當向上生長的豆莢因重量而開始下垂時，就是採收的時候了。用剪刀從豆莢的基部剪下來。

蠶豆不需要費心照料，容易栽培，且富含蛋白質、維生素B、維生素C和鐵，營養價值高。雖然產季較短，但人氣很高。

汆燙或燒烤。獨特的風味受人喜愛。在日本市面上，有許多大粒、每個豆莢有2～4顆種子的一寸蠶豆品種。

栽培起點	種子、幼苗
日照條件	全日照
發芽適溫	15～20°C
生長適溫	15～20°C
栽培適地	耐寒性．中～強、耐暑性．弱～中
介質	基本培養土60%、椰纖35%、珍珠石5% (基本培養土是細粒赤玉土60%、腐葉土40%)
肥料	顆粒狀的緩效性肥料、液肥、有機質肥料
株高	60～80公分

栽培曆

	1	2	3	4	5	6	7	8	9	10	11	12
採收期		■	■									
開花期	■	■										
播種										■	■	
種植．換土換盆											■	
施肥												■

培育重點

[開花]

4 月上旬～ 5 月中旬這段開花到結果的時期，需要大量的水分。水分含量決定了豆莢的品質。

葉片蓊鬱，生長旺盛的植株。當株高達 60 ～ 70 公分時，摘心使莖停止生長，豆莢就會變厚實。

[採收]

從開花到採收需要 35 ～ 40 天。原本仰望天空的蠶豆莢，變得肥碩厚重而低著頭。採收時，用剪刀剪取。

[預防乾燥]

定植後要注意別過度澆水。也可在植株周圍放置稻殼或稻草以防乾燥。

[迎接成長期的準備]

在葉子開始生長的 2 月下旬左右，一旦天氣開始變暖，就把防寒用的不織布等卸除並施用追肥。之後將會快速成長。

[培土]

每次添加肥料時，就在植物基部覆土以支持成長的植物。透過用土覆蓋枝條的分歧部，可抑制側芽數量的增加。

[種子]

為了預防病蟲害，表面經過添加殺菌劑等膜衣處理。

[播種]

每盆種 2 顆，把黑線的部份朝下，將其塞入土中。讓約 1/3 的種子露出介質。

[發芽]

播種後，7 ～ 10 天可發芽。當長出本葉、植株高達到 7 ～ 8 公分時，疏除 2 株中的 1 株並定植。

毛豆

科・屬	豆科大豆屬
原產地	中國東北部
分類	蔬菜
花色	●○

把大豆成熟前的果實當作蔬菜食用的，正是毛豆。根據收穫期可分為夏收、秋收、以及介於兩者之間這3種類型。播種後，在長出本葉前用網子覆蓋，以防止鳥類侵襲。採收後新鮮度容易下降，馬上燙熟吧！

<基本的培育方法>

置放場所・種植場所

性喜陽光。排水和通風良好的地方。冬季也可在種植在戶外。容易出現連作障礙，所以種過的地方需隔 2 ～ 3 年再種。

播種

直接播種。以 20 ～ 30 公分的間隔撒播 3 ～ 4 粒種子，然後覆土 1 ～ 2 公分。

種植

盆栽用蔬菜用培養土種植。地植時先整土，然後以 20 ～ 30 公分的株距種植。

澆水

播種或種植時，要充分澆水。之後，無論是盆栽或地植，當土表乾燥時就大量給水。

施肥

播種或種植 2 週後，施用適量的顆粒狀緩效性肥料。之後，開始開花時施用顆粒狀緩效性肥料，盆栽適量，地植則是適量的一半。最好節制施肥。

中耕

當植株長到高 10 公分和 20 ～ 30 公分時，淺耕土表以改善通風和排水。之後再培土。

繁殖方法

果實從植株基部開始依序成熟。從最肥碩的豆莢開始依序採收整株的豆莢。

1 幼苗最好在本葉完全打開前種植。
2 豆莢膨脹鼓起的狀態。這個時期需留意別缺肥。
3 豆莢中的豆子逐漸變得飽滿。可以整株採收，也可以從最肥碩的豆莢依序採收。

栽培起點	種子、幼苗
日照條件	全日照
發芽適溫	25 ～ 30°C
生長適溫	20 ～ 30°C
栽培適地	耐寒性・弱～中、耐暑性・中～強
介質	基本培養土 60%、椰纖 35%、珍珠石 5% (基本培養土是細粒赤玉土 60%、腐葉土 40%)
肥料	顆粒狀的緩效性肥料、液肥、有機質肥料
株高	40 ～ 80 公分

栽培曆

	1	2	3	4	5	6	7	8	9	10	11	12
採收期												
開花期												
播種												
種植・換土換盆												
施肥												

玉米

科・屬	禾本科玉蜀黍屬
原產地	美洲
分類	蔬菜
花色	●（雄花）、●（雄花）

具代表的是香甜的甜味品種，甜玉米。
側芽也會結果實，
但為了讓最上面的果實變飽滿，
其餘的都應該折掉。
在幼嫩時採收的是玉米筍。
建議與毛豆混植，可防止害蟲靠近。

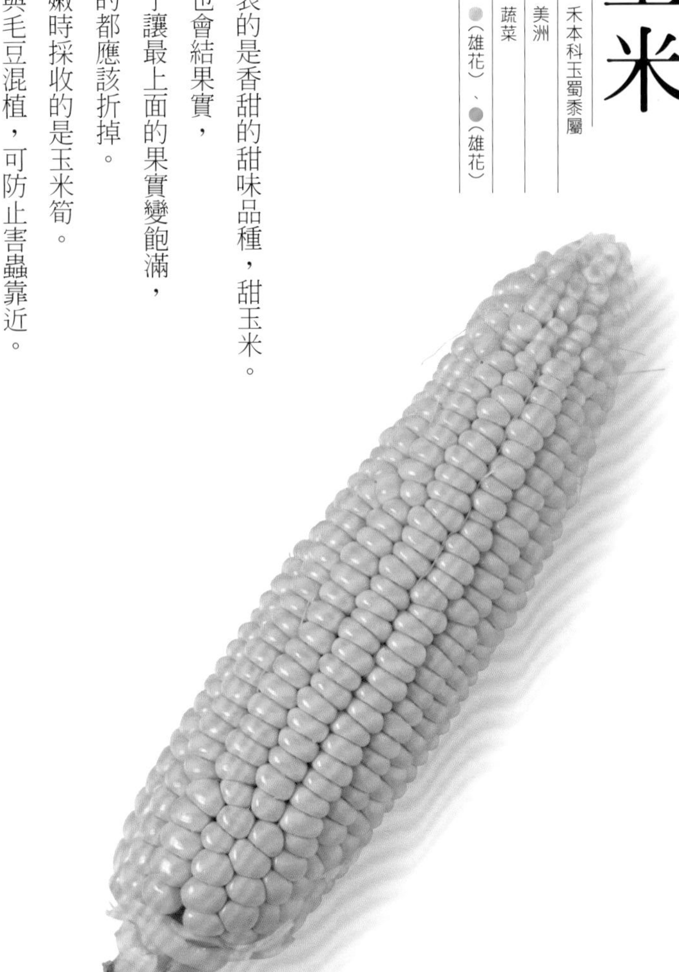

<基本的培育方法>

置放場所・種植場所

性喜陽光。排水和通風良好的地方。

播種

直接播種。1 次撒 3 ～ 4 粒。疏苗 2 次，待本葉長出 3 ～ 4 片後定植。

種植

當溫度超過 20°C 時，以 15 ～ 20 公分的株高種植。盆栽用蔬菜用培養土種植。地植時先整土，然後以約 30 公分的株距種植。

澆水

播種或種植時，要充分澆水。之後，無論是盆栽或地植，當土表乾燥時就大量給水。一旦發芽，每 2 ～ 3 天給水 1 次。

施肥

播種或種植 2 週後，施用適量的顆粒狀緩效性肥料。之後，在疏苗後與植株基部長出側芽時，施用各 1 次的適量液肥。

人工授粉

只讓一穗雌花受粉。用手搖晃雄花讓花粉飛散，藉此讓雌花的玉米鬚受粉。當雌花的玉米鬚開始變色時，就把雄花修剪掉。

採收

為了讓單一果實變飽滿，其他的趁幼嫩時採摘。當雌花的黃色玉米鬚變褐色時，就是採收的時機。

1 發芽後，當本葉變成 1 ～ 2 片時，進行第 1 次疏苗。用剪刀修剪疏除。
2 頂端的雄花（雄蕊）伸長，落下花粉。因為雄花會引來害蟲，所以撒花粉後就修剪掉。
3 花粉會附著在雌花（雌穗）的玉米鬚上使其受粉。

栽培起點	種子、幼苗
日照條件	全日照
發芽適溫	25 ～ 30°C
生長適溫	20 ～ 30°C
栽培適地	耐寒性・弱、耐暑性・強
介質	基本培養土 60%、椰纖 35%、珍珠石 5% (基本培養土是細粒赤玉土 60%、腐葉土 40%)
肥料	顆粒狀的緩效性肥料、液肥、有機質肥料
株高	150 ～ 200 公分

栽培曆

	1	2	3	4	5	6	7	8	9	10	11	12
採收期												
開花期												
播種												
種植・換土換盆												
施肥												

番茄

科・屬	茄科茄屬
原產地	南美洲安地斯山脈的高地
分類	蔬菜
花色	
果實色	

當初從原產地安第斯山脈傳到歐洲時，是作為觀賞用途，到了19世紀被廣泛種植作為食物。如今，已成為義大利和西班牙美食中不可或缺的食材。對園藝新手來說比較容易栽培的是小番茄和中型番茄。最好在乾燥條件下生長。

<基本的培育方法>

置放場所・種植場所

性喜通風良好的全日照處。盆栽最好放在不會淋到雨的屋簷下等處。

播種

點播在軟盆中。嫌光性種子，所以務必覆土約1公分。直徑9公分的軟盆中每盆種3粒。期間疏苗2次，當本葉長出8～9片時定植。地植時，每隔50～60公分埋入2～3粒種子。

種植

盆栽用蔬菜用培養土種植。地植時先在土中混合苦土石灰、牛糞堆肥、緩效性肥料，然後整土，再以40～50公分的株距種植。

澆水

播種或種植時，要充分澆水。之後，無論是盆栽或地植，當土表乾燥時就大量給水。

立支架

每1株各設置1根支架。用塑膠魔帶把莖和支架輕輕地綁在一起。

施肥

播種或種植2週後，施用適量的顆粒狀緩效性肥料。之後，當下方數來長出第1顆果實時，每2週1次，施用適量的顆粒狀緩效性肥料。

摘側芽

從莖的基部長出來的側芽，全部用手摘掉。

摘心

當莖的前端到達支架頂部時，把前端修剪掉。上方的花序保留2～3片葉子。

採收

當綠色的花萼反捲，就可以採收了。用剪刀1顆或1整串剪下來。

1 也有黃色、橘色和紫色的果實。
2 推薦栽培新手，可嘗試栽種表皮堅硬不易破的小番茄。像鈴鐺的果實，有多種顏色。
3 市面上也有直徑小於1公分的微型小番茄的種子和幼苗。作為料理的裝飾或觀賞用都很有人氣。

栽培起點	種子、幼苗
日照條件	全日照
發芽適溫	20～30°C
生長適溫	20～30°C
栽培適地	耐寒性・弱、耐暑性・中
介質	基本培養土60%、椰纖35%、珍珠石5% (基本培養土是細粒赤玉土60%、腐葉土40%)
肥料	顆粒狀的緩效性肥料、液肥、有機質肥料
株高	30～200公分

栽培曆

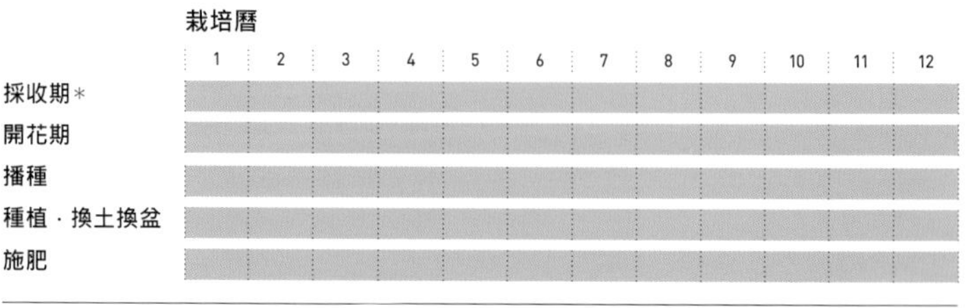

＊涼暖季卻有不同品種

培育重點

[摘側芽]

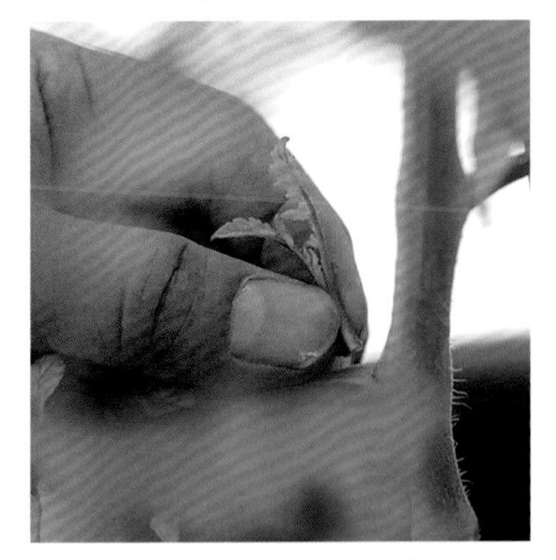

當葉子基部出現側芽時就用手摘除。如果有側芽，莖葉會生長過盛而消耗能量。

[中耕]

當土表面變硬時就淺耕，藉此改善排水和通風。此時進行培土，可防止莖幹鬆動倒伏。

[開花]

花朵微微往下綻放。雖然會自然地自花授粉，但輕輕搖晃花朵可提升授粉率。

[立支架]

支架每株 1 根。這裡替種植的 3 株分別設置支架。支架離植株稍微遠一點地筆直豎立，以免傷到根部。

[誘引]

用塑膠魔帶或麻線，把將莖綁在支架上。目的是為了防止被風吹倒。莖會逐漸變粗，所以最好如圖般綁成 8 字形，並且預留些許空間。莖一旦生長就進行誘引。

[發芽]

準備直徑 9 公分的軟盆和介質。種子點播後 4 ～ 6 天會發芽。

[疏苗]

本葉開始長出時疏苗 1 株，第 2 片本葉開始長出時疏苗第 2 株。

[定植]

當本葉長出 4 ～ 5 片時，定植到直徑 30 公分的盆器中。

茄子

科・屬	原產地	分類	花色	果實色
茄科茄屬	印度	蔬菜	●	● ○ ●

原產於印度的茄子，是一種耐高溫潮濕的蔬果。從初夏到盛夏結果實，如果修剪，又會結出優質的秋茄子。早在奈良時代便傳入日本，當地品種相當豐富。果實的深黑紫色很美，因而有茄子紺這個顏色名。除了長卵形之外，還有圓茄子、小茄子等。

<基本的培育方法>

置放場所・種植場所

性喜陽光。排水和通風良好的地方。容易出現連作障礙，所以種過的地方需隔 4 ～ 5 年再種。

種植

盆栽用蔬菜用培養土種植。地植時先整土，再以約 60 公分的株距種植。

澆水

種植時，要充分澆水。之後，無論是盆栽或地植，當土表乾燥時就大量給水。

立支架

在距離植物約 5 公分處豎立支架以誘引莖幹。

摘側芽

留下主枝和 2 根側芽共 3 根枝條，其他的側芽全部摘除。

施肥

種植 2 週後，施用適量的顆粒狀緩效性肥料。之後，當下方數來長出第 1 顆果實時，每 2 週 1 次，施用適量的顆粒狀緩效性肥料。

採收

如果長到該品種的既有大小，就從蒂頭的部分修剪下來。

修剪

一次採收完成後，將 3 根枝條分別修剪至總長 1/2 ～ 2/3 的長度。修剪後長出的枝條，到了秋天又會結出好果實。

茄子的種類

1 圓茄是圓形茄子的統稱。有本土品種和海外品種。
2 日本常見的千兩茄子。
3 除了純白色的白茄子之外，還有綠色的。純白的茄子，連裡面的果肉也是白色的。綠色的蒂頭也是其特徵。

栽培起點	幼苗
日照條件	全日照
生長適溫	20 ～ 30°C
栽培適地	耐寒性・弱、耐暑性・中～強
介質	基本培養土 60%、椰纖 35%、珍珠石 5% (基本培養土是細粒赤玉土 60%、腐葉土 40%)
肥料	顆粒狀的緩效性肥料、液肥、有機質肥料
株高	50 ～ 200 公分

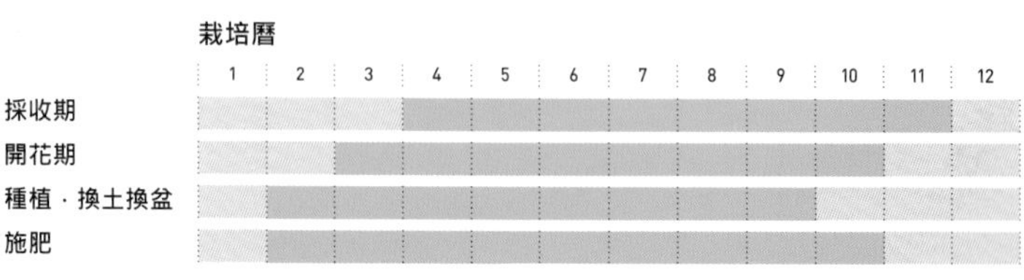

培育重點

[修剪]

修剪樹枝和根部，讓因暑熱而結果不良的植株休息。在距離植株中心約 30 公分的圓周上插入鐵鍬，將根部切斷（斷根）。

把植株修剪到約一半的大小。根據植株的大小修剪根部，讓植株與根部就能保持平衡，這樣就能夠結出質好的秋茄子。

[立支架]

地植時，當株高達 30 ～ 40 公分時設置支架。架設 2 ～ 3 根，一旦植株長高就誘引到支架上。

[採收]

最初結成的果實，在還很小的時候採收。以植株的成長為優先，讓之後的果實更加飽滿。

[挑選幼苗]

上／挑選帶有 7 ～ 9 片本葉，粗的節間緊實，一次花已長花苞或開始開花的苗。
下／根對蔬菜來說很重要。最好在根系盤繞前種植，但是萬一如照片所示一樣已經盤繞時，不要鬆開根球直接種植。

[開花]

茄子從花的狀態可判斷植株的生長狀況。花朵越大、中心的雌蕊越長，越容易受粉。

One Point Advice

活用共榮植物

所謂的共榮植物，指的是可以減少病蟲害、促進生長，互相給予良好影響的植物組合。
茄子的共榮植物是羅勒或孔雀草。將它們種在一起，可抑制在茄子上的害蟲。

結球甘藍

科・屬	十字花科蕓薹屬
原產地	地中海沿岸、歐洲海灣地區
分類	蔬菜
花色	●

一年當中有春、夏、秋這3個季節（台灣是秋到春）可以開始栽培。對於園藝新手來說，建議從秋季開始種植，因為溫度控管容易，害蟲也比較少。冬季又稱為寒玉甘藍，適合加熱烹調。春季又稱為新高麗菜或春玉，富含水分且柔軟，適合用作沙拉等。

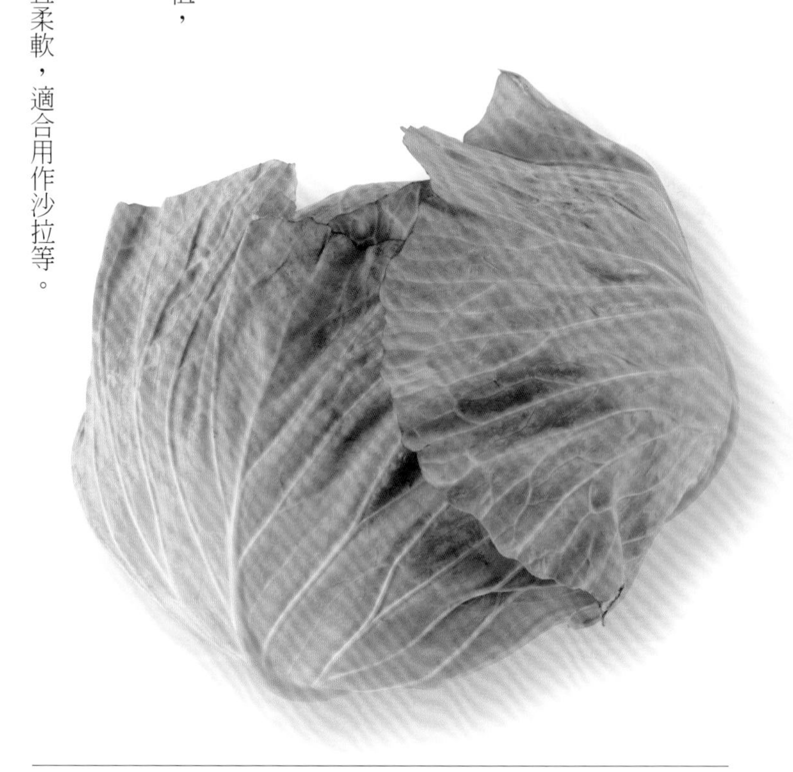

<基本的培育方法>

置放場所・種植場所

性喜陽光。排水和通風良好的地方。因為容易出現連作障礙，所以在地植時，需挑選2～3年沒有種植十字花科蔬菜的地方。

播種

直接播種，或是播種在軟盆中。在直徑9公分的軟盆中撒5～6顆。疏苗2次，本葉長到5～6片左右時定植。地植時以40～45公分的間隔，每次播撒5～6顆。

種植

盆栽用蔬菜用培養土種植。地植時需整土，並且以40～45公分的株距種植。

澆水

播種或種植時，要充分澆水。之後，無論是盆栽或地植，當土表乾燥時就大量給水。

害蟲對策

由於容易長蟲，所以種植後需立即插入隧道式棚架並覆蓋防蟲網。

施肥

播種或種植2週後，施用適量的顆粒狀緩效性肥料。之後，盆栽每週施用1次適量的稀釋液肥，地植每2週施用1次適量的緩效性肥料。施肥後培土。

採收

當結球部分變緊密時，就是採收適期。連同外側的1～2片葉子一起切下來。

1 長出5～6片本葉時種植。秋季種植時要小心，如果幼苗長得太大，會無法順利結球。
2 11月的結球甘藍田。每一顆結球甘藍都大而飽滿，高30～40公分、寬50～60公分。
3 葉片薄且軟的春玉型。

栽培起點	種子、幼苗
日照條件	全日照
發芽適溫	15～30°C
生長適溫	15～20°C
栽培適地	耐寒性・強、耐暑性・中
介質	基本培養土60%、椰纖35%、珍珠石5% (基本培養土是細粒赤玉土60%、腐葉土40%)
肥料	顆粒狀的緩效性肥料、液肥、有機質肥料
株高	40～50公分

栽培曆

	1	2	3	4	5	6	7	8	9	10	11	12
採收期												
播種												
種植・換土換盆												
施肥												

小松菜

科・屬	十字花科蕓薹屬
原產地	地中海沿岸地區、中亞、北歐
分類	蔬菜
花色	●

從江戶時代開始，栽培於東京江戶川區的小松川地區，並以此地名命名。容易培育，從栽種到採收僅需短短1個月～1個半月，相當適合園藝新手。幾乎全年皆可栽培。最好選擇適合季節的品種，例如春夏、秋冬品種。

＜基本的培育方法＞

置放場所・種植場所

性喜陽光。排水和通風良好的地方。

播種

將種子以約 1 公分的間隔條播或直播。因為是好光性種子，所以需覆蓋薄薄一層土。疏苗 2 次，當本葉長到 5 ～ 6 片左右時定植。直播以 40 ～ 45 公分的株距，每次播撒 5 ～ 6 顆。

種植

盆栽用蔬菜用培養土種植。地植時需整土，並比照直播以 40 ～ 45 公分的株距種植。

澆水

播種到發芽這段期間，每天給予大量的水分。之後，無論是盆栽或地植，當土表乾燥時就大量給水。

疏苗

當子葉打開時，疏苗使其間隔 3 ～ 4 公分。當本葉長到 1 ～ 2 片左右時，疏苗使植株間隔 3 ～ 4 公分。疏苗後，在植株根部輕輕地培土。

害蟲對策

覆蓋防蟲網。

施肥

播種或種植 2 週後，施用適量的顆粒狀緩效性肥料。在第 1 次的疏苗後施用適量的液肥。之後每週 1 ～ 2 次，施用適量的液肥。

採收

當株高達 20 ～ 25 公分即為採收期。握住地表的莖部一口氣拔起來。趁幼小的時候採收，口感較柔軟且風味佳。

1 將種子條播在 1 公分的溝中。也可以直接播種到大型花箱中。發芽率非常好。

2 長出雙子葉時，疏苗使其間隔 3 ～ 4 公分。

3 無需換盆即可栽培。如果種在陽臺，即可品嚐到新鮮採摘的味道。

栽培起點	種子
日照條件	全日照、半日照
發芽適溫	20 ～ 30°C
生長適溫	15 ～ 25°C
栽培適地	耐寒性・弱～中、耐暑性・中～強
介質	基本培養土 60%、椰纖 35%、珍珠石 5% (基本培養土是細粒赤玉土 60%、腐葉土 40%)
肥料	顆粒狀的緩效性肥料、液肥、有機質肥料
株高	20 ～ 40 公分

栽培曆

	1	2	3	4	5	6	7	8	9	10	11	12
採收期												
種植・換土換盆												
施肥												

馬鈴薯

科・屬	茄科茄屬
原產地	南美安地斯地區的高原地帶
分類	蔬菜
花色	● ○ ●

從種薯培育而成。
根據品種的不同，栽培的季節和口感也不同，
因此請根據用途加以挑選。
園藝新手也容易培育，大約3個月可採收。
採收後直接晾乾，並存放在陰涼、避光的地方。
即使用袋子代替花箱，也能順利結出果實。

栽培起點	種薯
日照條件	全日照
發芽適溫	10 ～ 15°C
生長適溫	15 ～ 20°C
栽培適地	耐寒性・中、耐暑性・中
介質	基本培養土 60%、椰纖 35%、珍珠石 5% (基本培養土是細粒赤玉土 60%、腐葉土 40%)
肥料	顆粒狀的緩效性肥料、液肥、有機質肥料
株高	30 ～ 60 公分

栽培曆

	1	2	3	4	5	6	7	8	9	10	11	12
採收期		■	■	■	■							
播種	■								■	■	■	■
施肥										■		

<基本的培育方法>

置放場所・種植場所
性喜陽光。排水和通風良好的地方。

種薯的準備
以每塊種薯都要具有芽眼為原則，切成塊狀。放在陰涼處 2 ～ 3 天晾乾。或是在切口撒上草木灰。

播種
把切口朝下置放。覆土 5 公分左右。盆栽用蔬果專用培養土種植。地植時先整土，然後以 30 公分的株距種植。

澆水
種植時，要充分澆水。之後，當盆栽的土表乾燥時，也請大量給水，但需避免過度潮濕。地植除非天氣持續乾燥，否則幾乎不需要澆水。

去芽
當芽長到 10 ～ 15 公分時，每株保留 1 ～ 2 枝，其餘的從莖的基部去除。

施肥
種植 2 週後，施用適量的顆粒狀緩效性肥料。摘芽後及結花苞時，施用適量的緩效性肥料。

培土
追肥後培土，以防止莖枝搖晃及塊莖外露。

採收
當葉子開始變黃時，需節制給水。葉片變黃枯萎就是採收期。將挖出的馬鈴薯存放在不會照射到陽光的陰涼處。

1 對於需要分割使用的大馬鈴薯，將芽均等分配地切塊。
2 種植前先放在明亮通風處晾乾 2 ～ 3 天。發芽了也可以種。栽培馬鈴薯一定要買種薯。食用馬鈴薯雖然可以吃，但如果感染了病毒就可能會生長不良，不適合栽培。

挑戰用袋子栽培

[事前準備]

沙包袋、培養土 15 ～ 20 公升、手鏟、美工刀、種薯 "Cynthia"

＊市面上有販售栽培袋套組，這裡使用的是在居家五金雜貨等處購買的沙包袋。最好挑選具 1 ～ 3 年耐久性的類型。

[替袋子開洞]

為了讓澆水後的水排出，用美工刀等工具開幾個約鉛筆粗細（約 0.8 公分）的洞。

[種植種薯]

將蔬果專用培養土倒入袋子。將種薯的芽眼朝上放置。在種植經過切割的馬鈴薯時，將切口朝下放置。在種薯上覆蓋約 5 公分厚的土，然後充分澆水，直到水從洞孔流出。

[澆水與施肥]

種植後，一旦介質的表面乾燥就澆水。種植 2 週後，施用適量的顆粒狀緩效性肥料。發芽後以及結花苞時，比照施肥。

[開花]

當秀麗的花綻放後，有時會結出小果實。它含有生物鹼類的毒素，需特別留意。

[葉片變黃]

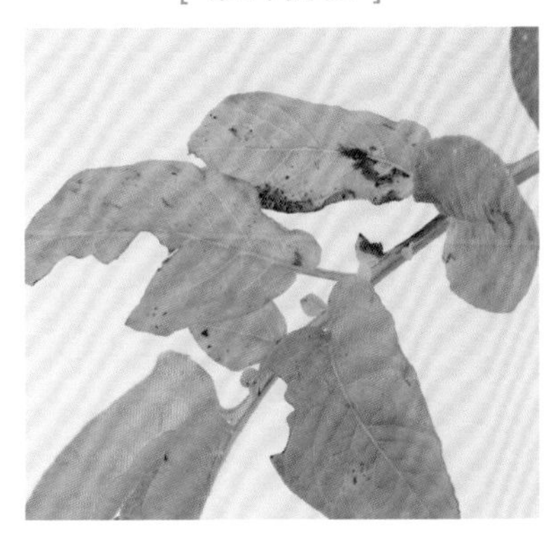

當葉子變黃，莖快要倒下時，便是採收的時期。如果土潮濕，細菌可能會在馬鈴薯挖出時從傷口進入導致腐爛，因此在採收之前，先移至不會淋到雨的屋簷下等處。暫不澆水讓土乾燥。

[挖出馬鈴薯]

把土挖開就會發現馬鈴薯。要挖出馬鈴薯，請抓住莖將其拉出。之後，仔細檢查土中是否有遺留的馬鈴薯。可採收的馬鈴薯數量會隨品種不同而有所差異。

[採收]

攤開放在通風良好的地方，輕輕擦掉馬鈴薯的泥土，然後晾乾。用報紙等包起來存放在陰暗的地方。

蘿蔔

科．屬	十字花科蘿蔔屬
原產地	中國、地中海沿岸、中亞
分類	蔬菜
花色	○●

蘿蔔是春天七草之一。有春播和秋播的品種，除了練馬蘿蔔和三浦蘿蔔等紮根於土地的品種，還有可以種在花盆裡的迷你蘿蔔。如果在自家菜園中培育，也一起品嚐富含胡蘿蔔素和維生素C的葉子吧！

<基本的培育方法>

置放場所．種植場所

性喜陽光。排水和通風良好的地方。請注意，如果溫度低於 10°C，花芽就會開始分化，根系會停止肥大。

播種

地植時先整土，然後以 30 公分的間隔，每次直播 5 ～ 6 粒。因為是好光性種子，所以覆蓋薄薄一層土即可。

澆水

從播種到發芽期間，要充分澆水。之後，無論是盆栽或地植，當土表乾燥時就大量給水。

疏苗

當本葉長出時，疏苗僅留 3 株。接著在長出 3 ～ 4 片本葉時疏苗至 2 株，6 ～ 7 片本葉時僅留 1 株。每次疏苗後培土。

施肥

播種 2 週後，施用適量的顆粒狀緩效性肥料。之後每 2 個月 1 次，適量的液肥，施用適量的顆粒狀緩效性肥料。

採收

播種後的天數，是採收的參考依據之一。早熟品種約 55 ～ 60 天，晚熟品種約 90 ～ 100 天。或是當露出地面的根的直徑達 6 ～ 8 公分時，也是採收的時期。

1 7 ～ 10 天發芽。如果播種在軟盆中，請在盤根前趁早定植。
2 每 2 週施用 1 次緩效性肥料。
3 青頸蘿蔔，當露出地面的根（頸）達 6 ～ 8 公分粗時即可採收。

栽培起點	種子
日照條件	全日照
發芽適溫	20 ～ 25°C
生長適溫	20 ～ 25°C
栽培適地	耐寒性．弱～中、耐暑性．中
介質	基本培養土 60%、椰纖 35%、珍珠石 5% (基本培養土是細粒赤玉土 60%、腐葉土 40%)
肥料	顆粒狀的緩效性肥料、液肥、有機質肥料
株高	50 公分 (地上部)

栽培曆

	1	2	3	4	5	6	7	8	9	10	11	12
採收期												
種植．換土換盆												
施肥												

甘藷

科・屬	旋花科牽牛花屬
原產地	中美洲
分類	蔬菜
花色	●

甘藷是從藤苗培育而成的。
與其他的薯類不同，不使用種薯。
攀緣蔓延且葉片繁茂的藤蔓，
保護根部免於暑熱和乾燥，
在貧瘠的土地上也能生長良好。
採收後放在陰暗處約3週使熟成，帶出甜味。

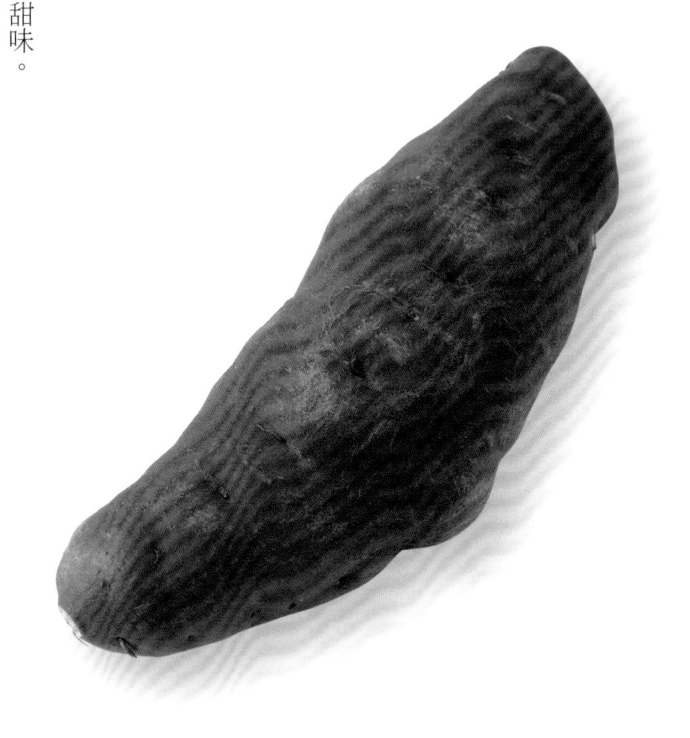

<基本的培育方法>

置放場所・種植場所

性喜陽光。排水和通風良好的地方。

扦插苗的準備

準備了從種薯切取下來的藤蔓製成的扦插苗。最好選擇節數多、7～8片葉的苗。如果枯萎了可先泡水，使其吸收水分後再種植。

種植

種植的方法有2種。「斜插種植」是先覆蓋提高地溫的農用膜，然後挖出深度約20公分的植穴，再把扦插苗的3/4插入植穴，並斜斜地設立支架。「船底插種植」是在田畦挖出深度約5公分、長度約30公分的溝，然後讓扦插苗像船底一樣彎曲地填埋莖的3～4節。盆栽使用蔬果專用培養土。地植時先整土，然後以50公分的株距種植。

澆水

種植時，要充分澆水。之後，無論是盆栽或地植，當葉片枯萎時就大量給水。

施肥

種植2週後，施用適量的1/5的顆粒狀緩效性肥料。通常不需要追肥。

翻蔓

夏天以後，當藤蔓向周圍擴展時，將藤蔓拉高後反折，疊在葉子上。

採收

莖葉開始變黃就是採收的適期。在霜降前採收。先把莖割除，然後在不傷及番薯的情況下鬆開周圍的土壤，接著握住根的基部將其拔出。採收後，置於通風良好的陰涼處晾乾數日，除去泥土後存放。

栽培重點

1 斜插種植，是面向太陽以45度角的角度種植扦插苗。
2 喜歡排水及通氣良好的土壤，所以堆高田畦來培育。
3 把長到田畦外的藤蔓折疊後放在田畦上。

栽培起點	幼苗、藤蔓
日照條件	全日照
發芽適溫	15～25°C
生長適溫	20～25°C
栽培適地	耐寒性・中、耐暑性・中～強
介質	基本培養土 60%、椰纖 35%、珍珠石 5% (基本培養土是細粒赤玉土 60%、腐葉土 40%)
肥料	顆粒狀的緩效性肥料、液肥、有機質肥料
株高	30公分～

栽培曆

	1	2	3	4	5	6	7	8	9	10	11	12
採收期	■	■										■
種植・換土換盆								■	■			
施肥									■	■		

春秋型

根據多肉植物的生長季節，可分為春秋型、夏型、冬型這3種類型。春秋型的生長適溫為10～25℃，在春天和秋天生長，夏天生長變緩慢，於冬天休眠。

風車石蓮屬

科・屬	景天科風車石蓮屬
原產地	—
分類	多肉植物、多年生草本、觀葉植物
花色	●●
葉色	●○●●●◎

紅葡萄
（*G.* 'Amethorum'）

繼承了風車石蓮的厚葉和石蓮花的蓮座形狀，是上述兩個物種的交配種。耐熱耐寒、容易培育，也是遺傳自母株。葉片轉紅時，葉尖會呈現淡粉紅色，在 4 ～ 7 月開花。株高為 5 ～ 30 公分。

石蓮花屬

科・屬	景天科石蓮花屬
原產地	中、南美洲
分類	多肉植物、多年生草本、觀葉植物
花色	●●●
葉色	●○●●●●

霜之朝

春秋型的代表性品種，園藝新手也很容易養護。多肉植物通常被認為變化不大，但石蓮花如果光照充足，在深秋到早春會變紅。葉片排列呈美麗的蓮座狀，株高為 5 ～ 80 公分。在 2 ～ 8 月開花。

景天屬

科・屬	景天科景天屬
原產地	全世界的溫帶～亞熱帶地區
分類	多肉植物、多年生草本、觀葉植物
花色	●●●○
葉色	●●●◎

虹之玉

日本的自生種和野生種稱為萬年草。落葉性可整年在戶外栽培，因而被用作地被植物和綠化植物。'虹之玉' 等品種當氣溫下降時，葉片會變紅。在 3 ～ 11 月開花，株高為 5 ～ 60 公分。

厚葉景天屬

科・屬	景天科厚葉景天屬
原產地	墨西哥
分類	多肉植物、多年生草本、觀葉植物
花色	●●●
葉色	●●◎

肥厚的肉質葉片是其特徵。許多類型都覆蓋著白色粉末，葉尖有圓形或尖形等多種樣貌。葉子很重，也可培育成緊湊的株型。需留意淋雨會讓葉子上的白色粉末脫落。株高 10 ～ 20 公分，在 2 ～ 4 月開花。

<基本的培育方法>

置放場所．種植場所

需放在陽光充足、通風良好的地方。夏季雖然要放在通風良好的半日照處管理，但需遮光以免葉片灼傷。冬季需確保溫度在 5°C 以上，並放在陽光充足的窗邊等處。

種植．換土換盆

在春季和秋季換土換盆。提前幾天把水瀝乾，將植物從盆中取出，放置幾天後再換土換盆。根系過度盤結時，整理根系後放入同一個盆器中，或重新種植到稍大的盆器中。盆器太大會導致盆內過於潮濕，容易爛根。

澆水

春季和秋季，當介質表面乾燥時就大量給水。夏季大約每 10 天澆水 1 次。冬季每月 1～2 次，介質變乾燥時就少量澆水。小心不要讓水積在葉片之間。

施肥

種植或換土換盆 2 週後，施用適量的顆粒狀緩效性肥料。生長期的春季和秋季，每週施用 1 次標準量 2 倍的稀釋液肥。

越冬．越夏

越夏需確保通風，同時避免陽光直射或長時間雨淋。由於冬季處於休眠狀態，所以應在霜降前移至室內，放在陽光充足的地方管理。

繁殖方法

利用分株、扦插繁殖。兩者的適期都是 3 月～6 月上旬、9 月中旬～10 月中旬。有些類型也可用播種繁殖。

栽培起點	幼苗
日照條件	全日照
生長適溫	10～25°C
栽培適地	石蓮花屬、鷹爪草屬：耐寒性．弱～中、耐暑性．弱～中 厚葉景天屬：耐寒性．弱～中、耐暑性．弱～中 風車石蓮屬：耐寒性．弱～中、耐暑性．強 景天屬：耐寒性．中～強、耐暑性．中～強 長生草屬：耐寒性．強、耐暑性．弱～中
介質	多肉用培養土、基本培養土 50%、椰纖 40%、珍珠石 10% (基本培養土是細粒赤玉土 60%、腐葉土 40%)
肥料	顆粒狀的緩效性肥料、液肥
株高	5～80 公分

栽培曆

	1	2	3	4	5	6	7	8	9	10	11	12
開花期												
種植．換土換盆												
施肥												

長生草屬

科．屬	景天科長生草屬
原產地	歐洲～中東、俄羅斯、高加索、摩洛哥
分類	多肉植物、多年生草本、觀葉植物
花色	●○
葉色	●●●●●

S. 'Bytom'

生長旺盛，母株長出走莖並產生子株。高度為 5～8 公分的蓮座狀植株呈群生狀態。春天時是原來的顏色，到了深秋就會形成偏黑的紅葉。耐寒，在日本關東以西地區可整年在戶外栽培。在 2～11 月開花。

鷹爪草屬

科．屬	阿福花科鷹爪草屬
原產地	南非
分類	多肉植物、多年生草本、觀葉植物
花色	●○●
葉色	●●

玉露
(*H. obtusa*)

自生於岩蔭或樹木的根基部等處，葉尖露出地面。不耐直射的陽光，喜歡明亮的室內或窗邊。葉質柔軟的類型，其葉尖有稱為"窗"的半透明部分，具透光性相當美。長成蓮座狀，株高為 5～20 公分。

冬型

生長適溫為5～20℃。在冬天生長，春天與秋天生長變緩慢，於夏天休眠。

石頭玉屬

科・屬 番杏科石頭玉屬
原產地 非洲南部
分類 觀葉植物、多肉植物、多年生草本
花色 ●●●○
葉色 ●●●

葉子的前端平坦，渾圓的形狀相當獨特。據說是為了保護自己不受動物等的侵害而偽裝成石頭，淺褐色等葉片大多帶有花紋。

另一個獨特之處在於透過「脫皮」，也就是開裂老皮、露出新葉來生長。雖然是冬型種，但是不耐霜降等低溫。

<基本的培育方法>

置放場所・種植場所

性喜陽光。雖然是冬型，但冬天只在溫暖的白天放在戶外。由於無法應付霜降的寒冷天氣，因此晚上放在溫度 5°C 左右的玄關等處管理。只不過，在溫暖的室內會讓停止生長。夏季避免陽光直射。

種植・換土換盆

土壤潮濕容易讓根部受損，因此在開始進行前幾天就不要澆水，讓介質乾燥。植物從盆中取出後，一樣先放置幾天使其乾燥。適期為 9 月中旬～ 11 月。

澆水

生長期的冬天，差不多每 10 天澆水 1 次。當介質的表面乾燥時，在天氣好的中午前給水。春天與秋天，當介質的表面乾燥時就大量給水，從春末～夏初則減少澆水，為休眠做準備。夏天，只有在缺水或脫水的情況下，才在傍晚少量給水。

施肥

種植或換土換盆 2 週後，施用適量的顆粒狀緩效性肥料。生長期間，每週施用 1 次標準量 2 倍的稀釋液肥。

繁殖方法

利用分株、扦插繁殖。兩者的適期都是 9 月～ 3 月。有些類型也可用播種繁殖。

1 平坦的葉片表面有花紋或斑點，是其特徵之一。
2 '日輪玉' 的開花。花朵從裂縫中綻放。花朵在天色明亮時開放，反覆地開放和閉合。花後長出的果實在乾燥變成褐色時即可採收。如果將果實內的細小種子存放在冰箱中，即可在 10 ～ 11 月播種。具有各式各樣的顏色和圖案。每年初春反覆脫皮帶來的樂趣，使其成為許多收藏家喜愛的人氣多肉植物。

栽培起點	幼苗
日照條件	全日照
生長適溫	5 ～ 25°C
栽培適地	耐寒性・弱～中、耐暑性・弱～中　＊視品種而異
介質	多肉用培養土、基本培養土 50%、椰纖 40%、珍珠石 10% (基本培養土是細粒赤玉土 60%、腐葉土 40%)
肥料	顆粒狀的緩效性肥料、液肥
株高	2 ～ 6 公分

栽培曆

	1	2	3	4	5	6	7	8	9	10	11	12
開花期	■										■	■
種植・換土換盆										■	■	■
施肥										■	■	■

夏型

生長適溫為20～30℃。在夏天生長，春天與秋天生長變緩慢，於冬天休眠。（註：長壽花在台灣屬於冬型，反而是夏季休眠，秋至春天生長良好。）

長壽花

科・屬 景天科伽藍菜屬

原產地 非洲南部・東部、阿拉伯半島、東亞、東南亞

分類 觀葉植物、多肉植物、多年生草本

花色 ●●●●○

可觀賞紅色、粉紅色等鮮豔花朵的多肉植物。透過調節日照條件的短日照處理即可開花，幾乎整年皆可輕鬆獲得開花苗。重瓣和吊鐘形的花朵，也被用作切花。通常是用盆栽栽培，淺植在排水良好的培養土中。

<基本的培育方法>

置放場所・種植場所

性喜陽光。排水和通風良好的地方。烈日和西曬會讓盆器的溫度升高，造成植株虛弱，需格外留意。不耐寒冷，所以要放在室溫 10°C 以上的明亮處培育。如果低於這個溫度就不容易發芽，低於 5°C 就會進入休眠狀態。

種植・換土換盆

將根球淺淺地種植。

澆水

4～9 月的生長期，當介質的表面乾燥時就大量給水。秋天到夏天盡量保持乾燥。多肉植物的根較細，如果過度潮濕容易讓根系腐爛，需格外留意。

施肥

種植或換土換盆 2 週後，施用適量的顆粒狀緩效性肥料。生長期，每週施用 1 次稀釋至標準量 2 倍的液肥。

摘除殘花

開花過後，整朵花修剪掉。

回剪・換盆

種植 1 年後的盆栽會顯得紊亂，花況也會變差，所以要回剪至離植株基部約 10 公分的高度。重新種植到大一號的盆器中。

繁殖方法

利用分株、扦插、葉插繁殖。

栽培起點	幼苗
日照條件	全日照、半日照、陰涼處
生長適溫	20～25°C
栽培適地	耐寒性・弱～中、耐暑性・強　＊視品種而異
介質	多肉用培養土、基本培養土 50%、椰纖 40%、珍珠石 10% (基本培養土是細粒赤玉土 60%、腐葉土 40%)
肥料	顆粒狀的緩效性肥料、液肥
株高	10～50 公分

1 樸素的單瓣類型。花色豐富，除了照片中的黃色，還有紅色和粉紅色等鮮豔的色彩。花朵雖小但花朵數量多，可以長期欣賞。

2 在 12～3 月開花的吊鐘形長壽花。即使不放在明亮的窗邊也能持續綻放，是冬天的珍貴盆花。可供切花的品種很多，花期長。

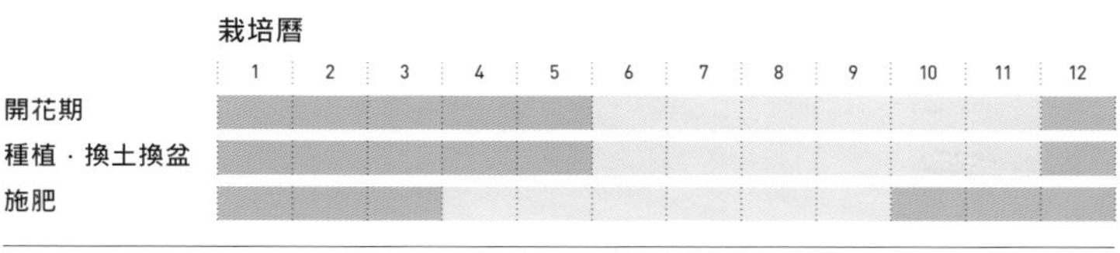

播種與種植

正如花和葉的形狀各自迥異一樣，
種子的形狀及性質也各異其趣。
有些植物就像從散布的種子中自然發芽的花草般，
沐浴在光線下就會發芽，
有些植物則需隔絕光線才會發芽。
充滿植物奧妙的播種與種植，
讓我們開始吧！

播種

即使需要花費時間和精力，也希望你務必試著從播種開始。
請仔細觀察由小種子逐漸成長的植物。

從種子開始培育植物 讓人雀躍的好處

想要培育植物的時候，首先要從何開始呢？

如果在花店或園藝用品店挑選喜歡的幼苗，並且使用盆栽來種植，即可輕鬆地在短時間內，享受各式花卉、香草、蔬菜帶來的樂趣。

另一種方法，是從播種開始。從小小的種子開始發芽成長、結花苞最後開花結果。像這樣可以仔細觀察植物的成長，正是園藝的醍醐味。而且，不僅可以買到幼苗中難以購入的品種，價格也比幼苗便宜。從種子開始培育，有許多好處。

〈一年生草本〉

小三色堇 >>p24

粉蝶花 >>p26

牽牛花 >>p29

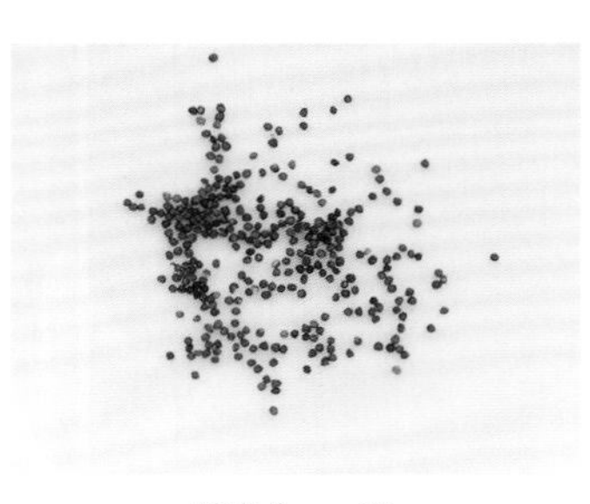

矮牽牛 >>p30

長春花 >>p32

百日草 >>p33

向日葵 >>p34

大波斯菊 >>p36

所有植物的出發點

種子的種類非常豐富

種子，即使是同一科的植物，也有著各式各樣的大小、顏色、形狀。我試著在此跨頁中展示了一些種子，沒有一個是相同的。一般來說，由種子長成的幼苗，不僅生長旺盛，而且結實。本章將介紹從種子開始培育的樂趣。

column

透過成形和上色使種子更容易處理

種子中，有一種稱為加工種子的類型。這些種子經過加工處理，使其更容易播種。右圖的照片是結球甘藍的包衣種子，經過藥劑和著色劑的溶液塗覆膜衣。另外還有造粒種子，是將不規則形狀的種子，經過成形和上色等包衣處理，使其更容易播種。上色種子還具有播種在土中時容易辨識的優點。

〈蔬菜〉

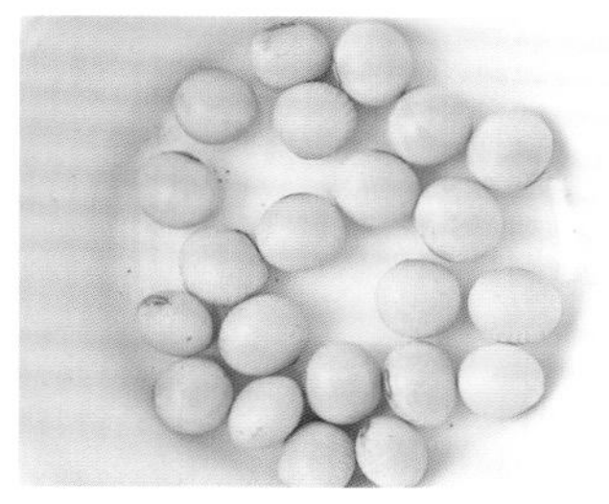

毛豆 >>p116

番茄 >>p118

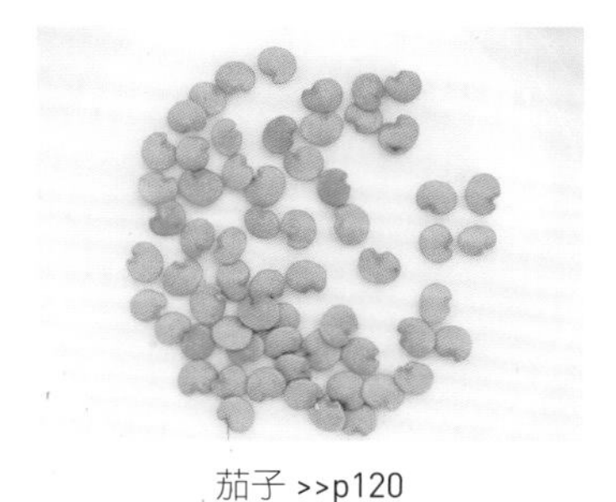

茄子 >>p120

蘿蔔 >>p126

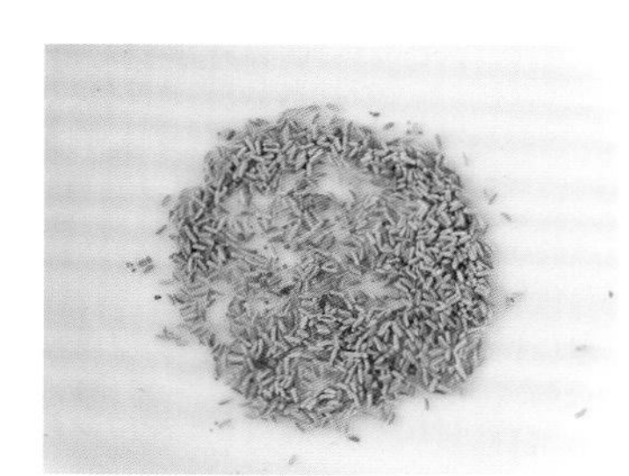

德國洋甘菊 >>p80

細香蔥 >>p81

羅勒 >>p82

迷迭香 >>p86

〈多年生草本〉

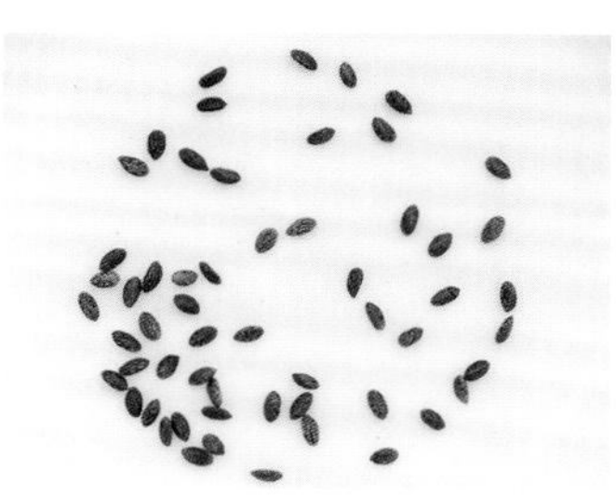

鼠尾草 >>p46

聖誕玫瑰 >>p54

〈香草〉

紫蘇（青紫蘇）>>p78

百里香 >>p79

基礎知識

種子發芽
必須具備的3個條件

種子發芽，必須具備以下3個要素：

・水
・氧氣
・溫度

購入的種子，是處於休眠中的狀態。也因此，首先要給予水分。吸收水分和氧氣後，種子中含有的酵素（蛋白質）就會開始活動。如此一來，種子就像從睡夢中醒來一樣，細胞一個接著一個分裂，開始生根、發芽。

關於發芽，每種植物都有各自適合的溫度，也就是發芽適溫。

發芽適溫源自於原產地的氣候和環境，大多在15℃左右、20℃左右、25℃左右，大致區分成3組。

從種子開始培育時，最重要的是播種。如上所述，植物的發芽適溫大約是在15～25℃這個範圍內。也就是說，不太冷也不太熱的春、秋氣溫，對一般植物來說是容易發芽的理想溫度。

播種的參考依據是櫻花和紅花石蒜

日本南北狹長，高海拔地區較多。白雪皚皚的北海道和溫暖的沖繩，正月的氣溫就有極大的差異，無法透過查看相同的曆法來決定何時播種。在這樣的日本，自古以來就有宣告播種時期的植物，那就是春天的櫻花和秋天的紅花石蒜。

春季播種的種子，是從染井吉野櫻滿開，到八重櫻的關山櫻綻放時播種。春天即使感覺天氣變

植物的發芽適溫

25℃前後
牽牛花
矮牽牛
長春花
百日草
向日葵
鼠尾草

20℃前後
金魚草
鳳仙花
大波斯菊
金光菊
大麗花
仙客來

15℃前後
三色堇
小三色堇
報春花
日本濱菊
孔雀紫菀

宣告播種適期的花卉

紅色的紅花石蒜盛開時，夏天的炎熱總算逐漸褪去。此時便是秋季園藝作業的開始。

爛漫春天的象徵，染井吉野櫻。在慶祝畢業和入學的同時，也是春季園藝作業的參考基準。

暖了，也要小心寒冷可能會捲土重來。不耐霜凍的植物需留意晚霜，等到八重櫻開花後再播種。春季若發生雷雨可能會伴隨著冰雹，這也是大敵。

秋季播種的植物，是當暑氣漸漸收斂、紅花石蒜盛開時播種。即使是耐寒性強的植物，也必須為了度過霜降的嚴寒做準備。請在冬天來臨前，培育成牢牢扎根的植株吧！

播種太早或太晚，都會對植物的生長造成極大的影響。在正確的時間播種，是栽培成功的最佳秘訣。

另外，即使是發芽適溫相同的植物，如果耐寒性弱應在春季播種，如果耐寒性強則在秋季播種。也就是說，根據耐寒性的有無，播種的時期也會有所差異。

耐寒性弱的植物如果在秋季播種，冬季期間必須保溫和加溫。

耐寒性強但耐暑性弱的植物若在春季播種，會因為夏季的炎熱而損傷。

種子的外包裝有大量的栽培資訊

市售的種子通常會裝在包裝袋中販售。

這個外包裝上，記載著發芽適溫、光照需求等許多重要的資訊。

建議可將種子的外包裝拍照下來，和栽培記錄一起保存。若再寫上購買日期、換土換盆日期、生長情況（開花日等），還可作為第二年以後的參考。

在栽培記錄中，寫下播種日期、發芽日期、開花日期、天氣、最高溫度、最低溫度和濕度吧！如果再搭配照片記錄成長的過程，會更加有趣。

剩餘的種子，用紙巾包起來放入塑膠袋，存放在冰箱的蔬果室中。寫下植物名稱和購買日期，並在有效期限內播種。

One Point Advice

在播種的盆器中附上手寫標籤

在標籤上寫下名字並插入盆器中，日常觀察的期待感也會隨之提升。將播種日期、植物名稱和品種名稱等寫在標籤上。用 4B 左右的深色鉛筆書寫。鉛筆耐日曬和雨淋，還可用橡皮擦擦掉，非常好用。

檢視種子外包裝的背面資訊

種子外包裝的背面，記載著豐富的播種方法、植物特性和栽培方法等資訊。

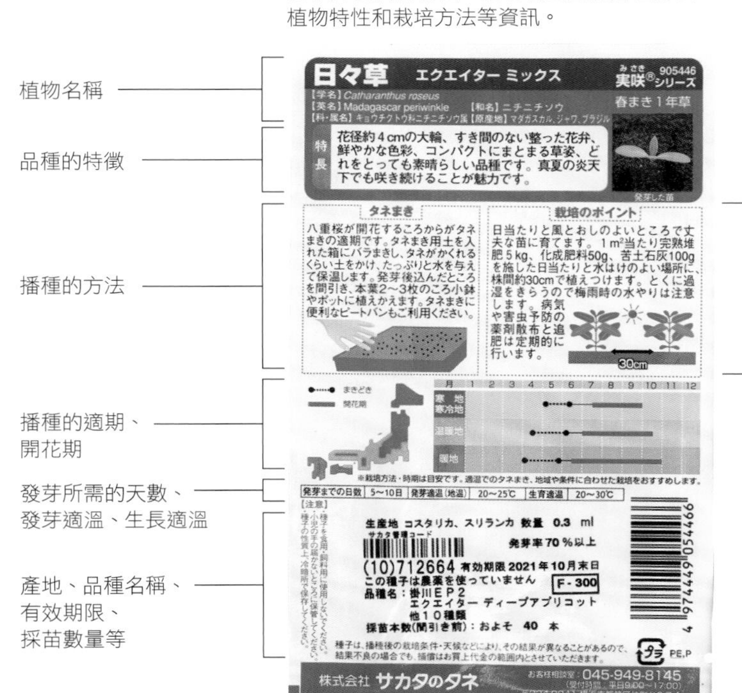

種子與光的關係

植物的發芽不一定需要光

植物的生長，水、光、溫度是不可或缺的。植物藉由光合作用，來製造生長所需的物質。但是，發芽並不一定需要光。種子包含以下3種類型：

- **好光性種子**
- **嫌光性種子**
- **中性種子**

好光性種子，接觸光照可提高發芽率。反之，隔絕光線可提高發芽率的，則是嫌光性種子。無論有無光照都會發芽的是中性種子。

若你曾經替種子好好地覆土，種子卻沒有發芽，那可能就是好光性種子植物。是否恍然大悟了呢？

除此之外，還有無論光照條件如何皆可發芽的中間類型。

好光性種子播種時的注意事項

好光性種子植物，發芽時需要光照。播種時，如果覆蓋了太厚的土，光線就無法照射到種子，進而抑制發芽。

也因此，當你查看這些植物的種子外包裝時，你會看到「因為是好光性種子植物，所以播種後不要覆土」、「因為是好光性種子植物，播種後覆蓋一層薄土」等內容。

為了避免種子被風吹走或變乾燥等問題，用一張報紙蓋在育苗箱或盆器上來取代覆土，也是有效的方法。

好光性種子植物

將細小的種子，播撒在土上。為了避免種子被風吹走，覆蓋約0.5公分厚的土。

結球甘藍

羅勒

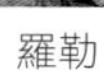

矮牽牛

舉例來說

花　三色堇、小三色堇、金魚草、矮牽牛、鳳仙花、報春花等

香草・蔬菜　紫蘇、德國洋甘菊、羅勒、結球甘藍、小松菜等

花開過後，種子散佈並發芽。可藉由自體散佈的種子生長的，正是好光性種子植物。生長在河床上的波斯菊，其種子落地後，無須覆土就會自然發芽。德國洋甘菊、紫蘇、矮牽牛和鳳仙花也屬於此類。

此外，雜草中也有許多好光性種子植物。落到地上的種子在光照下就會開始發芽，這就是「雜草拔掉還是會再長出來」的原因。

好光性種子還有一個特徵就是種子大多較為細小。細粒種子非常輕，因此澆水時容易被沖走，需格外留意。建議將澆水壺的噴嘴朝上輕輕地噴灑，或是使用噴霧等方式來給水。將花盆放在盛滿水的底盤上，從底部供水也是有效的。此時，如果底盤很淺，別忘了時不時檢查是否有水。土壤經常潮濕的環境會阻礙根系的生長，所以發芽後需將底部的供水用底盤移除。

播種後需確實覆土的嫌光性種子

比起好光性種子植物，嫌光性種子植物佔了少數。與好光性種子相反，嫌光性種子不需要光即可發芽。如果不遮擋光線，發芽率會較差，因此播種後要在種子上覆蓋一層厚土。覆蓋在種子上的土壤厚度，差不多是種子大小的2～3倍，或是1公分左右。播種後要充分澆水，防止土壤乾燥。

從種子的外包裝確認好光性或嫌光性

要區分好光性和嫌光性，可以從種子的外包裝確認。

舉例來說，據說菊科有許多好光性種子植物，事實上並非一定如此。請確認種子外包裝標示的資訊，根據不同的植物、品種去播種。近年來，植物之間的雜交不斷發展，即使是相同的植物，也會隨品種的不同而有所差異。

嫌光性種子植物

舉例來說

花 粉蝶花、牽牛花、長春花、向日葵、仙客來等

香草・蔬菜 番茄、茄子、蘿蔔、蔥等

先挖出植穴，再把種子放進去。上方覆蓋1公分厚的土。

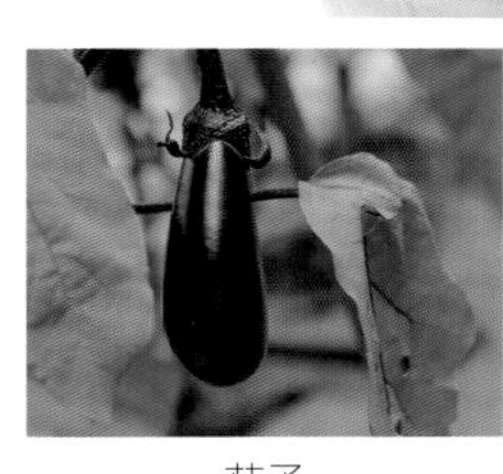

茄子

牽牛花

向日葵

準備播種

直接將種子播種在盆器或花圃中

在播種之前，需先考慮播種在哪裡以及如何播種。播種地點有2種。第一種是直播。

直播是指將種子直接播撒在盆器、花圃或田地中，使其生長。偏好此類的是根系筆直生長的軸根系植物。

軸根系植物不適合移植。移植可能會造成生長障礙，或是遭受損傷而枯萎。

容器育苗是將種子播種在軟盆或育苗箱中

另一種是容器育苗。除了一般的軟盆外，還可使用淺平盆、育苗箱。也可將草莓包裝盒的底部打孔後加以活用。播種在容器中的種子，發芽後生長一段時間，再種植在盆器或花圃中。

容器育苗的優點，是可以輕鬆地將其從一個地方移動到另一個地方，避免風吹雨淋、強烈日曬等造成的問題。適合管理剛發芽的幼苗。

前述的軸根系植物如果想要用容器育苗時，請使用比平常更深的容器。在根系接觸容器底部之前，不要破壞根球，直接種到盆器中。

播種時使用專用的介質

決定好在哪裡播種後，接下來要考慮的是土。播種用的土必須乾淨且不含肥料，這一點很重要。剛發芽的植物很纖細脆弱，為了不生病，務必使用新土。市

準備的物品

播種介質

從專用的土中選擇不含肥料的。播種介質也可用於扦插苗。

穴盤

由許多小框格連接組成的托盤，框格底部有開洞。每個框架中倒入介質並播種1～2粒種子，培育種苗。

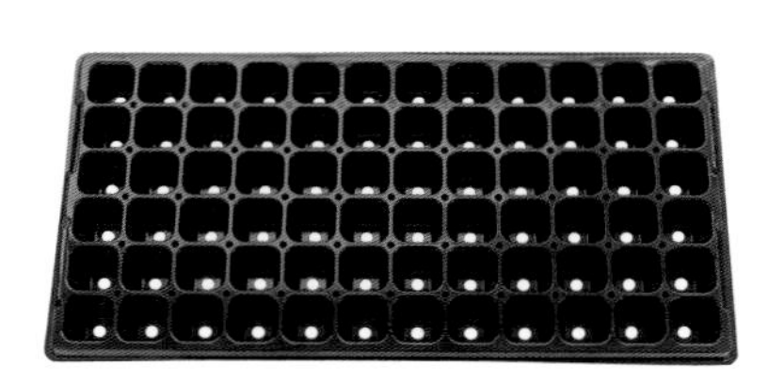

軟盆和育苗箱

軟盆可直接倒入介質，育苗箱則是先墊一張紙再倒入介質。兩者都是塑膠製品，並且有各種尺寸。

售的播種介質，請確認不含肥料再購買。

不容易發芽的種子先進行事前處理

某些類型的種子難以吸收水分和氧氣。牽牛花和毛豆等覆蓋著堅硬種皮的種子，請按照下一頁的步驟使其吸收水分，以促進發芽。

長有絨毛的鐵線蓮和棉花的種子，應先除去絨毛再播種。在1公升的水中加入1滴界面活性劑（家用清潔劑），用來浸泡種子。播種前，用水把種子徹底洗淨。玫瑰的種皮含有抑制發芽的物質，需先去除種皮並用流水徹底清洗後再播種。

市面上的種子，有些也必須先經過處理以促進發芽。種子外包裝上會註明種子經過處理，所以購買時一定要仔細確認。

準備與播種方法

[利用紙張播種]

1 準備種子、信封等牢固的紙張，和一個已加入介質的育苗箱。

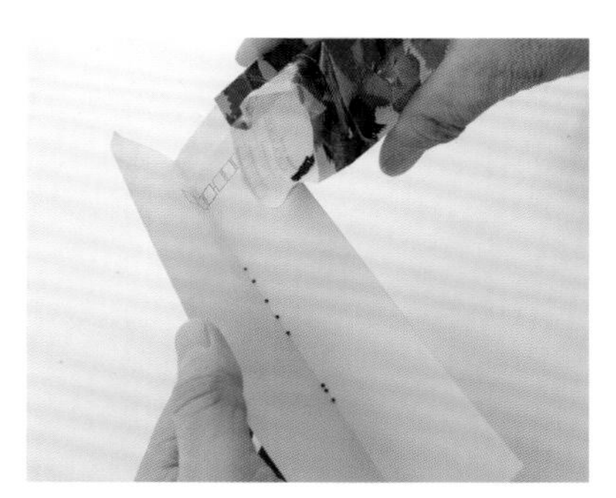

2 將信封對折，然後將細小的種子倒在摺線上。

3 為了均勻地播種，用握住信封的手輕敲信封，利用振動將種子抖落。

[使用育苗箱]

1 在育苗箱的網狀底部放置一張紙，例如報紙。

2 加入介質並整平，使其厚度均勻。預留約2公分高的蓄水空間。

3 給予大量的水分，使介質徹底濕潤。

[使用軟盆]

1 在軟盆中填入約80%的介質。盆底要不要放網子都可以。

2 播種前先澆水。把軟盆排放在育苗箱中，可以更輕鬆地作業和管理。

3 澆水會使介質凝聚。當軟盆中的土徹底濕潤即準備就緒。

必須進行事前處理的種子

5 清洗種子。種皮含有抑制發芽的物質，所以要洗掉。

6 用廚房紙巾擦去水分後晾乾。

7 以 3 公分的間隔播種，覆土約 0.5 公分。每週澆水 1 次，到了春天就會發芽。

[鐵線蓮]

洗去蓬鬆的絨毛後再播種。

[玫瑰]

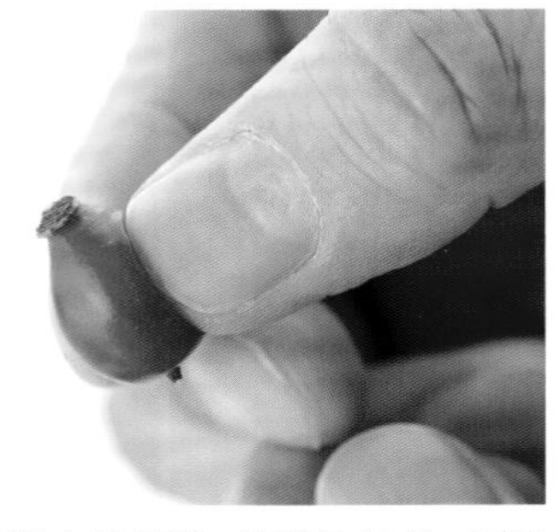

1 採下後立即播種。時期是 12 月。到了 2 月果實就乾了。

2 挑選用手指即可捏碎的成熟玫瑰果實，裡面就會有很多種子。

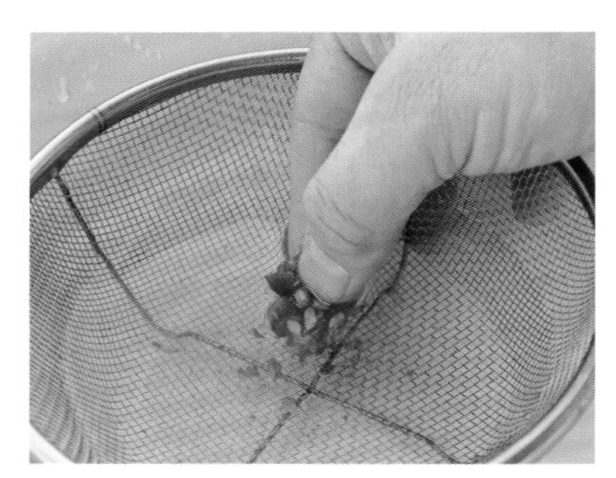

3 用水清洗，去除果肉。根據品種的不同，內含 5 ～ 30 顆種子。

4 從收集的種子中，把尚未成熟的懸浮種子去除。

[牽牛花]

在水中浸泡一晚的種子（左）和浸泡前的種子（右）。大小相差很大。

[毛豆]

1 在水中浸泡一晚的種子（左）和浸泡前的種子（右）。

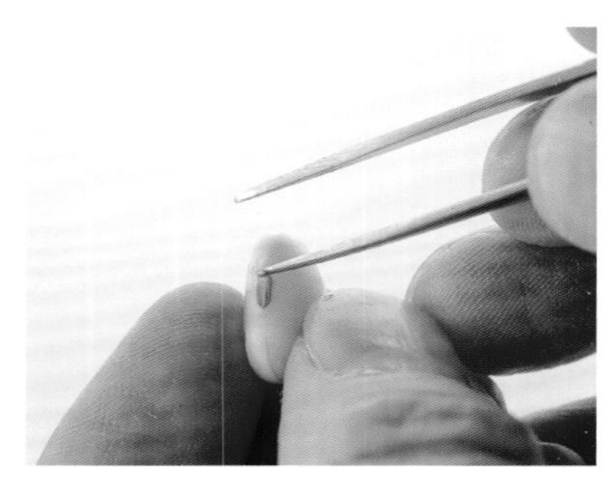

2 在水中浸泡一晚的種子。用鑷子等工具刮破，剝掉一點表面的皮。

3 將成為根的部分的前端刮破後的狀態。這麼做可使其更快發芽。

基本的播種方法

正確掌握
3種基本的播種方法

決定好在哪裡播種後，下一步就是如何播種。播種方式有以下3種：

・點播
・條播
・撒播

不管是直接播種在盆器或花圃中，或是播種在軟盆等容器中，皆可透過這3種方播種。

撒播雖然很簡單，但是種子容易分布不均，建議園藝新手最好避免此方法。

一旦決定了播種地點和方式，在開始播種前，請先確認種子的上下方向。此外，用澆水壺或噴霧器讓介質充分濕潤也很重要。

播種後，無論採用何種播種方法，都要根據種子的生長情況進行疏苗，然後定植。

會長得很大的植物
使用點播

點播，是一個地方種一顆或多顆種子的方法。以等間隔重複此動作。從大種子到細小種子都很適合。

大的種子，先用手指、筷子或寶特瓶蓋挖洞，然後播種；細小的種子，一次放好幾顆在介質上，然後覆土。

如果想要讓植株長得比較大，可以使用點播。以蔬菜為例，適用於果菜類和根菜類。播種時讓種子的方向一致，發芽時葉子的方向就會相同，變得更容易疏苗。

點播

[用手指製作播種孔]

牽牛花

1 用手指在充分濕潤的介質挖一個洞。播種用的介質很軟，所以很容易挖洞。

2 照片中挖了兩個洞。在每個洞孔中，一次播種一粒種子。

3 牽牛花的種子，播種時讓有角的方形面朝下，圓形面朝上。

4 牽牛花是嫌光性種子植物，所以需要覆蓋1公分左右的介質。

5 徹底澆水。細小的種子很容易被沖走，因此也可從底部供水。

點播

5 尖端變軟的牙籤。差不多處理成如圖的狀態。

6 讓牙籤前端沾水，即可輕鬆地一粒一粒拾取種子。

7 附著在牙籤前端的小三色堇種子。將其逐一種入每個穴格中。

8 小三色堇是好光性種子植物，所以薄薄覆土即可。澆水最好採取底部供水。

[使用穴盤]

小三色堇

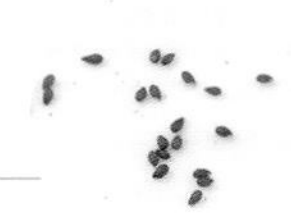

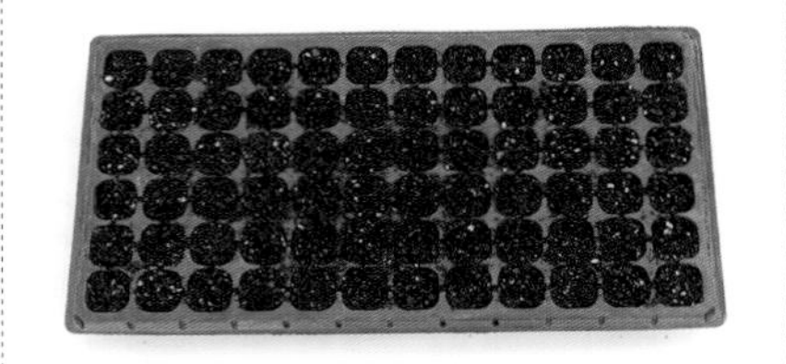

1 想要大量製作種苗的時候使用穴盤。另一個優點是種苗容易取出。

2 在每個穴格中填滿介質。

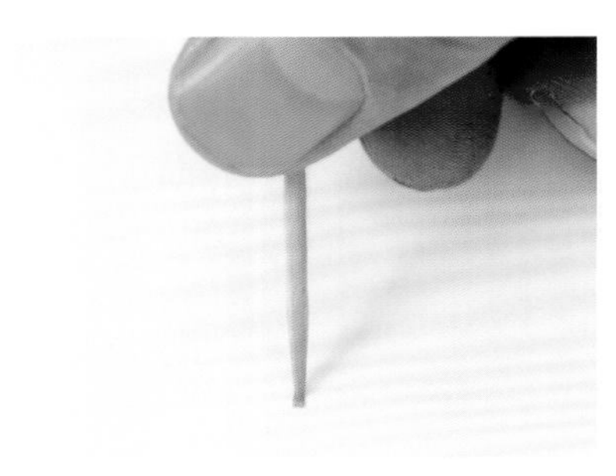

3 難處理的小種子可以利用牙籤。先把牙籤的尖端壓扁。

4 接著把牙籤的尖端左右傾倒壓扁，使其變軟。

[活用寶特瓶的瓶蓋]

番茄

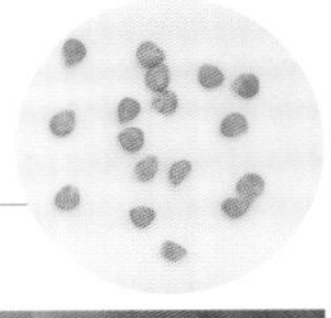

1 在介質上按壓寶特瓶的蓋子，製作播種孔。

2 每一個播種孔中，撒入一顆蕃茄的種子。

3 蕃茄是嫌光性種子植物，所以覆土 1 公分左右，然後澆水。

4 播種後，一定要插入寫有名字和播種日期的標籤。

蔬菜經常採用的條播

在介質的表面製作直線的溝槽，並在溝槽內等間隔播種的方法，稱為條播。之所以這樣稱呼，是因為播種的溝槽呈現條狀。溝槽的寬度，建議足夠放入手指。

這種方法常用於直接播種的蔬菜種子，適合小松菜等葉菜類和櫻桃蘿蔔等小型根莖類。

大型種子一次播種一粒，細小種子則是比點播撒入更多的種子，一邊疏苗一邊培育。如果使用育苗箱或橫長型花槽，也可每一條改種不同種類。此時，搭配性質相同的種子是訣竅所在。

條播

[利用育苗箱]

德國洋甘菊

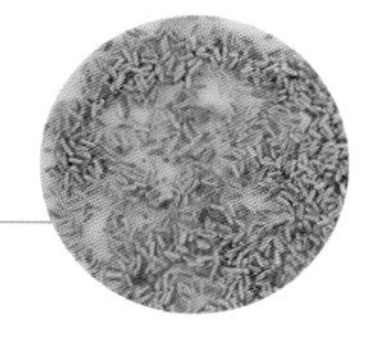

紫蘇

小松菜

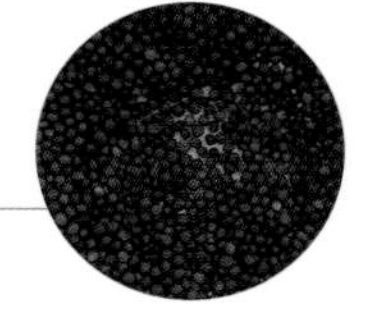

＊將性質相同的植物整合在同一個育苗箱中。

1 用免洗筷在濕潤的介質中挖一條淺溝。

2 溝槽的深度，需根據種子的大小、好光性或嫌光性而有所不同。

3 用手指捏取種子，把種子小心地置放在溝裡。

4 紫蘇、洋甘菊、小松菜都是好光性種子。覆蓋一層薄土即可。

5 整平介質表面以防止積水，然後插入標籤。

6 澆水時，將澆水壺的噴嘴朝上，防止種子被沖走。也可從底部給水。

把細小種子到處播種的撒播

把大量的種子撒遍各處的方法。要在田間或花圃廣泛地播種時，即可使用此播種法。為了讓種子均勻地發芽，或是調整種子的量，也可將種子與介質混合。另外，想用育苗箱製作大量的種苗時也可使用。

在已澆水的介質上，盡可能地從頭到尾均勻播撒，是重點所在。播種在育苗軟盆中時，用拇指和食指捏取幾粒種子，然後相互摩擦手指地播撒。

適合撒播的，是細小的種子和可疏苗栽培的植物，例如：矮牽牛、大波斯菊和羅勒等。

撒播

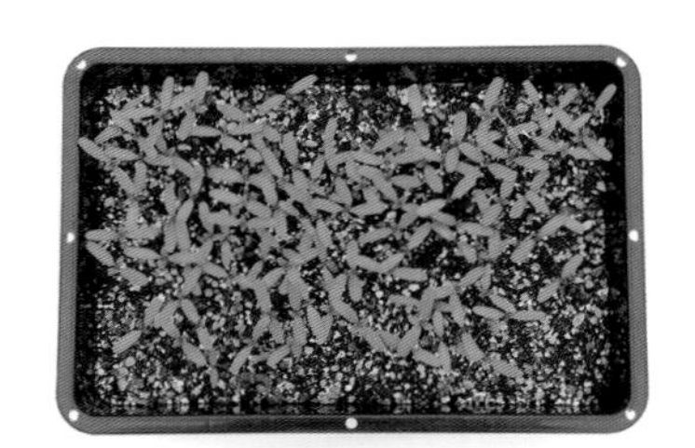

撒播在育苗箱裡的孔雀草的發芽狀態。為了儘量不讓芽重疊，播種時需格外留意。

秋天代表性景色的波斯菊田，正是拜撒播所賜。廣闊的花卉景觀，可以使用此播種方法來打造。

長春花

1 用手指捏取幾顆種子，播撒在介質上。

2 長春花是嫌光性種子植物，所以要覆蓋 1 公分以上的介質。

3 標籤上也標示播種日期。長春花是不喜移植的軸根系植物，所以要儘早定植。

矮牽牛

1 種子細小是好光性種子植物的特徵。以互相摩擦手指的方式播種。

2 因為是發芽時需要光的好光性種子，所以也可不覆土。

column

檢查每種植物不同的發芽情況

發芽天數、雙葉的大小和形狀，會隨植物而有所差異。從雙子葉長成本葉，大約需要 1 ～ 2 週的時間。讓我們來看看主要植物的生長情況吧！

[番茄]

〈子葉〉

〈本葉〉

[向日葵]

〈子葉〉

〈本葉〉

[牽牛花]

〈子葉〉

〈本葉〉

[羅勒]

〈子葉〉

〈本葉〉

[矮牽牛]

〈子葉〉

〈本葉〉

[長春花]

〈子葉〉

〈本葉〉

育苗

播種後，在發芽、紮根之前，有幾件要注意的事情。

直到發芽為止讓介質常保濕潤的狀態

播種後的管理要點，發芽前和發芽後有所不同。

發芽前

通風良好的明亮陰涼處。放在不淋雨的屋簷下等處，避免缺水地加以管理。

發芽後

逐漸移至陽光充足的地方。介質乾了就澆水。

種在土裡的種子開始生根。此時，即便只是稍微乾燥，生長就會停止。請讓介質常保濕潤。嫌光性的種子，可以覆土以防乾

澆水

使用澆水壺時，將壺嘴朝上輕輕噴灑，防止種子被沖走。

可能會因為澆水而被沖走的細小種子，在底部放置托盤後裝滿水以給水。

用濕報紙蓋住。可保持溫度同時阻隔日照，有助於發芽。

疏苗

1 一旦長出本葉即可疏苗。有葉子重疊的芽。此為長春花的幼苗。

2 對於葉子重疊的兩個芽，將生長較差的疏除。

3 保留生長良好的苗，及距其較遠且已發芽的這兩株苗。

燥。好光性的種子，可覆蓋透明的膜並打出氣孔，藉此保持濕度和溫度。

利用2次疏苗 打造健壯結實的植株

發芽、雙子葉打開……植物一天天長大，軟盆和育苗箱也逐漸變得擁擠。當日照和通風變差時，幼苗會相互爭奪光照，莖容易長得纖弱細長。用來防止莖的徒長，藉此培育強健植株的作業，便是疏苗。

當本葉出現後，進行第1次的疏苗。當長出3～4片本葉時，進行第2次疏苗。

疏苗時，用手指或鑷子在幼苗之間留出足夠的空間。從生長較差者依序拔除，葉子形狀不佳的幼苗也將其疏除。另一種疏苗方法是用前端較細的剪刀等工具，從幼苗的基部修剪掉。

根據苗的成長狀況移植 開始施肥

播種用的介質不含肥料。當雙子葉打開、根莖扎實堅挺時，每隔10～14天施用1次稀釋至規定量½濃度的液肥。

在軟盆或育苗箱中發芽的幼苗，當長出3～4片本葉時，可適時假植（上盆）到較大的盆器中。幼苗的根、葉和莖都很脆弱。將整個土團挖出以免傷及幼苗，小心地移植。

移植時，使用含有植物性腐葉土或動物性堆肥的培養土。移植後，放在明亮的陰涼處或柔和的光照下管理。待幼苗安定後，將其移至日照良好的環境，使其長成強壯的幼苗。

移植2週後開始施肥。撒適量的粒狀緩效性化肥。

移植

[矮牽牛]

1 一次疏苗後的成長狀態。葉子變得大而繁密。

2 從軟盆中取出來時，根部的狀態剛剛好，沒有過度纏繞。成長順利。

3 小心別讓根系斷掉地將幼苗一一分開，種到大一點的軟盆中。

4 使用含有腐葉土或堆肥的培養土。移植後，待根系牢牢扎根後即可定植。

One Point Advice

用剪刀 果斷疏苗

細小的種子，如果播撒得太多，芽可能會變得擁擠。當芽擠在一起時，根就會纏繞在一起，甚至也會一起脫落。為了影響根部生長，用剪刀疏剪也是一種方法。

德國洋甘菊

種植

從種子開始培育的幼苗、在園藝店購買的幼苗，種植的方法都相同。對於園藝新手，建議從幼苗開始培育。

種植幼苗

享受培育植物的樂趣

當種子發芽、生長到一定程度時，稱為幼苗。種子歷經發芽、葉片數量增加、生根，然後長成幼苗。

市售的幼苗大多是用軟盆培育的。在園藝店等處，常見直徑約10公分的黑色軟盆苗。

根系在小軟盆中會隨著生長而盤根，此時便需要準備種植到更大的地方。這項作業，稱為種植。

購買幼苗時，請檢查標籤。確認生長時的植株高度和寬度、是否喜歡日照、是否耐潮濕等生長環境、開花時期等資訊。

事先從園藝相關書籍和網路收集資訊，可讓之後的工作更加順利。

了解左右植物成長的介質與肥料

決定好要種植的植物後，接著要準備介質。介質是影響植物生長的重要因素。在園藝中，使用的介質是混合了腐葉土等改良土的培養土。植物栽培專用的土，稱為介質。

介質，根據不同的目的，有著各式各樣的調配比例。此外，盆栽和地植的介質及改良土的組合也不相同。

盆栽的基本培養土

- 赤玉土（細粒）60%
- 腐葉土40%

這是盆栽常見的調配比例。以此介質為基礎再添加改良土，製作出適合植物生長的培養土。

此外，在園藝用品店等處，也有販售各種植物專用的各式培養土。

地植用的介質

種植植物時，庭園中可添加的改良土，會隨著種植環境而改變。請仔細評估乾燥、潮濕、肥沃、貧瘠等土壤條件來挑選改良土。

盆栽的基本培養土

肥料的施用方法

從種植到生根，通常需要2週左右的時間。這段期間即使施肥，肥料也會在每次澆水時從盆器中流出。施肥的最佳時機，是在植株已牢牢扎根的種植後2週。施用顆粒狀的緩效性肥料或液肥。

種植幼苗前先做幾件事

購入的幼苗，在種植之前請先進行以下處理：

- **整頓幼苗**
- **摘除殘花**
- **回剪**

清除盆器中的枯葉、垃圾、雜草，摘除殘花和回剪，將有助於預防病蟲害，確保幼苗順利生長。接著，當準備工作完成後要開始種植時，請小心地將幼苗從盆器中取出。

種植前的準備

[取出幼苗的方法]

1 右圖是已長出4片本葉的牽牛花幼苗。左圖是小三色堇的幼苗。一隻手握住軟盆底部，用另一隻手的兩根手指夾住幼苗。

2 雙手保持步驟1的狀態，然後將軟盆倒過來。接著把軟盆抽離，就可以取出根球。

3 如果翻過來也拔不出幼苗，表示根系太緊了。用手指按壓軟盆底部的排水孔，將其取出。

[摘心]

1 照片中的是已開花的小三色堇幼苗。修剪頂芽予以摘心，可促進側芽生長，從而增加花朵的數量。

2 摘心時儘量別把花剪掉。摘心的最佳時機是開花前。

[去除枯葉和雜草]

經過一段時間的幼苗，土表會堆積枯萎的下葉等，也可能會長出雜草和青苔。請予以清除保持清爽。

[摘除殘花]

把開完的花摘除，就不會結種子，因此養分會分配給下一次開的花。同時還可防止附著在殘花上的病蟲害。

草花苗的種植

購買幼苗時確認種植的適期

市面上的草花苗，種類繁多且價格合理。如果種植得當，很快就能享受成長的樂趣。

但是，幼苗在園藝店等處陳列販售的時期，並不一定是最適合種植的時期。由於加溫溫室栽培等因素，幼苗上市的時間每年都早於種植適期。

例如，據說若在暑氣尚未散盡的初秋時期購入三色堇・小三色堇的幼苗，然後就這樣以軟盆苗的狀態一直放到種植適期，非但沒有開花，還枯萎了。三色堇・小三色堇的種植適期是10月下旬～12月中旬。不急著購買，耐心等待種植適期也很重要。

已購入的幼苗，盡量不要放太久，建議在1週以內種植。幼苗在小小的軟盆裡扎根、吸收養分，太晚種植會造成根系盤結、缺肥，導致花朵變小、葉子變黃等問題。

盆栽的種植步驟和應該知道的訣竅

為了讓小幼苗長大、開花，有一些種植訣竅你應該要知道。

盆栽種植的基本步驟

1 **將介質裝入盆器中。**
2 **將幼苗從軟盆中取出。**
3 **確認根的狀態。**
4 **預留蓄水空間並決定幼苗的種植深度。**
5 **將幼苗放入盆器中，並填滿介質。**
6 **將介質表面弄平整。**

草花苗的種植（盆栽）

[牽牛花]

1 準備牽牛花的軟盆苗、盆器、市售的草花用培養土。

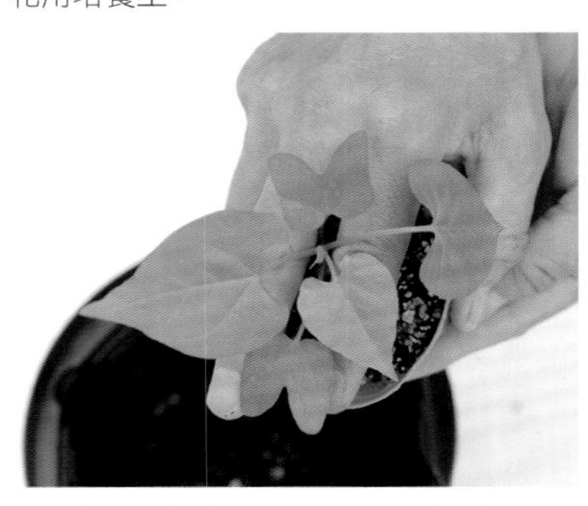

2 一隻手支撐軟盆底部，另一隻手用 2 根手指夾住幼苗。

3 把軟盆倒過來，拔出幼苗。根部沒有過長，剛剛好的狀態。

4 把幼苗放入盆器中，確認高度。在幼苗周圍不留空隙地填滿介質。

5 確保蓄水空間。介質在澆水後會下沉，所以多加一點介質。

6 最後用手指輕觸的程度，將介質表面整平。注意不要用力。

種植幼苗時，不要用力按壓介質，因為這會讓介質中的空氣減少。整平介質的表面時，用手指輕輕碰觸即可。

另外，在盆器中種植多株幼苗時，要注意幼苗之間的距離。特別是在春季和夏季，植物生長迅速、葉片拓展旺盛，因此一定要在植物之間預留足夠的空間。

根球的處理方法需要格外留意

從軟盆中取出幼苗時，如何處理根球也很重要。

根系筆直生長的軸根系植物，基本上不要破壞根球。由於不喜移植，應在軟盆底部的根系尚未盤根前就種植。牽牛花、長春花和向日葵都屬於這種類型。

另一方面，會長出許多細根的鬚根性植物，根系一旦盤結成塊，就必須破壞根球，或是把根球的底部剪掉約5公釐。矮牽牛和小三色堇等就是鬚根性。

根球的處理方法

4 在盆底放置網子，然後加入約 1/3 滿的介質。

5 放入幼苗，確認蓄水空間的高度和植株基部的高度。

6 調整好高度後，在根球周圍加入介質，種植幼苗。

[破壞根球]

1 鬚根系的矮牽牛。根系沿著軟盆等的壁面纏繞。把剪刀插入根系。

2 把根球的底部修掉約 5 公釐。草花的根比較軟，所以用手剝除。

3 把根球的底部剝除後的狀態。斷根可促進生根，儘快成活。

[不破壞根球]

1 盛夏也會開花的極小輪長春花。軸根系植物的一種。

2 這是根系沒有纏繞的狀態。可看出根系沒有在介質中盤根。

3 不破壞根球高度，直接把幼苗放入盆器中。先決定高度再加入介質。

地植時依環境整備土壤

在上一頁中，解說的是把草花種在盆器中。接下來將要解說如何地植。

地植的情況下，一旦種下去就很難移動，所以了解種植地點的環境很重要。根據土壤是乾燥還是潮濕、土質是肥沃還是貧瘠等狀況，添加改良土。

另外，雨水多，土質容易變成酸性。因此，在混合改良土之前，經常會加入鹼性的石灰等。透過中和，讓肥料更容易被吸收。

種植在有落葉樹的庭院時

以生長旺盛的宿根植物聖誕玫瑰為例，如果是盆栽，2～3年就會在盆器中長滿根。種植適期為10～3月（避開寒冬期）。到了11月，把球根徹底鬆開並去除

草花苗的種植（地植）

［聖誕玫瑰］

1 黑土的保水性和保肥性高，但吸水後會變得濃稠，所以要添加 10% 的輕石。

2 挖一個比盆器大 1 ～ 2 倍、比盆器高約 5 公分深的植穴。

3 挖出來的土，鋪在植穴周圍作為種植用土。

4 把一半的輕石加入植穴的底部加以混合。剩下的一半和挖出來的土混合。

5 把聖誕玫瑰的苗放入植穴，然後調整高度。

6 把苗從軟盆中取出。敲打盆底會更容易取出。

7 從軟盆中取出的聖誕玫瑰的根球，相當扎實。

8 根球很硬，所以從下方鬆開。可更快適應種植環境，也更容易成活。

9 一邊拓展根系一邊將幼苗放入植穴。用土來調整高度。

土壤，之後在3月，只鬆開根球周圍的土然後地植。

幼苗是種植在黑土的花圃中。這個庭院有落葉樹葉堆積，含有大量的腐葉土，所以在挖出的土中混合了大約10％的輕石來改良土壤。

10 使用混合了輕石的土來種植幼苗。

11 在幼苗的周圍製作圓形的土堤（水鉢）。注入水，讓土堤的內部積滿水。

12 水消退後就注滿水，如此重複約3次。充分給水後再把土回填。

One Point Advice

從根的狀態決定是否需要破壞根球

草花生長速度很快，尤其是根部伸展良好的鬚根性植物，轉眼間根部就已經纏繞、包覆根球。在這種狀態下種植，根系的成活會變慢。挑選新鮮的幼苗，並在購買後立即種植很重要。底下將說明如何從根系狀態的差異，做為是否破壞根系的參考依據。

在土中隱約可見白色根系的小三色堇根球。新鮮且狀態良好。

白色根系比左圖更清晰的小三色堇幼苗。土的可見度比白色根系高。這個狀態也不錯。

根系纏繞的孔雀草幼苗。都是根幾乎看不到土。必須破壞根球。

根的狀態良好，可直接種植

斷根後再種植

鬚根系植物

三色堇、小三色堇、鼠尾草、孔雀草、百日草等

軸根系植物

鬱金香、風信子、金魚草、粉蝶花、牽牛花、長春花、鐵線蓮、小松菜、蘿蔔等

＊軸根系植物不必破壞根球。

蔬菜苗的種植

把香草幼苗種植在盆器中

多數香草自生於營養成分少的土地上，因此培育時應減少肥料用量。使用排水良好的介質並盡量保持乾燥。

香草用的培養土

- **基本培養土60％**
- **椰纖35％**
- **珍珠石5％**

＊基本培養土為赤玉土（細粒）60％、腐葉土40％

介質的調配比例如上所述。或者，你也可使用市售的香草用培養土。因為會長得很大，所以要種在比草花更大的盆器中。百里香、薄荷、鼠尾草等鬚根系植物，破壞根球也沒關係。另一方面，香芹是軸根系植物。種植時不要破壞根球。

用新苗種植

蔬菜大多是軸根系植物，所以要先檢查根的性質。此外，為了培育出美味的蔬菜，請準備狀況良好的幼苗。盤根、根球變硬的幼苗，不適合培育成蔬菜。不要錯過種植適期，根球原封不動地直接種植。

蔬菜用的培養土

- **基本培養土60％**
- **椰纖35％**
- **珍珠石5％**

＊基本培養土為赤玉土（細粒）60％、腐葉土40％

你可參考此介質的調配比例。或者，你也可使用市售的蔬菜用培養土。

香草苗的種植

［羅勒］

1 準備了剛開始長出本葉的羅勒幼苗。

2 根系沒有盤根的幼苗，可透過按壓盆底輕鬆取出。

3 香草類植物，基本上是挑選根系沒有盤根的幼苗來種植。

4 在盆中倒入介質，一邊檢視幼苗高度一邊種植。

5 整理介質。小心不要用力按壓，以免將介質中的空氣擠掉。

6 將表面壓平就完成了。蓄水空間約 2 ～ 3 公分。

column

為何需要蓄水空間？

蓄水空間，是指盆器的上緣到介質之間的空間。將水暫時蓄積在這個空間中，讓髒空氣排出、新鮮的水滲入介質。如果蓄水空間過多，容易導致植物基部變得過於潮濕；反之若過少，每次澆水時，介質可能會隨之溢出。請預留足夠的空間，然後充分澆水吧！

蓄水空間最好有適當的高度。無論盆器的大小為何，基本上都是預留 2 ～ 3 公分左右。根據植物的大小，多少會有所差異。

不管哪一盆
都有蓄水空間

草花、樹木、多肉植物。不管哪一種植物，蓄水空間都相同。

蔬菜苗的種植

[番茄]

1 番茄會長得很大，所以盆器的尺寸基準為 10 寸盆。

2 從盆中取出的幼苗。可以看到吸收了水分和養分的健康白根。

3 種植時一邊檢視幼苗的高度。蓄水空間約 2 ～ 3 公分。

4 用手輕輕整平介質的表面，以免囤積過多的水分。

球根的種植

耐暑性弱的球根和耐寒性弱的球根

小指指尖大小的球根、細長的球根、拳頭大小的球根。大小和形狀各式各樣的球根，可大致分為秋植球根和春植球根。

耐熱性弱的球根，在秋季或冬季種植，可以在年節時與春季綻放美麗的花朵。耐寒性弱的球根，可以在春季種植。春植球根，可從初夏到夏季享受開花的樂趣。種植適期、存放和種植地點因植物而異，請先確認標籤上的資訊再種植。

感興趣的球根最好趁早購買。例如，秋植球根從9月中旬開始在園藝店等處販售，網路從6月下旬開始即可線上預購。

購買時請避開偏軟的球根，挑選緊實堅硬的球根。

關於種植用的介質和施肥

球根會自行儲存養分以供開花，因此盆栽或地植所需的肥料都不多。

介質方面，盆栽可使用市售的球根用培養土，或是與草花相同調配比例的介質。

球根用的培養土

- **基本培養土60%**
- **椰纖35%**
- **珍珠石5%**

＊基本培養土為赤玉土（細粒）60%、腐葉土40%

地植時，如果土壤呈微酸性，要添加鹼性的苦土石灰加以中和。混合堆肥或腐葉土，形成排水良好的介質。

〈耐熱性弱的球根〉

番紅花 >>p56

葡萄風信子 >>p58

陸蓮花 >>p61

水仙 >>p57

風信子 >>p60

鬱金香 >>p62

〈耐寒性弱的球根〉

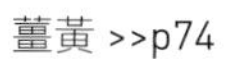

薑黃 >>p74

大麗花 >>p70

百合 >>p68

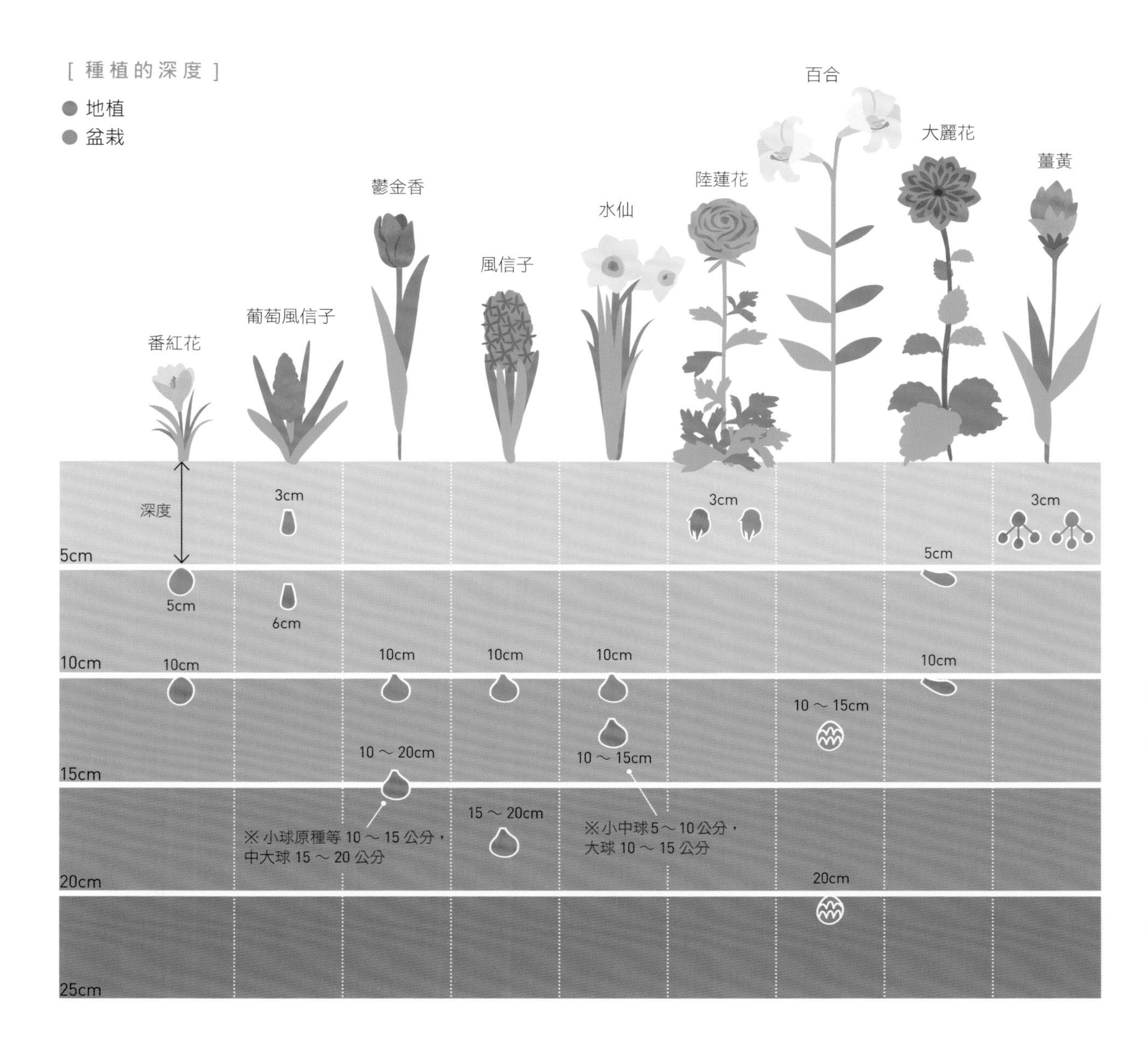

種植的深度與球根的關係

種植球根時，要注意深度和方向。有關種植深度，請參考上一頁的圖。基本上，深度與植株高度成比例增加。此外，深度也會視盆栽或地植而改變。

種植的方向，應讓尖頭部分或成束的部分朝上。弄錯上下方向可能會無法發芽，需格外留意。此外，陸蓮花和白頭翁等乾燥球根，請先使其吸收水分一個晚上後再種植。

不同形狀和性質的球根種植方法

接著就來實際種植秋植球根的鬱金香、百合，以及春植球根的大麗花。

鬱金香的球根，在種植前需先剝皮。堅硬的外皮可能會傷到新芽。此外，剝皮有助於發芽和開花，同時還可看出球根是否

鬱金香的種植

[種植前]

1 鬱金香在種植前要先剝皮。可趁機確認球根是否受傷或生病。

2 剝皮前（左）與剝皮後。沒有堅硬的外皮，更容易發芽。

3 球根有分頭與尾，尖的一端稱為頭，寬平的那端稱為尾。

[盆栽]

1 球根不接觸寒冷很難開花，所以到 11 月底再種。

2 剝掉外皮，球根距離為一粒球根的間距。

3 覆蓋約 2 個球根深的土。別忘了預留蓄水空間。

[地植]

1 挖掘植穴。與相鄰的球根間隔 15 公分以上。

2 嚴寒地區的種植深度為 3 個球根，其他地區則是 2 個。

3 每個植穴種 1 個，然後覆土。
＊本來應該要先剝皮再種。

腐爛。鬱金香的種植時期，是從紅花石蒜開花結束到真正的寒冷到來之前。盆栽時，種植深度約為2個球根（約10公分）；地植時，種植深度約3個球根（10～20公分）。

大麗花的種植，是3月下旬～4月下旬，正值染井吉野櫻盛開的時期。地植時，挖1個深度30公分以上的植穴，先將腐葉土或堆肥加入土中加以混合。將發芽點朝上，盆栽種於深度約5公分的位置，地植種於深度約10公分的位置。

百合生長旺盛，園藝店裡陳列的球根有的可能已經生根了。為了防止其乾燥，和蛭石等一起裝在袋子中。種植時期與鬱金香的球根相同。百合的根會同時從球根的上方和下方生長，所以要種得特別深。

大麗花的種植

[盆栽]

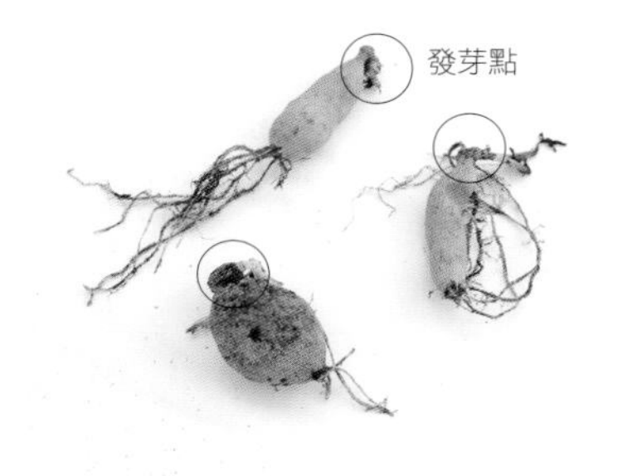

1 挑選有發芽點（第 187 頁）的球根。沒有發芽點就不會發芽。

2 種植時覆蓋約 5 ～ 10 公分深的土。大輪品種請準備 10 寸盆。

3 此為 NG 的種植方向。種植時，應像上圖一樣讓發芽點統一朝向中心。

百合的種植

[地植]

1 生長旺盛的百合。國外進口的球根，到了園藝店時大多已生根。

2 有的在種植前，根就已經長出來了。直接把根展開後種植。

3 耕土深度約 30 公分。此時先混入腐葉土和堆肥後放置 2 週。

4 種植深度約 3 個球根。百合的植株較高，所以種深一點。

5 會長很大且開花，所以球根之間預留 3 個球根的距離。

6 將挖出來的土回填，然後給予大量的水分。2 週後施肥。

苗木的種植

可地植或盆植的主景樹

將樹木用作庭院的主景樹或紀念樹的需求逐年增加。

春天是花、夏天是樹蔭、秋天能看到紅葉的大花四照花、初夏結果實的美國棠棣、在花卉變少的盛夏開花的紫薇等，都是相當受歡迎的落葉闊葉樹。紅葉很美的連香樹和楓樹、常綠樹的光蠟樹和針葉樹，也都是適用作庭院主景樹的樹木。

此外，油橄欖和銀葉金合歡也備受矚目，能夠用盆栽輕鬆培育與欣賞，是其魅力所在。利用盆栽培育時，可藉由改變盆器的大小來調整樹木的大小。

種植的地點很重要

樹木年復一年地生長，在庭院裡種了5年10年後，會出乎意料地影響日照和通風。然而，樹木並不能像花草般輕易地移植。

種植苗木時，首先要慎重考慮種植的地點。決定種植地點時有以下2項重點：

・根據樹木的性質挑選環境。

・考慮生長後的大小與樹形和形狀是否適合該地點。

環境，首先要考慮的是日照。一般來說，全日照的環境，適合種植落葉闊葉樹、常綠闊葉樹和針葉；陰涼和半日照的環境，適合種植常綠闊葉樹。

樹木的種類

[針葉樹]

香冠柏、冷杉等。雖然大多屬於常綠，但也有落葉松、水杉等會轉紅葉的落葉針葉樹。

針葉樹

針葉樹的英文為 conifer。綠葉的顏色豐富多彩，觸摸樹枝可聞到清爽的森林氣氛。

[落葉闊葉樹]

春天發芽、秋天落葉的樹木。櫻花、梅花、木蘭等花木，還有楓樹等在秋天會轉紅葉的樹木，隨著季節而變化。

楓樹

春夏時是清爽的綠葉，秋天則變成紅葉。也被用作主景樹或盆栽。

[常綠闊葉樹]

全年都長滿葉子的闊葉樹。花木包括梔子花、丹桂和山茶花等。銀葉深受喜愛的油橄欖和桉樹也屬於此類。

刻脈冬青

常用作行道樹。樹枝不會蔓延，樹體呈多幹形，秋天會結可愛的紅色果實。

另外，為了避免日後對樹木長得比預期高大而感到困擾，也先想像一下種植數年後的樣子。

了解樹木的種類和性質

樹木根據其性質的不同，適合種植的時期和方法也有所差異。闊葉樹和針葉樹的區別，是葉子形狀的不同。

・闊葉樹／寬而扁平的葉子。

・針葉／針狀的葉子。

常綠樹和落葉樹的區別，在於葉子是否掉落。

・常綠樹／一整年都長著綠葉。

・落葉樹／葉子在秋天轉紅、凋落，然後休眠。

闊葉樹，可再大致分為常綠闊葉樹和落葉闊葉樹。茶花和茶梅是常綠闊葉樹，一年四季長滿綠葉。櫻花樹、大花四照花和楓樹等是落葉闊葉樹。大多有著美麗的花朵和紅葉，充滿了季節性，冬天都會落葉。針葉樹大多是常綠樹，只有少部分是落葉樹。具代表性的有日本松。

根據樹木的種類，一般的種植適期如下：

・常綠樹種／以早春萌芽前最適宜，尤其春雨期最佳，如榕樹、樟樹等。

・落葉樹種／以落葉後休眠期且未萌發新芽前為宜，如山櫻花等。

・針葉樹／最佳時期為冬季休眠期或3至4月新芽萌動前，其次為9月下旬至10月下旬，如臺灣肖楠。

購買苗木時，請事先確認種植適期。和草花的幼苗一樣，它們在園藝店上市的時間，並不一定就是種植適期。有時也會遇到在購買後，最好使其生長到適期再種植會比較好的情況。因為會影響之後的成長，所以務必慎重決定種植時期。此外，購買時請挑選葉子強韌、枝條粗壯的苗木。

人氣花木

銀葉金合歡

黃色的小花開滿枝頭，宣告春天到來的花木。又稱貝利氏相思，作為切花和乾燥花也很受歡迎。

大花四照花

白色或粉紅色的花朵開滿枝頭，又名花木水。受歡迎的程度甚至成為熱門歌曲的曲名，也常被用作行道樹。

紫薇

盛夏時綻放粉紅色或白色的花朵，花期長。健壯且常用作庭木和行道樹的落葉闊葉樹。光滑的樹皮也饒富特徵。

選擇適合種植的土壤

苗木，指的是還很年輕、尚未長到應有高度的樹木。可在園藝店、花市或網路上購買。觀察葉子、樹枝和樹幹的狀況，選擇品質好的苗木。

種植時，跟草花一樣，土壤是健康生長的關鍵。開發為住宅用地的土地，可能會因為將富含有機質的表土刮除而變得貧瘠。在這種情況下，可在庭院的花圃中混合腐葉土或堆肥，藉此改善土壤使其更肥沃。種植前，也別忘了檢查土壤的酸鹼值是否適合樹木。

種植在庭院的基本步驟

苗木種植的基本步驟如下。種植當年的花芽需摘除。

1 **挖掘植穴，耕種範圍為根球的1.5～2倍大小。**

2 **將堆肥（牛糞堆肥和腐葉土）等有機肥料倒入土中。**

3 **步驟2經過2～3週後種植苗木。輕輕地破壞根球，撒上珪酸白土，再將苗木放入植穴以種植。**

4 **種植後，給予大量的水分。接下來3個月請留意別讓根球變乾燥。**

種植在盆器或植栽帶中

大多數的樹木，也可種在盆器或植栽帶中。植栽帶是用石頭或混凝土等區隔出的種樹區。

雖然需要定期換盆或換土，但與地植相比，生長會受到限制。種植在受限的空間內，反而比地植更讓人安心。

如果想讓它長得更大，換盆時就準備大一點的盆器，如果想保持原本的大小，就把根修剪掉並更換新土。

容器苗

以軟盆或盆栽形式上市的苗木。全年流通。從軟盆中取出後定植。

包根苗

根球用麻布、粗繩等包覆的苗木。不需要解開布或繩子即可種植。

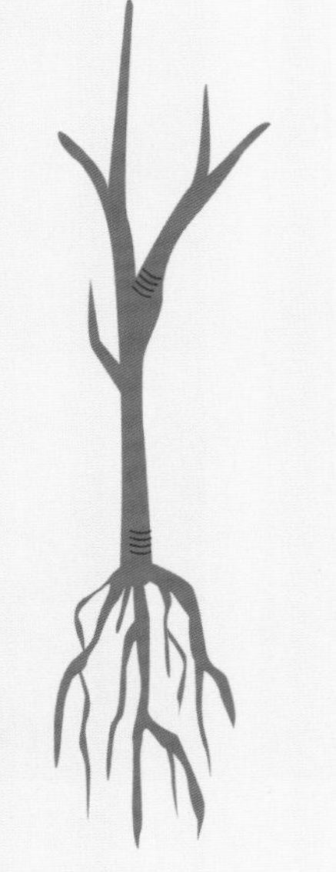

裸根苗

把土洗掉並用水苔包覆根系的苗木。可以清楚看到根部的狀態。

One Point Advice

種樹，先從挑選苗木開始

挑選苗木的重點，包括吸收水分和養分的細根較多、葉子間距窄且葉片數量多、樹幹結實等。也別忘了確認品種的性質、成木的尺寸。苗木有左邊3種類型。

苗木的種植（盆栽）

1 高度約 140 公分的苗木，在種植適期的 4 月購入。
＊介質／在市售的培養土中添加硬質赤玉土 10%、腐葉土和動物堆肥的混合物 20 ～ 30%、少量的苦土石灰。

2 一隻手牢牢握住樹幹，另一隻手敲擊容器以剝離根球。

3 根系尚未盤根。通常會先將破壞根球、把根鬆開後再種，這裡我們直接種植。

4 在盆底鋪上網子，並添加介質。

5 插入苗木後確認種植的高度。蓄水空間為 2 ～ 3 公分。

6 調整高度後，在苗木周圍添加介質。

7 仔細均勻地添加介質，以免產生空洞。也不要用力按壓。

8 用手指輕輕整平介質的表面。小心不要讓空氣從介質中逸出。

9 種植完成。種植後，充分澆水。

地植的關鍵是整土和大的植穴

在這裡，我們將參照上一頁介紹的地植步驟，實際種植玫瑰和圓錐繡球。

充分考慮過種植地點後，即可根據玫瑰或圓錐繡球花喜歡的環境來改良土壤。

・**玫瑰**

種植時期／除了盛夏以外皆可種植，但是秋天最適合

種植地點和土質／日照和通風良好的地方、黑土

土壤介質／排水良好，富含有機質的土

添加物／牛糞堆肥20%、珍珠石5%、木炭粉5%

・**圓錐繡球**

種植時期／樹葉凋落的11~3月

※避開寒冬期

種植地點和土質／日照或半日照的通風良好處、黑土

苗木的種植（地植）

[玫瑰]

1　在庭院的黑土中添加牛糞堆肥 20%、珍珠石 5%、木炭粉 5%。

2　挖出比苗木的大小深 10 公分、比盆器的寬度大 2 圈的植穴。

3　依序將改良用的牛糞堆肥、珍珠石放入植穴中。

4　最後添加提高通風性、排水性和保肥性的木炭粉。

5　用鏟子將植穴內的土與添加的改良土混合均勻。

6　在植穴周圍挖出的土中，也添加上述 3 種改良土，製作種植用的培養土。

7　從盆栽中取出根球。敲擊盆器讓空氣進入，使根球更容易取出。

8　將根球邊角的土壤除去，形成圓弧形，使苗木更容易成活。也撒上珪酸白土。

9　把植株放入植穴，調整高度使玫瑰的接縫處高於土壤。

土壤介質／排水良好，富含有機質的土

添加物／腐葉土10%、牛糞堆肥10%、珍珠石5%

＊摘除種植當年的花芽

10　用步驟 6 製成的培養土種好植株後，在植株周圍製作貯水的土堤。

11　將步驟 10 製作的土堤（水鉢）反覆注滿水。

12　玫瑰的地植完成了。2 週後施用適量的顆粒狀緩效性肥料。

花圃的狀態和改良土

種植樹木所需的改良土，會隨花圃土的狀態而有所差異。底下列舉了不同花圃狀態必要的改良土例子。

花圃的狀態	添加的改良土
一段時間 未行種植的花圃	撒上讓土變白的石灰。 腐葉土、牛糞堆肥各 20%
去年種植過的花圃	腐葉土、牛糞堆肥各 10%
排水不良的花圃	小顆粒浮石或小顆粒珍珠石 10%
西曬乾燥的花圃	腐葉土、牛糞堆肥各 10%， 蛭石或椰纖 10%

[圓錐繡球]

1　根會充分伸展，所以挖一個比苗木的大小深 10 公分、寬度大 2 圈的植穴。

2　將腐葉土 10%、牛糞堆肥 10%、珍珠石 5% 加入植穴中。

3　將植穴中的土、挖出來的土，分別與改良土充分混合。

4　將植物放入植穴的正中央並調整種植高度。種植時盡量不要碰到根部。

5　以苗木為中心，以畫圓的方式製作土堤（水鉢）。這個凹槽被稱為水鉢。

6　將步驟 5 製作的凹槽注滿水。重複幾次使其吸收大量的水分。

換土換盆

盆栽植物生長一段時間後，根系會盤根、缺乏養分。需定期進行介質換新、盆器加大等維護保養。

任其生長會導致盤根

用盆栽種植的多年生草本植物和樹木，只能在有限的空間中生長。根系在盆器中擴展蔓延，最終將沒有多餘的空間得以生長。此狀態稱為盤根。當盤根時，空氣和水的流通會變差，進而導致根系窒息、根部腐爛。當植株難以吸收水分和肥料時，葉子就會開始變黃。

如上所述，許多植物都是透過根部吸收各種養分來生長的。如果種植後放任不管，有限介質中的養分就會減少。

換土換盆，即是在根系盤結或養分耗盡之前，清理舊根並用新土替換舊土。換土換盆的適合時間取決於植物，通常是每2年1次。換句話說，就是植物的定期保養。

了解植物發出的求救訊號

當植物出現以下任何症狀時，就需要換土換盆：

葉子變黃

種植當下或購買時還很綠的葉子，在不知不覺中變成了黃綠色或黃色。葉子變得斑駁並開始枯萎。

莖的節間變短

附著葉片的莖節與上下節的距

從根部判斷植物的健康情況

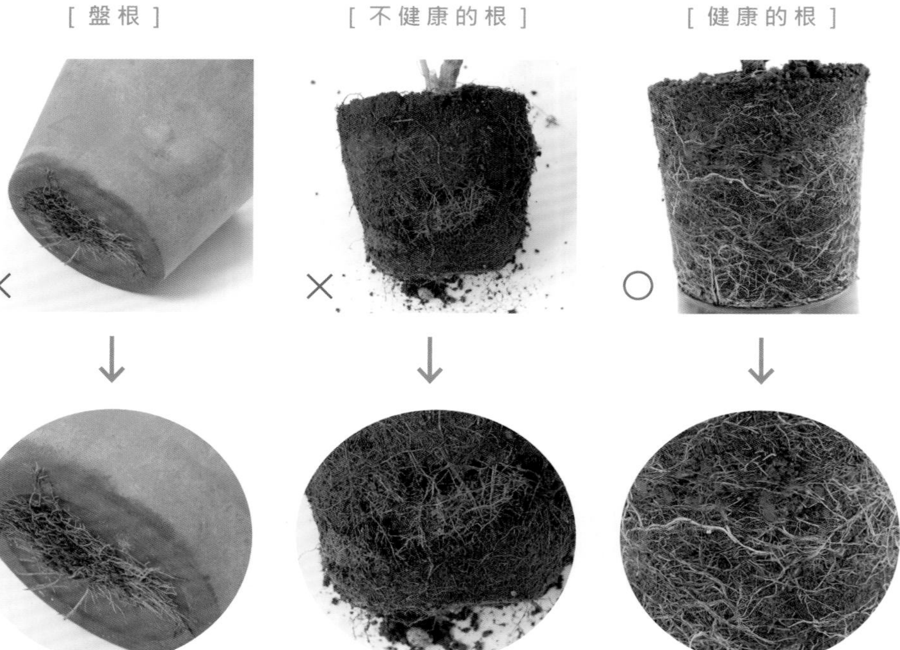

多年未換土換盆，導致根部纏繞，根就會從盆底的孔竄出來。

葉子變黃的檸檬馬鞭草。根部的顏色欠佳，缺乏鮮度不夠健康。

健康的玫瑰根球。新鮮，白色根的顏色具透明感。

離，比1年前還要短，有點阻塞了。

從盆底可以看到根

根從盆底的洞孔竄出來，根系呈現褐色。盆裡已經長滿根的狀態。

水無法滲入介質

澆水後，介質明顯比之前更難吸水，或是很快就需要水。

更換介質與根球的處理

換土換盆，包括盆器和介質的替換，以及根部與枝葉的清理。

想讓植物長得更大，就換個大一號的盆器；不想讓植物長得更大，就繼續種在同一個盆器中。實際的換土換盆步驟，請參照第170頁。

介質一旦老化，通氣性和排水性就會變差，導致植物生長不良。因為養分也會隨之消失，所以一定要準備新的介質。

把植株從盆中取出後，從根球的底部開始弄碎。健康的根是白色的，受損的根是褐色的，腐爛的根是黑色的。處理時，請注意不要傷及白色的根，並小心地移除任何損傷和腐爛的根。

如果植株在換土換盆時較為衰弱，可以同時進行扦插，以防萬一。多年未換盆之盆栽的根球，根部會糾結成塊，即使澆水也不會順暢流動。無法充分吸收新鮮水分和空氣的植株，將會逐漸衰弱。

此外，每種植物都有各自適當的換土換盆時期。適期會根據植物的性質而有所不同，請參照本書中對應的栽培頁面。如果無視適期就進行換土換盆，需留意可能會無法生根。

換土換盆後 置放在舒適的環境

換土換盆後，立即給予足以從盆底排出的大量水分。將其放在避免陽光直射的地方約1週，使其慢慢適應原本的生長環境。經過鬆根或斷根的植物，會承受極大的壓力。將其放在溫和的環境中，直到根系穩定並恢復生長步調為止。

換土換盆2週後，當新芽開始萌發時，施用適量的顆粒狀緩效性肥料。

Check 什麼是大一號的盆器

盆器有各種寸別的尺寸。以此尺寸為依據，如果目前用的是4寸盆，就選擇大一寸的5寸盆。

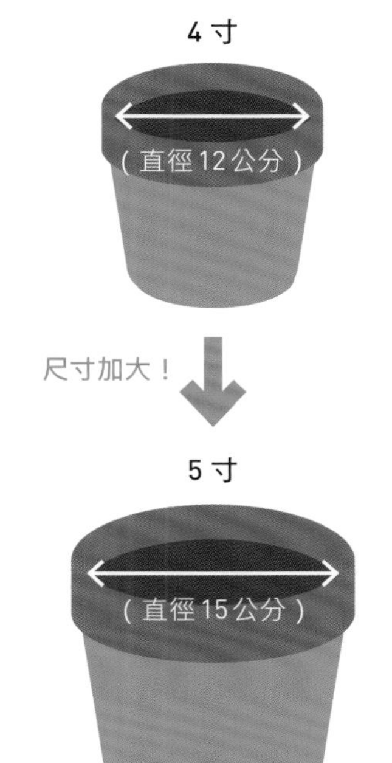

盤根的盆栽

1 多年未換土換盆的根球。根系緊實地凝結成塊。

2 把根球的底部切掉約1公分，並在側面也剪開缺口。根系會從切口處生根。

換盆換土的方法

比照先前的比例調配新的介質

換土換盆，是將植物搬到新的盆器中。盡可能打造一個與搬家前相似的環境，讓植物能夠適應。新的介質，使用與換土換盆前相同的配方和比例。

盆器可以準備大一號的，或是也可維持相同大小的盆器。如果想讓植物長得很大，往往會準備更大的盆器，但需留意如果盆器對植物來說太大，介質可能會無法正常乾燥，進而導致根部腐爛。

在這裡，要將生長良好但盆器空間不足的植株，以及不健康的植株，重新用新的介質種植使其恢復精神。

盆栽的樹木需要定期換土換盆和修剪

以桉樹這類很快就長很高大的樹木為例。用盆栽培育成緊湊的植株時，必須定期的換土換盆和修剪。準備排水性良好的培養土，盆器則是以通風良好的陶盆最為合適。

取出根球後，鬆開根系並剪掉受損的根部。換到相同大小的盆器時，不只修剪根部，也要修剪枝葉，以取得根部和地上部的平衡。

另一方面，即使地上部看似毫無異常，但也可能在取出根球後，發現根系已經盤根了。切掉根球以促進生根，然後重新種植到大一號的盆器中。

苗木的換土換盆

[沒有問題的苗木]

1 長得很大，把盆器都擠滿了的桉樹。

2 從盆中取出根球。把根球的底部鬆開，除去約 1/3 的土。

3 放入新的素燒盆中並調整高度。新的介質比照換土換盆前的調配比例。

4 重新種在比以前稍大的盆器中。預計在 1 ～ 2 年後進行下一次的換土換盆。

One Point Advice

處理因土質不良而不健康的樹木

葉色變差，明顯缺乏活力的植株。把根球從盆中取出時，會感覺介質到又碎又黏。介質中完全沒有空氣得以進入的空隙。

受到變成團粒構造的介質的影響，根部呼吸困難，導致變色、變細。這種情況若持續下去，樹木可能會死亡，因此請立即把衰弱的根部鬆開，將品質不良的介質去除。在這種情況下，植物的體力會被削弱，所以不進行促進生根的斷根處理，直接用新的介質種植。

根看起來顏色欠佳、細弱。

使用竹籤剔除舊土。

大部分的土去除後的狀態。

5 在根球的側面剪出 3、4 個缺口。之後會從切口處生根。

6 將培養土倒入盆中。使用與之前相同配方的介質，以維持相同的環境條件。

7 切掉底部後，直接種到新盆中。在盆器和根球之間小心地添加介質。

8 也完成修剪的光蠟樹。根系會持續生長，1～2 年就需要換土換盆。

[盤根的苗木]

1 多年沒有換土換盆的光蠟樹。準備了一個大一號的盆器。

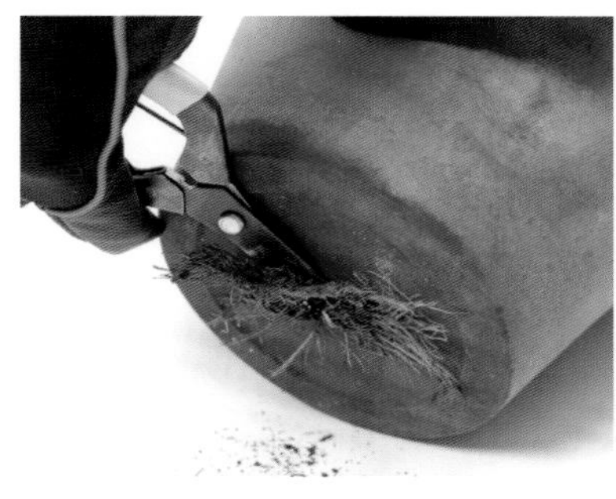

2 根從盆器的洞孔竄出來。為了取出根球，先把根部修剪掉。

3 從盆中取出的根球。根部已徹底盤根變硬。

4 為了促進生根，把根球的底部修剪掉約 1 公分。

\ *Chapter 3* /

日常照護

當植物順利生長時，
接下來你會發現自己想要給予更多的照顧，
像是修剪伸長的樹枝或是增添喜歡的東西。
就像澆水一樣，
有些照護需要一點時間才能掌握節奏，
透過確認植物的臉和聲音，以及觸摸土壤，
記住每天的日常照護吧！

DO SOBRE
TOUR chic
COUTURE .FN
MIGNON .18

澆水

在園藝界中流傳著「澆水三年功」。給植物澆水看似簡單，其實是項深奧的作業。

當介質變乾、盆栽變輕時就該澆水了

澆水就是替植物灌注水分，又稱灌溉。其目的是提供植物新鮮的水分和空氣，同時溶解肥料，沖走土中的廢物和多餘肥料。

由於花圃含有地中的水分、雨水和地下水等，所以多數植物除了乾季以外幾乎不需要澆水。另一方面，盆栽植物則需要定期大量澆水。

問題是什麼時候澆水。先後拿起澆水前的盆栽和剛澆完水的盆栽，實際感覺一下重量的差異。澆水前的盆栽較輕，可知土中的水分減少了。

以觸摸方式確認乾燥程度時，請將指尖淺淺地放入土中。如果覺得乾燥，表示需要給水了。倒入大量的水分，直到水從盆底流出。儘管觸感會隨介質的成分而有所不同，但是透過觸摸實際感受重量和濕度，可藉此判斷澆水的時機。

澆水的基本原則

・當介質乾燥時，就大量給水

另外，澆水的時間，會隨著季節而改變。夏季最好在氣溫較低的早晚澆水，冬季最好在太陽升起的中午前澆水。

植物，有達到某個溫度時便會活躍生長的「生長適溫」。這個時期，需要更多的水分。反之，非生長適溫的時期，植物的活動力會下降，所需的水分也相對減少。

澆水時想像根的生長狀況

澆水，不是為了讓植株生長、開花，而是為了讓根系生長。重要的是保持乾濕之間的良好平衡。當土變乾時，植物為了獲取水分，會把根部伸長到更遠的地方。如果土中經常處於含水狀態，植物就不會嘗試生根。根部變得又軟又短，最終可能連自身都支撐不住。若能妥善藉由澆水的控管，來讓結實的根部伸長，植物就會穩定生長。

Check 每項園藝作業的澆水

地植後

在植株周圍建造一個圓形土堤，以防止水流失。大量給水使其注滿土堤內部。

播種後

考慮蓮蓬頭的角度，使水朝上緩緩流出地給水。

種植時

將水注滿盆器的蓄水空間，待消退後再次澆水。

播種、種植後的初次澆水

從種子開始培育的植物，大多會在播種時，進行第一次澆水。播種後，將水注入育苗軟盆或育苗箱中，直到水從底部流出。

種植幼苗時，為了儘早讓根系在新的介質中成活，也要給予大量的水分。若是盆栽植物，先澆水至蓄水空間貯滿水，待水消退後再次澆水。若是地植的樹木，則是把土挖開，在植株的周圍打造一個儲水空間（水鉢），然後給予大量的水分。

根據植物的性質澆水

並不是所有的植物，都一律給予大量的水分。植物視其最初的生長環境，所需的水分也有所不同。自生於在乾燥地區的油橄欖、桉樹，應節制澆水的次數。只不過，一旦澆水，就要給予足以從盆底流出的大量水分。同樣自生於乾燥地區的多肉植物，休眠期間不需澆水。調查植物原產地的氣候、閱讀植株標籤上的資訊，根據植物的特性給水。

種植在室內的觀葉植物，為了清除灰塵及蟎蟲、防止乾燥等，可用噴霧器噴水在葉片上，或是擦拭葉子，但是花不可淋到水。這是因為低溫潮濕可能會誘發灰黴病。說到室內栽培的花卉，仙客來和蘭花是典型的例子。仙客來的花和球根碰水很容易損傷，蘭花的花瓣沾到水也會受傷，所以要格外小心。

澆水後，囤積在盆器底盤中的水，是導致根部腐爛的原因。澆完水且水已充分滲入土中時，務必將底盤的水倒掉。

澆水壺以外的澆水方式

澆水最基本的方法，是用澆水壺灑水。除此之外，根據栽培的狀況，還有其他幾種方法。

細小種子播種在盆中之後的澆水，是採取底部給水。種子很容易流動，所以在花盆的底盤注滿水，使其從下方吸收水分。

在具深度的水盤或洗臉盆中裝滿水，讓花盆浸泡至約一半高度的腰水，也是底部給水的一種。對於極度乾燥之植物的給水，或是需要外出幾天時，這個方法相當方便。然而，這麼做也可能會讓根部窒息而導致根部腐爛，所以給水期間最好是在2～3天的短時間內。外出時，也可在保特瓶上安裝專用的蓋子，或者開個小孔，插在介質裡供水。另一種方法是在盆底墊一塊吸飽水的不織布，以供植株吸收水分。

[不同的給水方式]

左／仙客來的花和球根碰到水容易受損，需格外小心。用一隻手按住葉子，然後將水倒入土中。
右／微粒的種子在澆水時容易被沖走，此時就可採取底部給水。

column

小心盛夏的水滴

夏季為了防止葉尖因炎熱乾燥而枯萎，也需要替葉子澆水以降低溫度。但是在白天，葉子上的大水滴會形同透鏡，匯聚光線導致水滴變熱，進而傷及葉片，需格外留意。

靈活運用澆水壺
有效地澆水

澆水的代表性工具是澆水壺。布滿出水孔的部分，因為很像蓮花的果實，所以被稱為蓮蓬頭。

澆水壺，請挑選蓮蓬頭可改變方向或卸除的款式。

如果改變蓮蓬頭的方向，即使是大範圍澆水，也可讓水注入植株基部。要替比蓮蓬頭出水範圍小的空間澆水時，請取下蓮蓬頭。此外，如果蓮蓬頭是可以卸除的類型，還可將其裝設在水管上，用於庭院的大範圍灑水。

好用的澆水壺

將蓮蓬頭取下的澆水壺。用手即可輕鬆卸除。可藉由蓮蓬頭的方向來自由控制水流。

澆水壺的使用方法

[取下蓮蓬頭後使用]

當蓮蓬頭取下時，水會猛烈地流出來。為了防止水壓在介質上沖出坑洞，請用手掌或手指抵住澆水壺以削弱水壓。

[把蓮蓬頭裝在水管上]

地植時，在植物周圍建造一個土堤。之後會多次在其中注滿水，因此將蓮蓬頭接到水管上會比較方便。

[蓮蓬頭朝下使用]

可以精確地澆水。水流比朝上時更強，可集中替小面積澆水。

[替植株基部澆水]

當蓮蓬頭朝下時，水就變成了淋浴狀。替植物基部澆水使盆土確實吸收水分，以及替小苗澆水時很有效。澆水至蓄水空間注滿水，待水退去後再澆水一次。

Check

在替植物澆水之前，先在盆器外確認水柱是否呈淋浴狀。

[蓮蓬頭朝上使用]

蓮蓬頭的出水孔大小，決定了澆水的範圍。出水孔愈小，水流愈穩定，可以大範圍澆水。

[替整株植物澆水]

想替包括花和葉在內的整株植物澆水時，要將蓮蓬頭朝上。想要降低植物的溫度、去除葉子上的灰塵、防治討厭水的蟎蟲時很有效。因為水會流出盆外，所以滲入介質的水量很少。

Check

請注意，儘管澆水了，但盆土並沒有吸收水分。

摘除殘花

如果將開過的花摘除，美麗的花朵就會陸續綻放，
也可使其免受疾病侵害。來看看花朵的摘除方法吧！

想長時間欣賞花朵就要摘除殘花

殘花，是指已經開過並枯萎的花朵。把殘花摘掉這個動作，稱為摘除殘花，是園藝中不可或缺的工作。除了美觀之外還有兩個原因。

第一個是預防疾病。殘花如果置之不理，可能會產生灰黴病，花瓣黏在一起、葉子腐爛，成為引發病害的原因。

另一個是為了讓更多健康的花朵綻放。植物在花開過後，會結種子來產生後代，這會減緩生長速度，花朵數量也會減少。如果在結種子前把殘花摘除，即可長時間欣賞。

不同種類的殘花修剪位置也不相同

摘除殘花時，修剪位置也是一大重點。

當花瓣的顏色變得暗淡，或是花朵開始枯萎，就是花開過後的訊號。此時就是摘除殘花的時期。其中也有難以判斷是否已開完花的植物，請仔細觀察，預估合適的摘除殘花時機。

矮牽牛等一般植物，是將開過的花依序摘除，已凋零的殘花也細心地清除。另一方面，玫瑰則是在5片葉子的上方進行修剪。透過莖的修剪，促使四季開花性玫瑰下次開花的側芽開始活動。

基本的摘除方法

[仙客來]

當花朵褪色開始枯萎時，抓住靠近花莖的基部將其拔除。不保留花莖。

[鬱金香]

球根植物是從花首處（花與花莖之間）摘除。保留行光合作用的莖。

[小三色菫]

當花朵開始枯萎時，連同花莖一併摘除。不保留花莖。勤於摘除很重要。

[玫瑰]

在 5 片葉的上方摘除殘花。簇生型先一朵一朵從花首處摘除，再於 5 片葉的上方修剪掉。

栽培環境

春夏秋冬，並不是每個季節都舒適宜人。為了確保植物安穩地生長，需制定防雨、防暑、防寒措施。

不同季節的植物養護

炎熱的夏天、寒冷的冬天，以及舒適宜人的春天和秋天。我們與植物互動的方式，會隨著不同的季節而改變。

其中需特別注意的，是持續下雨的梅雨季，以及盛夏和隆冬。

梅雨季節 要注意排水和濺泥

進入漫長的梅雨季節後，請將盆栽植物移動到不會淋雨的陽台或遮雨棚內吧！但是，如果移動的地點是室內，常常日照不足，植物就會徒長，莖也會變得軟弱無力。請放在窗邊等處，以確保適當的日照量。梅雨季節的放晴日，將其移到陽光不會直射到的明亮戶外。

另一方面，如果讓盆栽淋雨，盆器裡面會都是水。如果長時間持續下雨，盆器裡的水就排不出去。如果盆器積水、泥水四濺，花葉就會被弄髒，成為病源。也可能遭來蛞蝓等害蟲棲息在盆器底下。

磚塊和排水板，可以有效解決梅雨季節帶來的問題。將其放在盆器底下，替地面和盆栽之間營造出空間，藉此改善通風。

種植在花圃裡的植物，無法像盆栽植物一樣移動。不過，花葉上附著的泥土，雨後用澆水壺輕輕沖洗，就可以預防病害。使用覆料覆蓋植株基部，則是防止泥土濺到根基部的有效方法。覆料可使用腐葉土、稻草、白卵石、椰纖片等。

注意梅雨季節的晴天和出梅

梅雨季的晴天和出梅讓人感到開心。然而，突如其來的強烈日照，會讓植物受到傷害。如果葉子和莖有點徒長，請使用紗網等來使其免受強烈的日照。如果日照使得植物內部的溫度升高，也會因為悶熱而引發疾病。

在雨季之前果斷回剪，保持植株緊湊，也是一個好主意。對於枝條較密的樹木，在梅雨季開始前疏枝以減少枝葉數量，藉此確保通風、防止悶熱。香草類也不耐悶熱，稍微修剪莖枝以度過梅雨季。

香草的梅雨對策

疏枝

薰衣草不耐悶熱。在梅雨季前把莖疏除，以確保通風。讓擁擠的莖留出空隙。

疏葉

羅勒的葉子生長茂密。放任不管會導致悶熱，因此將葉子疏除後用來料理。

越夏的對策

保護盆栽植物免受酷暑

夏天的酷暑是植物的大敵。強烈的日照和高溫，特別是盛夏的混凝土，溫度會上升至近40～50℃。如果把盆栽直接放在炙熱的混凝土上，盆內的溫度和濕度會升高，造成根部損傷並引起疾病。有些植物甚至可能枯萎。

解決對策，是在花盆和地面之間製造出一個空間。藉此改善通風，防止溫度升高。除了用磚塊墊高底部外，把盆器堆疊成雙層盆，或是用鋁箔紙包覆盆器，都有助於降低盆內的溫度。

此外，盛夏的直射陽光和強烈西曬，經常會導致葉片灼傷。請用遮光網覆蓋，保護植物免受陽光照射。

夏季澆水的鐵則是在清晨

炎熱的夏季是介質容易乾燥的季節。澆水儘可能在清晨進行。在中午澆水，會讓介質裡的水溫升高，導致植物的根部受損。此外，根據介質的不同，每天澆水1次可能不夠。吊盆和小盆中的介質很容易變乾，因此也請根據乾燥程度在晚上適度澆水。

如果是使用水管澆水，請在澆水前先放水檢查水溫。如果讓殘留其中的溫水澆淋到植物上，也會造成傷害。

夏季消暑的另一種方法，是在地面灑水，透過水分蒸發的原理來降低溫度。同樣地，炎熱日子的傍晚，也可趁澆水時，降低葉面與介質溫度。當悶熱的夜晚持續多日時，不妨利用此方法來降低植物及周遭環境的溫度吧！

除了防暑也要慎防雷陣雨

近年來，經常出現突如其來的傾盆大雨，因此也必須有因應豪雨的對策。

用支架等輔材補強可能倒下的植物，並將盆栽移到不會淋到雨的地方避難。

如果花圃的土因大雨沖刷導致根部裸露時，應立即重新種植。如果植物受到嚴重損傷，請將其移至盆器中，放在明亮的陰涼處充分療養後，再放回花圃。也請留意不要在經常遭受損害的區域種植植物。

雨後，應盡速將盆器底盤的積水倒掉。如果置之不理，積水會在夏天的日照下變成熱水，進而損傷植物的根部。

大雨期間請不要在室外作業，以防雷擊的危險。

盆栽的防暑對策

灑水

夏天的傍晚將水灑在炎熱的地面上。當水蒸發時，會因為汽化熱而讓溫度下降。

使用葦簾

葦簾通風良好，還可阻擋強烈的日照，提供適度的遮蔭。根據擺放地點，也可使用竹簾。

移至陰涼處

性喜半日照的盆栽植物，為了避免盛夏陽光的直射，請將其移至陰涼處。

鋪磚

在盆器底下置放磚塊以改善通風。將兩塊磚頭並排，中間保留空隙，再將盆器放在上面。

越冬的對策

耐寒性強的植物和耐寒性弱的植物

有的植物耐寒性強，有的則較弱。

耐寒性，是用來衡量植物承受寒冷程度的基準。能承受一定程度寒冷的視為耐寒性強，不能承受的則視為耐寒性弱。一般來說，原產於高山地區的植物耐寒性較強，而原產於熱帶地區的植物耐寒性較弱。

耐寒植物具有獨特的機制來克服嚴酷的季節，例如：落葉、休眠，以及硬化表皮。

請注意，熱帶植物即使在低於10℃的溫度下，也可能會遭受凍害。某些類型的植物，需要適時給予協助才能度過冬天。

尤其是第一次經歷冬天的植物，務必要確認耐寒性。即使在同一個生長環境，遭受凍害的溫度也會有所不同，因此請經常檢查植物的葉子顏色。

如果葉子顏色開始變為黃綠色~黃色，可能是因為天氣寒冷或日照不足。請替植物找一個溫暖、陽光充足的地方吧！

用紗網或覆料禦寒

在寒冷的冬季，一定要檢查植物的生長溫度和耐寒性，如果是盆栽植物，請根據該溫度決定適合的位置。

若是種植在戶外，即使是耐寒性強的植物，也會因冷風和寒霜而讓花葉凍傷。請移至不會直接接觸冷風或寒霜的地方。

用紗網或不織布等覆蓋花圃，以保護植物免受冷風和寒霜的吹襲。覆蓋在根基部效果更佳。覆料通常是使用專用的覆蓋資材或腐葉土等，但也有在植株基部覆蓋厚厚一層落葉的方法。

此外，種植一年的花木也可能尚未充分扎根。為了抵擋寒風，可透過豎立支架或用稻草覆蓋樹幹來禦寒。

種植在室內的盆栽要注意濕度

即使在室內，冬天靠近窗戶的地方也會很冷。放在室內管理的植物，晚上可在玻璃和植物之間

地植的防寒對策

用塑料和腐葉土覆蓋

多年生鼠尾草中較不耐寒的類型，在植株周圍覆蓋塑膠膜，然後用腐葉土覆蓋。

用不織布覆蓋

不耐寒的小型植物，可以用不織布覆蓋整個花圃。將不織布的邊緣固定。

隧道型的紗網

地植的蔬菜等，用紗網把整條長壟覆蓋起來。活用鋼絲支架製成隧道型。

箱型的紗網

立體紗網很方便，可以完全覆蓋地植的植物。也適用於盆栽植物。

放置厚窗簾，或是移到遠離窗邊的位置。也要避免暖氣直吹的地方。使用空調的話，雖然溫暖但濕度也可能堪比沙漠。盆內往往比預期的還要乾燥。請拿起盆栽感受重量，或是用手指觸摸介質來檢查濕度，然後澆水。

One Point Advice

有效對抗 熱、寒、雨的覆料

在種有植物的地表，用腐葉土、黑色塑膠薄膜（農膜）等覆蓋稱為覆料。

覆料可以預防雨水反彈，並可抑制地表水分的蒸發以防止乾燥。此外，它還可緩和地溫突然的變化，所以也可在夏季用作防暑措施。冬天可以預防地面結冰。此外，農膜也具有防草效果。

不耐熱的珊瑚鐘

不耐夏季的高溫多濕，也不耐冬季的寒霜與低溫的植物。在植物基部的地面覆蓋厚厚的腐葉土，有助於緩和土壤的溫度變化。也可在夏季用於防暑，在冬季用於防凍等禦寒措施。

油橄欖的盆栽

利用覆料隱藏室內綠化盆栽的介質。這裡，是用椰纖片覆蓋植株基部。除了防止表土乾燥和介質飛濺外，在戶外還可防止雜草生長。

夏日玫瑰的植株基部

玫瑰不喜歡植株基部曝曬在夏季的直射陽光或強烈的西曬下，所以要用腐葉土覆蓋。鋪蓋約 5 公分厚即可讓腐葉土徹底隔絕高温。

繁殖方法

如果想要替培育中的植物繁殖出更多植株，不妨從這裡介紹的方法中挑選，試著挑戰看看吧！

種子的採種及其保存方法

繁殖植物的方法，最具代表性的是採集種子來增殖的種子繁殖。花開過後，留下一些殘花使其結種子，採種後，來年就可以培育出更多的植物。

要採收品質好的種子，時機很重要。以草花來說，當種芽枯萎時，就是採種時期。樹木的果實等到成熟後再採收。種子會自體散佈或被風吹走的植物，請在花朵上覆蓋網子。

一年生和多年生的小型植物，從庭院或盆栽中連莖一起切下。將成熟的種子裝入紙袋或信封

草花和香草的果實和種子

大波斯菊從溢出散落的種子中發芽。繁殖力強，空地也可變成波斯菊田。

草花連莖一起修剪下來，裝入信封或紙袋中晾乾。從左上依順時針方向依序為茴香、油菜、芫荽、孔雀草。

在秋季成熟變黑的闊葉麥門冬的種子。最好在被鳥吃掉之前採集起來。

上／德國洋甘菊的種子。左上／薰衣草的種子。左／羅勒的種子。

紫蘇的果實。從散落的種子中發芽，繁殖狀況相當良好。

中，然後放在通風良好的地方乾燥約1週。如果天氣不好，可以放入裝有乾燥劑的瓶罐中使其乾燥。之後，將其放入可密封的塑膠袋或瓶罐中，放入冰箱的蔬果室保存。請務必在袋子上寫下植物的名稱和採種日期。

將乾燥的種子
密封保存

種子只有在適當的濕度和溫度下才會發芽。許多草花的種子，在乾燥狀態下會停止活動。透過乾燥、密封和低溫保存，可以在保留發芽能力的情況下妥善存放。播種後剩餘的種子，也以相同的方式存放。

不過，種子的壽命是有限的。孔雀紫菀和長春花等植物的種子壽命很短，只有1年。大波斯菊和鳳仙花為1〜2年、百日草和矮牽牛為2〜3年、雞冠花和牽牛花為5〜6年，視種類而定。即使是可長期保存的種子，趁新鮮且發芽率高時播種也很重要。

[聖誕玫瑰的種子採集]

當聖誕玫瑰結出果實時，在花朵上覆蓋網子會比較妥當。

過一陣子將網子取下，會看到種莢的口打開，露出黑色的種子。

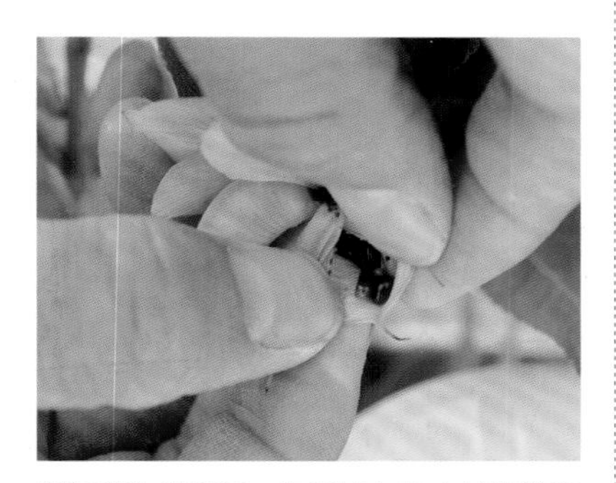

從種莢取出種子。如果掉在地上就很難發現，所以需格外留意。

樹木的果實和種子

和花朵一樣大的洋玉蘭果實。將成熟的紅色種子播種，就會發芽。

在11月左右成熟轉紅的野薔薇果實。等候多時的野鳥會來啄食、運送種子。

在深秋，如果發現烏桕的白色種子，不妨試著將其掰開後播種。

紫薇的果實。上／在仲夏開花，並在9月結出大量的幼嫩果實。下／即使葉子凋落，成熟的果實仍然牢牢地附著在樹枝上。從溢出的種子中順利發芽、繁殖。

在初夏綻放的大花四照花，在秋天結出有光澤的鮮紅果實。

分株

・植物的繁殖
・植株的更新

目的是恢復活力和繁衍植株

從發芽到枯萎的週期為1年的植物，稱為一年生草本。另一方面，種植後每年開花的植物，則稱為多年生草本。種植幾年後，植株會長得很大、長滿葉子、根系盤結。分株，是將長大的多年生草本分成多株的作業。

分株的目的有2個。

雖然取決於種類，但建議每3～4年進行一次分株。將通風不良、生長不良的植株分成3株、5株，藉此改善開花和生長狀況。

分株是連根一起分開，所以能夠確實生根，不用擔心枯萎死亡。

分株的方法

[聖誕玫瑰]

1 葉子擁擠、盤根，變得難以吸收水分的植物。

2 無論是盆栽或地植，都是基於原本的狀態，將擁擠的葉子和莖修剪掉。

3 把植株從花盆或地面上取出，去除介質並鬆根，小心不要傷及根系。

4 由於是大型植株，即使除去介質和鬆根後也仍有份量。

5 一邊鬆開根系，一邊使用乾淨的剪刀縱向剪開。

6 如果分得太小，生長可能會遲緩，所以分成4株。

7 這是每兩個芽分成一株的植株。用新的介質種植在盆器中。

8 種植2週後施肥。地植時，要等扎根後再重新種植。

用走莖製作子株

植物的繁殖方法有很多種。透過從親株橫向生長的走莖來發育出子株的植物，包括草莓和小三色堇等。這種類型的植物，將帶有芽和根的節種在軟盆中，放在陰涼處育苗，一旦扎根，就剪下走莖來繁殖。另一方面，用地下莖繁殖的植物，當挖出時，地下莖會長有芽和根。將長有數個芽的地下莖切取下來，放入軟盆等容器中育苗。多數的地下莖類型類植物，也可透過扦插或壓條繁殖。

用走莖繁殖

[草莓]

1 草莓從冬季開始長出走莖。但是採收期要先摘除走莖。

2 把走莖放在裝滿介質的塑膠軟盆上，然後用 U 型鐵絲輕輕固定。

3 左邊是母株，右邊是子株。維持走莖的連接狀態育苗一陣子。

4 把走莖修剪掉以培育植株。如果不修剪掉，就會從子株再長出走莖。

[薄荷]

1 薄荷生長旺盛。走莖匍匐在地上伸長蔓延。

2 從走莖的節長出許多的芽和根。因為會大量繁殖，所以從地面將其修剪掉。

[小三色堇]

1 走莖已經從節上長出許多葉子。

2 用 U 形夾將走莖的節固定到另一個盆器的介質中。生根後，將走莖切除。

Check 3 個月後開花

右頁的聖誕玫瑰於 11 月底分株。放在陰涼處養護一段時間後，如果把它放在陽光下，3 個月後就會開花。盤根已經解決，花朵數量也增加了。

分球

把自然增加的球根挖出來分球

球根會在地下分裂和繁殖。這種球根特有的繁殖方式就是分球。把增殖的球根分割時，也是用這個詞。分球的方法，會隨球根的種類而有所差異。

為了在來年欣賞美麗的花朵，請在開花後、葉子變黃或完全枯萎時挖出球根。

挖出後先放在陰涼處晾乾，再將所有切分好的球根分開。依不同的花卉品種放入附上名稱標籤的網袋中，然後存放在通風良好的陰涼處。

舉例來說，鬱金香屬於自然分球的類型，會在母球旁邊長出子球。這些子球當中，大而結實的球根預計來年開花，較小的球根則預計1～2年後開花。好好保管子球，並將枯萎的母球丟棄。

註：台灣平地氣候不適宜繼續留子球種植。

分球的方法

[自然分球]

1 長出黃色花苞的鬱金香。一邊伸展莖和葉，一邊開花。

2 6月上旬～7月上旬，一旦葉片枯萎，即可挖出球根。

3 將盆器倒置，從盆器中取出介質和球根。

4 附著介質的球根，感覺比種植時更大。

5 除去周圍附著的介質後，球根隨之顯露出光澤。

6 剛挖出來的球根是這種感覺。一碰就會自然地分離開來。

7 把球根依大小區分，大球根來年會開花，中、小球根栽培幾年後會開花。

8 帶莖的中心球根（母球）最終會腐爛，所以請將其丟棄。

切割繁殖時確認是否有芽

大麗花的球根有數個塊根狀的子球附著在莖的基部。毛茛屬等植物也屬於此類，用乾淨的剪刀或刀具切分開來。

這裡重要的是球根的切取位置。務必讓切分出來的小塊球根都帶有新芽。沒有芽的球根不會發芽。請仔細確認芽的位置。

如果難以確認是否有芽時，先不要立刻切分，連同長長的莖埋在蛭石或鋸屑中，存放在玄關等不會結冰的地方。另一種方法是等到種植時期，芽開始活動後再行分球。

為了分球的球根，請在花開過後、葉子枯萎時挖出。在沒有霜降的溫暖地區，無須挖出也可在花圃或盆器中越冬。

[切球分割]

1 從秋天到初夏持續開花的大麗花盆栽。

2 這是盛夏的樣子，地上部已經完全枯萎了。把莖切除並整理植株。

3 從盆器中取出的大麗花球根。養分在根部蓄積成塊根。

4 在根的基部有發芽點。

5 務必連同發芽點一起，用剪刀將球根切分開來。

6 切分開來的球根。細長的球根前端有發芽點。

column

享受庭院裡恣意生長的鬱金香

要讓放任生長的鬱金香也能開花有 4 大重點：種植深度、春季追肥、採花、溫度管理。若能掌握這些要點，即使種植後放任生長，來年也會再次開花。

人們通常認為球根可以儲存養分，但為了開出碩大的花朵，開花前的追肥很重要。這也會影響球根的生長。儘早摘除消耗能量的殘花，留下莖使其行光合作用。

種植深度約 10 ～ 20 公分。把球根種得深一些，以保護它們免受夏季的炎熱。盆栽會變得更熱，因此將整個盆栽種在花圃以度過夏天。也可以種植會完全覆蓋地面的花卉，例如：珍珠菜、孔雀草和矮牽牛。透過阻擋陽光和抑制地面溫度的上升，球根就不會衰弱，方可期待來年的綻放。

註：僅適合台灣高海拔山區進行。

扦插

扦插前的注意事項

想要繁殖植物時，扦插是一種簡單的方法。只要切取枝條來扦插，即可讓具有相同性質的植物繁殖。另外，原本在樹木上進行時才稱為扦插，在草花中稱為芽插，但這裡將兩者統稱為扦插。

扦插有優點也有缺點。成功率因植物而異，扦插時間、扦插部位、育苗時的天氣，都會影響成功率。即使失敗了也不要放棄，改變時間和部位等條件再試一次吧！

扦插的適期是6～7月和9月

用當年新生的枝條進行扦插（綠枝插）的最佳時期，據說是在6月的梅雨季節。此時正是嫩枝充實豐沛的時期。此外，也有在秋季進行插條更容易生根的類型。梅雨季節的扦插要控制酷暑，秋天則要控制寒冬，請在適合植物性質的時期進行。此外，從冬季到早春進行的休眠枝扦插，可用於常綠樹、落葉樹、蔓性植物等廣泛的植物上。

使用枝條前端的頂芽插具有很高的生根率

用帶有頂芽的枝條來扦插的稱為頂芽插，使用其他枝條的則稱為莖插。一般來說，使用有頂芽的枝條，生根率較高。無論哪種情況，請在扦插前調整枝條。1節1節切開，較小的則2節2節切開，並去掉大約1/3～1/2的葉片。

在6月扦插後經過4週的植株。左起依序為繡球花、薄荷、百里香、紫扇花、迷迭香。

適合扦插的植物

底下整理出扦插時比較容易生根的植物。如果有培育中的植物，不妨試著挑戰看看吧！

一年生草本	百日草、矮牽牛、鳳仙花、孔雀草
多年生草本	菊花、石竹、秋海棠、鼠尾草、木春菊
香草	紫錐花、薄荷、薰衣草、迷迭香
樹木	麻葉繡球、金雀花、蝶花莢迷、玫瑰、繡球花、木槿
蔬菜	甘藷
多肉植物	全部

繡球花的生根率高，推薦給園藝新手。根會一直生長，並從盆底竄出。

插穗母株的挑選方法

用於扦插的枝條和莖稱為插穗，從健康的母株上切取是基本原則。從3～4週前開始，每週給母株施用稀釋1000倍的液肥，為植株注入活力。在施肥後並確認芽已開始正常活動後再使用。

在切取插穗的前一天，請充分澆水。成功扦插的另一個關鍵，是讓母株盡可能保留水分。

準備扦插床

在合適的容器上填滿用於扦插的介質稱為插床。請使用不含肥料、排水良好的介質。但是，避免使用極度乾燥的介質。適合扦插的介質是細粒赤玉土、細粒鹿沼土，適合芽插的介質則是細粒珍珠石、細粒蛭石。漂浮在水中的珍珠石在澆水時容易溢出，請與赤玉土或鹿沼土混合使用。

插床建議使用育苗箱或陶盆。良好的通風有助於扎根和快速生長。另一方面，因為乾燥得很快，所以要小心別忘了澆水。使用育苗軟盆時，生根後的澆水以微乾為原則，有助於根系牢牢扎根。

柔嫩的插穗不要擠壓切口

如果把莖較軟之插穗的切口壓碎，會延遲生根，且會從擠壓的部分開始腐爛。請用免洗筷或棍子在介質中挖洞後插入。如果是硬枝，直接插入即可。對於不易生根或生根緩慢的植物，可嘗試使用發根劑。插穗的開隔，約莫是葉子不會互相碰觸的程度。插入後，給予充足的水分。

生根前與生根後的管理

在根長出來之前，插穗無法順利吸收水分。尤其要勤於澆水以防介質乾燥，並且不要施肥。

平均來說，大約1個月後可生根。快一點的植物只需2週，有些樹木則需要長達1年的時間。一旦確定生根後，慢慢地將植株移至明亮的地方，避免陽光直射和西曬。當介質的表面乾燥就充分給水。從扦插床換土換盆時，請小心別傷及根部地種植到育苗軟盆中。

column

關於植物品種權

標籤上明確標示植物品種權的苗木，是已向農業部農糧署申請品種權，禁止用於商業目的的繁殖。品種權是保護植物育種者和鼓勵新品種開發的制度。

Check 扦插時需要先知道的事

使用修剪下來的枝條

修剪適期與扦插適期重疊的植物，最好用修剪下來的枝條作為插穗。照片中的是繡球花。6月開花後是修剪適期。

減少葉子的面積

在插穗的生長期避免乾燥。為了抑制蒸散，扦插前先切掉 1/2 ～ 2/3 的大片葉子。

用作插床的育苗箱

在育苗箱中準備扦插用的介質。育苗箱面積大，容易確保葉子在不互相接觸的間隔下扦插。

扦插的方法

[油橄欖]

1 切取含 2 節以上的插穗。生根率不高，適合中、高級者。

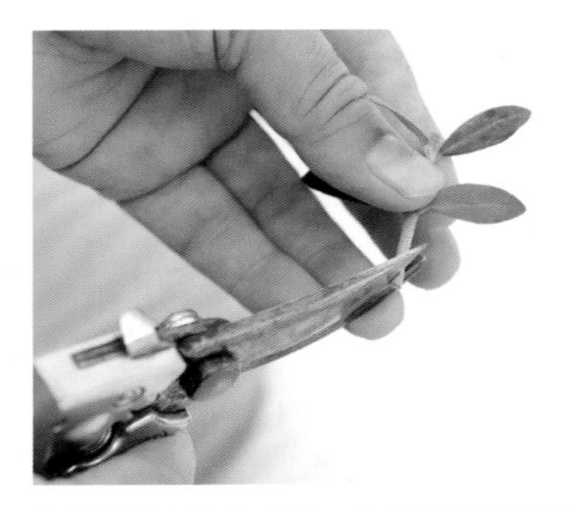

2 使其吸水約 1 小時，然後將切口斜剪。使用發根劑以促進生根。

3 備妥以充分給水的介質，然後將插穗插入。

4 將帶頂芽的枝條插在中央，其他枝條插在周圍。

5 準備插入前，先將切口重新斜剪。小心不要讓切口變乾。

6 將插穗插入介質中。在切口處塗抹發根劑，可進一步提高生根率。

7 插穗之間保留足夠的空間，避免相鄰的葉子相互碰觸重疊。

8 扦插成功。不到 1 個月就生根了。之後，根會持續成長。

[繡球花]

1 繡球花是一種典型的可用扦插繁殖的樹木。準備好切取插穗的母株。

2 1 節 1 節切開。剪掉 1/2 ～ 2/3 的葉子，以減少水分蒸發。

3 將插穗浸泡在水中 30 ～ 60 分鐘，使其吸收水分。

4 扦插前，先給介質澆水。加入大量的水，直到水從盆底流出。

5 扦插前先修剪切口。斜剪可增加吸水面積。

6 薄荷的莖很軟，所以先用免洗筷在插入處挖洞。

7 將插穗插入步驟 6 挖的洞，小心不要壓壞莖的切面。

8 扦插時使葉子不會互相接觸。薄荷很容易生根，可萌生許多幼苗。

[薄荷]

1 薄荷的扦插適合園藝新手。這裡準備的是鳳梨薄荷。

2 摘取薄荷時，一定要在帶有葉片的節的部分剪取。

3 將葉子切成兩半，以防止水分蒸發。

4 將插穗用的葉子浸泡在水中 30 ～ 60 分鐘以吸收水分。

[菊花]

1 菊花是切取莖的前端約 5 公分的長度，且至少含 1 個節，作為插穗。

2 插入前，先在水中浸泡 30 ～ 60 分鐘以吸收水分。

3 將插穗直接放入準備好的扦插用介質中。葉子應間隔開來，避免重疊。

4 生根後就移植到育苗盆中。最好 1 盆 1 株。

葉插

非常適合多肉植物
只需一片葉子即可繁殖

葉插，是利用切下的葉子來繁殖植株的方法。適用於多肉植物、秋海棠、非洲堇、大岩桐等再生能力強的植物。

其中，尤以多肉植物最適合用葉插來繁殖。根據品種的不同，一片葉子可產生與原始親本相同形狀的多肉植物。不過，其生長速度並不像草花那麼快，屬於緩慢成長型。要恢復到原本的大小至少需要一年以上的時間。生長期要勤於澆水，但需留意別過度澆水。

用手剝下葉子，放在扦插或播種用的介質上，讓切口乾燥。

種類豐富的長壽花，就可以進行葉插。待切口乾燥後，再將其插入介質。

葉插的方法

[長壽花]

1 對於伽藍菜這種觀用花卉類型，可也藉由葉插來生根。

2 因為會從葉莖生根，所以將葉莖上的葉子修剪掉。

3 摘下來的葉子，先讓切口端乾燥 2 ～ 3 天，再將其插入扦插用的介質中。

4 切口朝下深深插入土中。就這樣放著，1 週後澆水。

[石蓮花]

1 葉插，請使用植株底部的葉子。稍微左右移動即可輕鬆摘除。

2 將摘下的葉子放在通風良好處 2 ～ 3 天，使切口乾燥。

3 葉子乾燥後，將它們放在介質上。生根所需的天數因季節而異。

[生根]

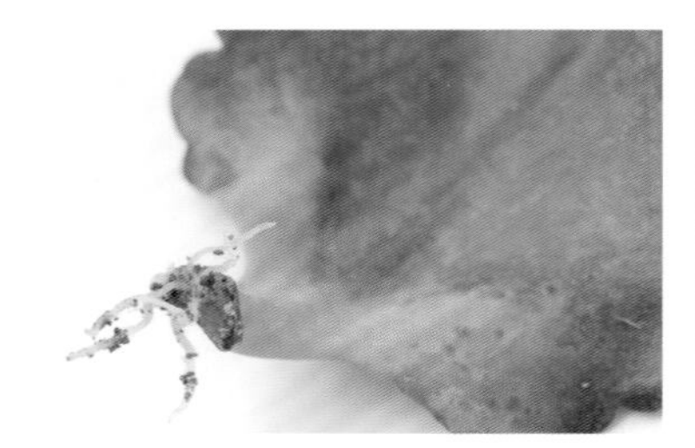

從切口長出細小的根。一旦生根，即可種植在多肉植物用的培養土中。

根插

切取地下根或莖來繁殖

根插，是讓草花切取下來的根生根，藉此產生新株的方法。

雖然不為大眾所熟知，但技術簡單、增殖率高。這是盆栽樹木的標準繁殖方法。

用根插繁殖的常見植物包括秋明菊。魚腥草則是利用地下走莖，但是前人也把他歸類為根插繁殖。與庭院中繁茂的野草魚腥草不同，園藝品種中也有重瓣的魚腥草、葉子上有錦斑的五色魚腥草等人氣品種，因此請務必試著用根插來繁殖。

秋明菊適合根插的時期是秋天。種植在育苗箱中，到了春天再換土換盆。

另外，與扦插相同，如果根部乾燥，成功率就會下降。如果不能立即種植，請將根部浸泡在水中。

根插的方法

[秋明菊]

1 準備的是秋明菊的軟盆苗和播種用的介質。

2 將幼苗從盆中拔出，輕輕除去根球上的介質。

3 從粗根切取約 2 公分長，用於根插。將細小的根剪掉。

4 左邊的短根，是根插用的根。剩下的幼苗種植在培養土中，還是可以生長。

5 把根排放在裝滿土的育苗箱中，並覆蓋約 1 公分的土。將表面整平後澆水。

6 根插 4 個月後，3 月的狀態。已牢牢地紮根並發芽了。

7 一旦根長出來，就該換盆了。這會是在秋天開花的植株。

8 用盆栽用培養土 1 株 1 盆地種在軟盆中。2 週後施用顆粒狀的緩效性肥料。

交配

透過人工授粉
綻放只屬於自己的花

不僅可以享受繁殖的樂趣，還可以創造只屬於自己的花朵。

交配，是對兩種親株進行授粉，藉此產生新品種的方法。透過授粉產生的種子，具有產生不同花朵的可能性。

目前，許多栽培植物都是一代交配的F1品種，因此它們的特徵不會遺傳給下一代，導致形狀上的變異。但是，這就是交配的樂趣所在。可能會誕生意想不到的花朵。

對園藝新手來說也很容易交配成功的，是三色堇、小三色堇。因為生長期較短，所以能夠較快得知會出現什麼樣的花朵。矮牽牛是一種花況佳、花期長的草花。交配的機會很多，花色也相當豐富。是一種可以透過交配輕鬆產生多樣花朵的植物。

底下將使用同種草花的花粉，來介紹人工授粉的方法。

交配的方法

[小三色堇]

1 需要準備的東西包括小三色堇盆栽、鑷子、牙籤、標籤和油性筆。

2 切取一些帶莖的小三色堇用於交配。輕輕地拔取紫色品種的唇瓣。

3 帶有黃色花粉的下側花瓣是唇瓣。

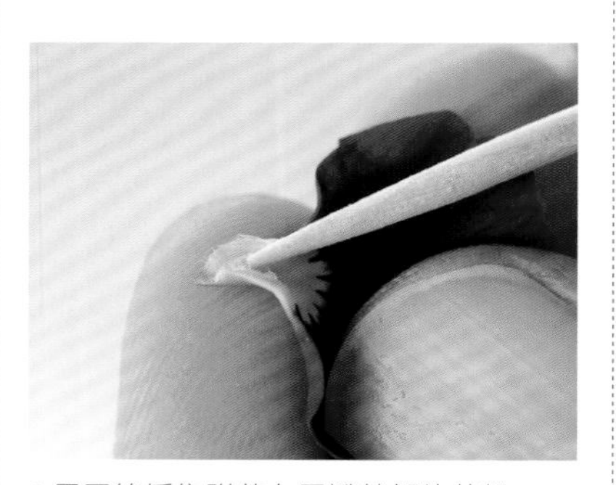

4 用牙籤採集附著在唇瓣基部的花粉。

5 選擇明天可能會開花的花苞。用這種花的雌蕊來交配。

6 用手打開花苞，用鑷子去除雄蕊和唇瓣。

7 由於唇瓣和雄蕊已被去除，因此這次交配後將不會受粉。

8 小三色堇的雌蕊有一個大孔。展開花瓣可確認。

[矮牽牛]

1 使用左圖紅色花朵的雌蕊，和右圖紫色花朵的雄蕊的花粉進行交配。

2 選擇花粉還沒散出的紅色花朵的花苞，去除花瓣。中間是雌蕊。

3 去除紅色花朵上的所有雄蕊，使其之後無法受粉。

4 將步驟 3 的雌蕊與步驟 1 的紫色花朵的雄蕊的花粉交配。

5 雌蕊上附著藍色花粉的狀態。充分授粉至清晰可見的程度。

6 交配成功。用茶包蓋住直到成熟為止，以防止種子飛走。

9 將步驟 4 採集的花粉放入此孔進行授粉。確實摩擦使其牢牢附著。

10 在標籤和日期上寫下交配的顏色，例如 r（red）× pp（purple）。

11 將步驟 10 的花包在茶包中，用訂書機固定。保持這個狀態存放一段時間。

12 交配後 3 週。種子會在 4 ～ 5 週內裂開，並在 3、4 月結出種子。

[聖誕玫瑰]

聖誕玫瑰也是容易交配的花卉之一。交配時，切取不同品種的雄蕊，將花粉塗在雌蕊上。

摘心．回剪

為了增加葉子的數量、調整生長紊亂的植株形狀。同時還可促進生長，養成健康的植物。

增加花朵數量和改善形狀的2項維護工作

培育草花時，有2項重要的養護工作。

．摘心／養成較大的植株，增加花朵的數量

．回剪／調整因過度生長而造成的紊亂外觀

用消毒過的剪刀修剪，以防止病菌從切口侵入。

摘除頂芽，讓側芽萌發的摘心

摘心。從字面上來看，不難想像是一項摘除某物的作業。心，指的是植物莖部前端形成的芽。這稱為頂芽，它會比側芽優先吸取大量的能量來生長。這種機制稱為頂芽優勢。

所謂的摘心，正是為了分散集中在頂芽的能量而進行的作業。藉此刺激側芽生長，讓芽數顯著增加。隨著芽數和分枝的增加，也可抑制生長過高的植株高度。利用摘心，來增加植株的分量及花朵數量。摘心又稱為摘芽。

只不過，摘心必須在開花前1～2個月完成。根據植物的種類和氣溫，摘心後需要時間讓側芽生長、開花。

雖然不是草花，但第一年的玫瑰幼苗（新苗），為了以整體植株的生長為優先，應進行摘除花苞的摘心。

摘心的方法

[大麗花]

1 當植物長到 5 ～ 6 節時，若是一般的中小輪種，予以摘心只保留下方 3 節。

2 摘心後，可促使剩下 3 節的側芽發育。修剪成 5 ～ 6 根直立莖。

[玫瑰]

許多新苗的前端都有芽。為了讓整株緊緻生長，需將芽摘除。

[小三色堇]

開花苗，是在分枝的花莖上方進行摘心。可增加花莖的數量。

回剪

剪掉草花的莖使其恢復活力

將長得太長的莖剪短，稱為回剪。為了促使側芽發育，將剪刀伸入節的正上方。縮剪的長度約為總長度的1/2～2/3。

回剪可讓植株顯得整齊緊湊、增加花芽的數量。效果尤其顯著的，是可長時間持續開花的矮牽牛等草花。即使過了最盛期，仍可透過回剪促使許多的新花綻放，進而長時間地欣賞。

回剪也是非常有效的越夏措施。在梅雨季或夏季來臨之前，將生長過於茂密的枝葉回剪吧！這麼做會讓通風變良好、陽光能夠照射到植株的基部，可防止因悶熱引起的害蟲和疾病。

回剪，對於想讓葉子旺盛生長的草本植物也很有效。如果在進入炎熱潮濕的夏季進行回剪，就能在整個夏天享受新鮮的香草。

回剪的方法

[矮牽牛]

1 開花盛況暫時告終的矮牽牛。當花朵數量顯著減少時，就予以回剪。

2 即使莖的前端有芽，也要回剪。在含有節的小芽上方修剪。

3 去除發黃的下葉和枯葉來預防疾病。植株也變得格外清爽。

4 回剪後煥然一新的矮牽牛。

[讓花綻放]

1 夏末的矮牽牛。花和葉雖然又小又弱，但是開得很好。

2 把枯萎的莖、殘花、帶有種子的莖修剪掉。務必保留下葉，故在其上方修剪。

3 即使是只剩下小葉子的植物，只要施肥和澆水，也會在初秋再次開花。

column

回剪後的追肥

回剪後一定要施肥，以恢復活力。在植株周圍施用顆粒狀的緩效性肥料。

各式植株的回剪

[大麗花]

1 回剪時需要準備的是剪刀和鋁箔紙。其他也可準備橡皮筋或麻線等。

2 大麗花是在花朵下方保留 3 ～ 4 節的位置回剪。會變成如照片所示的狀態。

3 大麗花的花莖切口，會呈現中空的稻稈狀。

4 回剪時，一定要留下健康的側芽。鮮花將從這裡再次綻放。

5 留下已經長大的側芽，完成回剪。之後施用追肥。

6 大約 1 個月後。花朵雖小，但開得很好。也有花苞，整個夏天都可以欣賞。

[百日草]

1 在初夏持續盛開的百日草。葉子開始出現受損的跡象。

2 前端枯萎的葉子，只修剪掉枯萎的部分。留下多一點的葉子以行光合作用。

3 花朵最終會結種子並消耗能量，因此回剪至約 1/2 的植株高度。

4 此切口容易積水，所以要用鋁箔紙包覆。

5 用鋁箔紙覆蓋後用橡皮筋固定。如此一來植株就不會受傷。

6 經過一段時間，大麗花就開滿了花苞。很快就會開花。

[羅勒]

1 回剪可以大幅提升每盆羅勒的產量。

2 回剪的位置，是在帶有葉子的節的上方。如果在其下方修剪，會連芽都剪掉。

3 即使將整個植株縮減，枝葉還是會繼續生長。

4 生長茂密時，回剪使其重新生長，可以收穫健康的葉子。

One Point Advice

用消毒用酒精
清潔修剪植物的剪刀

修剪植物時，一定要使用乾淨的剪刀。如果用同一把剪刀修剪不同的植物時，疾病就有可能透過刀刃傳染。至於日常的護理，請用水清洗，並徹底擦去水分。消毒時，使用可在藥局購買的消毒用酒精或植物殺菌劑。小心避免剪刀的刀刃割傷手。

樹木的修剪

修剪可以將樹木調整到適合環境的尺寸。
一旦知道修剪位置與修剪方法，整個作業會變得更容易。

適當的修剪是對樹木的維護

你的盆栽或庭院裡，是否有長得太大或花朵較少的樹木？透過修剪，可以讓樹木長得又美又健康。修剪，是將自然伸長的樹枝修剪掉。修剪有以下3個目的：

- **調整大小和樹形**
- **充實枝條**
- **讓樹木變健康**

透過修剪，您可以將樹木調整為適合花盆大小和庭院空間的尺寸。如果是花木，則可將其調整至便於欣賞花朵的高度。

修剪還可以增加芽的數量。芽生長後會變成樹枝，花朵和果實的數量也會增加。一般來說，修剪得越低，枝條就會長得越長。這稱為強剪。

修剪過於茂密的樹枝，可讓光線照射到內部的樹枝。還可以改善通風，防止病蟲害的發生。

2種修剪技巧

修剪，又可大致區分為截剪和疏剪這2種。從盆栽的花木、庭院中的針葉樹，到當季會結美味果實的果樹皆可使用的萬能方法。

截剪的位置是在外芽的正上方

修剪是為了調整樹形、長出新的健康樹枝。由於樹枝的數量增加，如果是花木，則花的數量也會增加。

截剪

在樹枝的途中進行修剪的修剪法

根據要調整的大小，如照片所示在枝條途中進行修剪。留意修剪的位置。

整理長得過長的針葉樹時，應在分叉生長的樹枝途中進行修剪。通風也會變好。

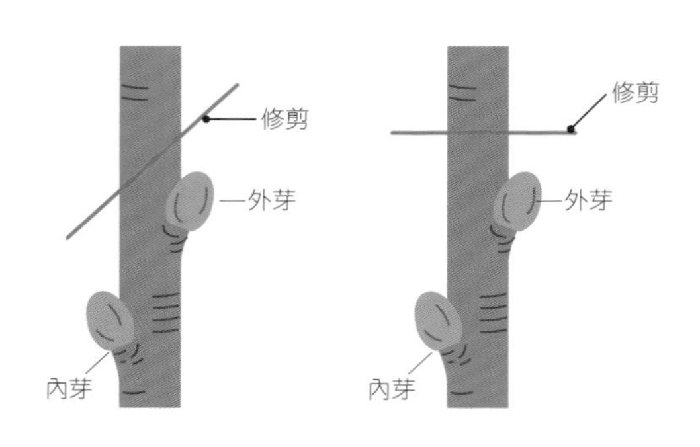

切口方向

切口，可以水平也可以斜面。為了避免傷到外芽，在比外芽上面一點的位置修剪。

重要的是剪刀的修剪位置。截剪的修剪位置，是在枝條的外芽上方。外芽是朝向外側的芽，內芽是朝向內側的芽。

樹木切下樹枝後，切口正下方的芽會開始生長，樹枝也會朝著這個芽的方向生長。在外芽的上方進行修剪，可讓樹枝自由地向外生長。修剪時，請先檢查是否有健康的外芽。

用截剪讓虛弱的樹木恢復活力

如果常綠樹的葉子開始枯萎或葉子數量減少，就是樹勢（樹木的生長勢）正在減弱的跡象。即使是這些樹，也要在外芽的上方修剪。這將促使健康的新枝生長。

花木在開花時需要使用能量，開花後會消耗體力。修剪的時間，基本上是在開花後馬上進行，在接下來的花芽形成之前（每種類型的修剪時期請參照下一頁）。在樹枝較粗的部分進行截剪。

只不過，如果是直徑超過5公分的粗枝，病菌可能會從切口侵入。修剪後，請在切口塗抹癒合劑加以保護。特別是櫻花、蘋果、白樺等可能會因為修剪而枯萎，所以要格外留意。

綠籬的修剪，是將樹枝前端仔細地修整齊。也可用來製作樹雕等造型物。

去除多餘枝條的疏剪

疏剪，主要是用來去除下列的枝條。

- **密集生長的枝條**
- **缺乏活力的枝條**
- **遭受病蟲害的枝條**

由於是在枝條的基部進行修剪，因此又稱為疏枝。疏除枝條可以讓通風變好，所以最好2～3年進行1次。

疏剪

在樹枝的根基部進行修剪的修剪法

從較粗的樹枝基部進行修剪時，使用修枝鋸會比較方便。最好先從底部切開，再從上方插入刀刃。

在樹枝分岔的基部進行修剪。如果與右頁照片的剪刀位置相比，差別就很明顯了。

One Point Advice

把家中的樹籬修剪得漂亮美觀

如果想替樹籬等整頓出平坦的表面，請使用修枝剪來精細地修剪。較高的位置可使用高枝剪來修剪。

修剪的時期

留意因樹種而異的修剪時間

你想要修剪的是落葉樹還是常綠樹？修剪的時期，會隨樹木的種類而有所差異。

一般而言，落葉樹是在落葉時期修剪，常綠樹和針葉樹則是在溫暖時期修剪。如果不考慮到修剪的時期就隨意修剪，可能會導致來年不會開花結果的情況。不合時宜的修剪導致繡球花沒有開花，就是其中一個例子。另外，也要考慮當年的氣候和樹木的狀況。

落葉樹的修剪時期隨目的而改變

落葉樹大多是在春天發芽、長出許多葉子，在秋天落葉。修剪的最佳時期，是在葉子凋落的休眠期。因為可以將損傷抑制到最小，所以請在這個時期修剪以整理樹形。只不過，由於處於休眠狀態，即使修剪，枝條數量也不會增加。如果想要增加枝條數量，請在春季到夏季進行修剪。

落葉花木的修剪

雖然同樣都是落葉樹，但是花木的修剪時期比較特殊。最佳時期是在花芽形成之前。多數的落葉花木，是在春季到初夏開花，在夏季到秋季萌發來年的花芽。舉例來說，初夏開花的繡球花，花芽約莫是在入秋時形成。換句話說，如果在過了入秋才修剪，花芽就會被修剪掉，來年就不會開花。梅、木蘭和桃等生長在溫帶地區的樹木，大多也是在7～8月產生花芽，因此在6～7月修剪較為保險。這些樹木在落葉後，花芽仍存在枝條上，因此冬季的修剪只需要剪掉不必要的樹枝，或是稍微修整樹形。小心別把重要的花芽修剪掉。如果想透過修剪來增加枝條和花朵的數量，最好的時間是在花後或花芽形成前1個月。

落葉樹
左／落葉果樹梨樹的花。如果在葉子凋落後到花芽開始活動前修剪，會在4月下旬～5月中旬開花。右／夏季的梨樹果實。開始變色。

[修剪年曆]

	1	2	3	4	5	6	7	8	9	10	11	12
落葉樹	●	●									●	●
常綠樹			●	●	●	●			●	●		
針葉樹			●	●	●	●			●	●		

＊修剪時期的參考。根據種類也有例外的情況。

落葉果樹的修剪

由於蘋果、梨子、栗子等落葉果樹是為了結果實，因此不需要像花木一樣進行花後修剪。基本上是在落葉後到芽開始活動之前進行修剪。

花木和果樹，根據樹種的不同，開花的位置也不同，例如在樹枝的前端或樹枝的側面，所以需留意別修剪掉。

常綠樹的適期是春天～秋天

常綠樹是指一年四季葉片繁茂的樹。常用作行道樹的黃楊、厚葉石斑木和六道木，庭木常見的銀葉金合歡，以及作為盆栽植物深受喜愛的油橄欖和迷迭香，都屬於常綠樹。大多數不喜歡寒冷，所以冬天不進行修剪。如果目的是增加枝條和花朵的數量，則從春季到秋季進行修剪，避免盛夏。對於不結果實的花木，修剪的適期是在開花後。

秋天開花的花木

如果茶花、茶梅、丹桂等秋季開花的花木，如果在開花後立即修剪，會因為隨後到來的寒冷天氣而受損。等到3月中旬回暖後再進行修剪。

柑橘類

蜜柑等柑橘類水果不喜歡寒冷的天氣，因此3月是修剪的適期。不過，此時花芽已經形成，請留意不要剪掉想使其結果實的枝條。

針葉樹的修剪時期與常綠樹相同

香冠柏等針葉樹，大多是常綠的。修剪時期為3～5月以及9～11月，與常綠樹的修剪時間大致相同。落葉松等落葉針葉樹的修剪，應在樹葉凋落、處於休眠的11～2月進行。

常綠樹

左／11月左右開花的茶梅。在3月中旬花後進行修剪。右／丹桂如果在開花後進行修剪，會因為冬天的寒冷而受損。3月中下旬是修剪適期。

針葉樹

左／紅葉相當美麗的落葉針葉樹落羽杉，在落葉後的休眠期11～2月進行修剪。右／香冠柏是常綠針葉樹。修剪適期是3～5月。

column

櫻花和梅樹的修剪

正如同俗諺「會剪櫻花的是笨蛋，不剪梅花的也是笨蛋」所示，櫻花也可能因為修剪而枯萎。反之，梅花如果不修剪，花朵數量就不會增加，也請格外留意。

修剪的方法

整理樹枝 守護樹木的健康

在園藝術語中，被稱為不良枝的枝條，是妨礙其他枝條生長或影響美觀的枝條。主要有下列這些枝條。

・逆著枝條的伸長方向，向上、向下或向內側生長的枝條
・平行、交叉伸長的支條
・徒長、突出的枝條

如果置之不理，通風和日照就會變差。這會阻礙養分傳給其他枝條，導致樹木衰弱。透過修剪改善枝條的生長方向和樹木的平衡。檢查整棵樹，確認不需要的樹枝後，從枝條基部進行疏剪。玫瑰的冬季修剪，也是從整理不良枝開始著手。

必須修剪的不良枝

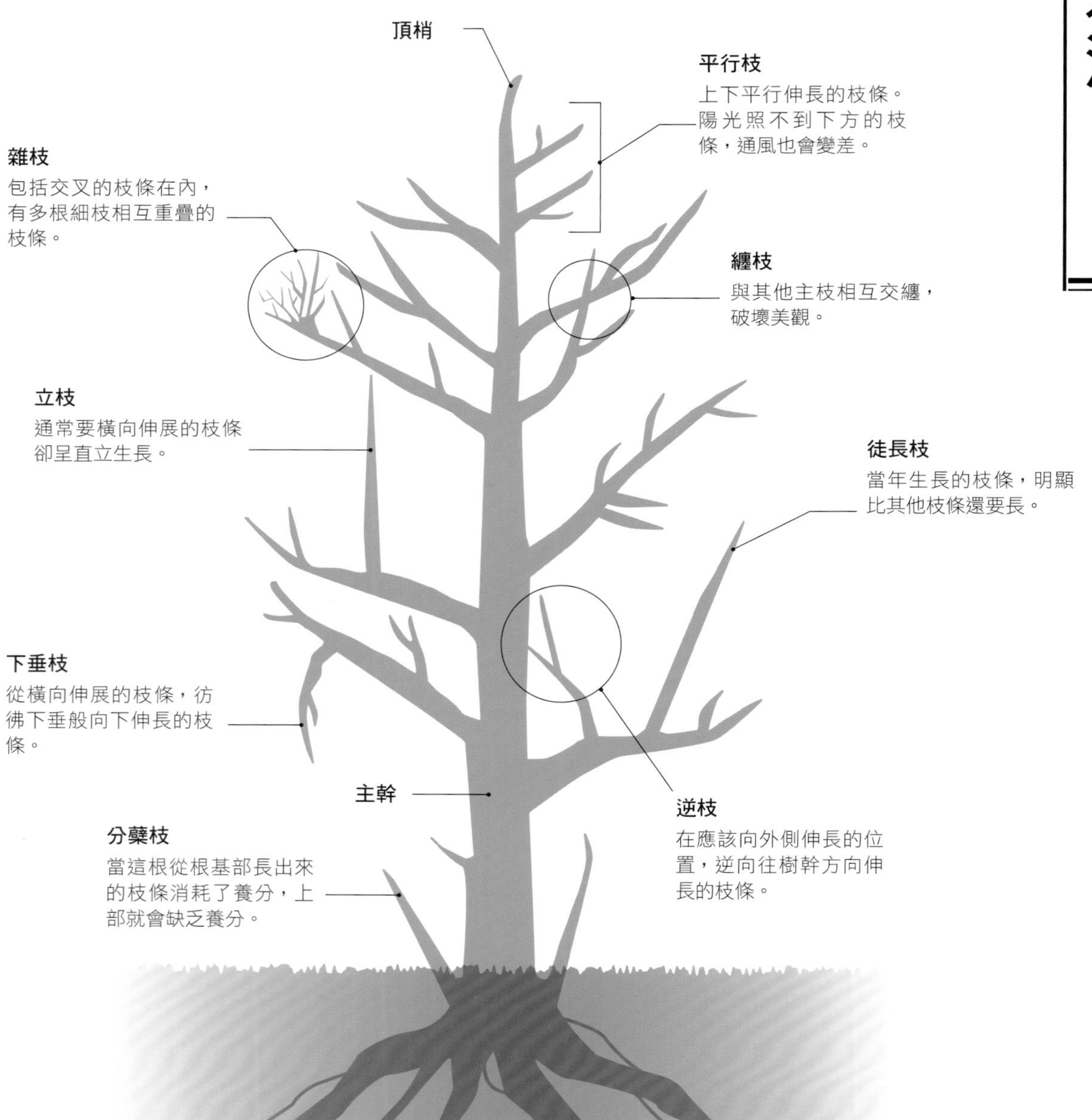

冬季修剪

[玫瑰]

1 冬季修剪的時期是 1 ～ 2 月。雖然隨品種而異。

2 事先去除所有葉子，以防止害蟲殘留。

3 去掉所有葉子後，就可以清楚看到樹枝的狀況。這裡要從枝條基部剪掉不良枝。

4 整理好不良枝，即可進行正式的修剪。在向外生長的枝條的外芽正上方修剪掉。

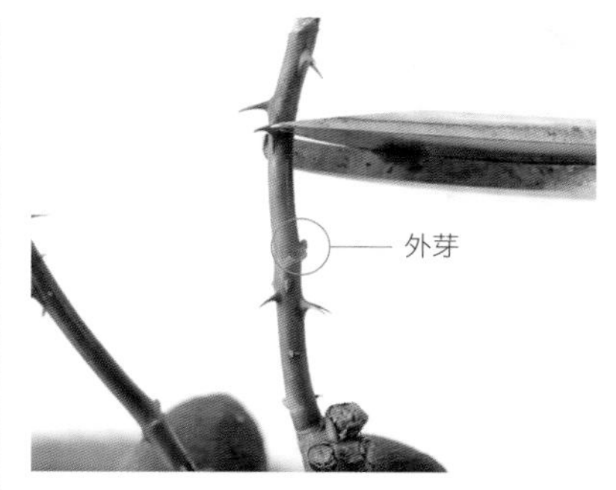

5 外芽朝向植株的外側。在這個芽的上方位置進行修剪。

6 步驟 5 修剪後。利用朝向植株外側的枝條。

7 朝前方伸長的枝條，在其外芽的上方修剪。從靠近枝條基部的強壯部分挑選芽。

8 細枝上，如果沒有預計會成長的好芽，就從枝條基部進行疏剪。

9 即使是細枝，只要靠近枝條基部有好芽就不要疏剪，讓芽保留下來。

10 對於平行生長的枝條，保留長有好芽的粗枝，疏除另一根枝條。

11 冬季修剪完成。樹形整齊清爽，等待春天發芽。

透過抑制樹高的修剪改善開花狀況

在這裡，將介紹在春～秋進行的落葉花木和常綠樹的修剪。

繡球花除了地植，用盆栽也可輕鬆培育。即使不修剪，還是會每年開花，但是若不修剪，植株會越長越高，變成只會在偏上的位置開花。為了欣賞整株團簇綻放的繡球花，每年都要修剪。

花後修剪

花開過後，將枝條回剪的修剪。最好的時期是來年花芽形成之前的秋季降溫前。

休眠期修剪

在深秋到冬季之間進行修剪。目的是整理擁擠的枝條。

強剪

要將長得過於高大的繡球花縮減高度時，請使用深切枝條的強剪。每隔幾年就進行1次。

各式植株的修剪

[四照花]

1 **截剪**／四照花，把不良枝修剪掉。枝條左側的上下 2 根是看似互相交纏的纏枝。

2 當上方照片中的 2 根枝長出茂密葉片時，通風就會變差，也會發生病蟲害。將這枝條剪除。

[繡球花]

1 新長出的枝條在 5 ～ 6 月左右開花。花期結束後，即可開始修剪。

2 花期結束後，會變成帶綠色的花色。變成照片中所示的顏色時，就該修剪了。

3 修剪的位置，是在長有大而鮮嫩的葉子的節的上方。

4 如果修剪後留下節，側芽就會生長並成為新枝，其前端就會在來年開花。

5 修剪後的繡球花盆栽。播撒顆粒狀的緩效性肥料，並充分澆水。

由於四照花的枝條很會長，因此從盛夏以外的初夏到秋季進行回剪和疏剪。油橄欖應在開花前的3月初上旬～4月下旬進行疏剪。開花後，注意不要把想使其結果實的枝條修剪掉。

1 疏剪／如果同一位置長出多根枝條，就需要修剪。這裡把朝向眼前生長的最細的枝條疏剪掉。

2 疏剪不是在枝條途中修剪，而是在枝條基部修剪，因此修剪後不會太明顯，看起來很自然，不像人工修剪的。

[油橄欖]

1 初夏的油橄欖。長出許多細枝條，葉色也很漂亮。照片中的品種是'曼薩尼約（Manzanillo）'。

2 照片中的枝條，是幾乎從相同位置長出來的平行枝。一旦長大，肯定會很擁擠。

3 如果在枝條的途中修剪，殘留的枝條還是會繼續長，所以在枝條基部進行疏剪。

4 葉子擁擠的地方，回剪僅留下健壯的枝條。

5 修剪下來的枝條可用於扦插。扦插並不容易，所以也可當成裝飾來欣賞。

6 夏天如果修剪過多，會削弱樹勢，所以僅需稍微留出空隙，保持良好通風的修剪程度即可。

生長快速的樹木 進行抑制高度的修剪

光蠟樹是一種常綠樹，清爽的樹姿受到人們的喜愛。如果不好好照料，葉子會長得茂密，與清爽感相去甚遠。生長速度很快，大型株採地植培育時，1年就可以長到1公尺高。這種樹需要定期修剪。

每年修剪1、2次

除春季（3月下旬～4月上旬）外，初夏（5月中旬～6月）或秋季（9月中旬～10月中旬）也可進行修剪。

疏剪過多的枝條

枝條一旦變多，葉子相對也會增加。從枝條基部進行修剪。

回剪以抑制高度

根據喜歡的高度，在枝條中段處途深深地修剪。

修剪後，用癒合劑處理切口。

基本修剪方法

[光蠟樹]

1 多年來缺乏照料，任其生長的光蠟樹。

2 疏除朝向樹木向側生長的逆枝。從分枝的枝條基部修剪下來。

3 從枝條基部疏除1枝擁擠的樹枝，使其看起來更清爽。

4 回剪枝條稍微降低樹高。從旁邊長出好的枝條。

5 嫩枝從下方筆直生長。徒長枝伸長時會奪走養分，所以要疏剪掉。

6 隨著枝條數量的減少，樹形也變得格外清爽。

7 朝向中心的小枝條。繼續生長會與其他枝條相交，所以要疏剪掉。

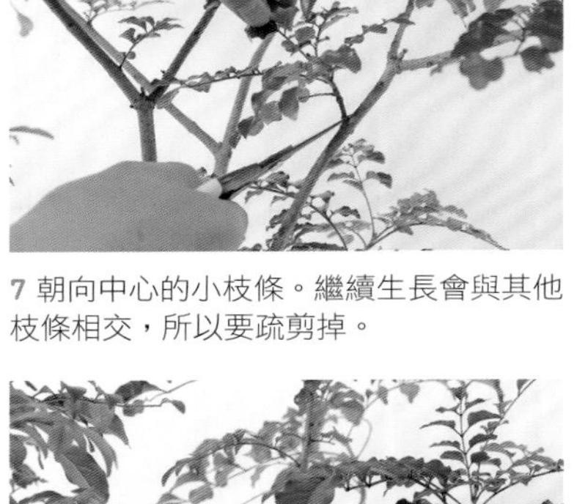

8 透過疏除步驟7的枝條，不僅通風變好，還可預防病蟲害。

9 修剪完成。橫向伸展的枝條經過回剪修整。

Check 粗枝的修剪請確保切口平整

如果修剪粗枝，切口自然會變大。在塑造美麗的樹形、改善通風防止病蟲害的同時，修剪也有造成大傷口的風險。但是，如果把斷面修剪得平滑，樹木就會因其再生能力而快速恢復。乾淨俐落地修剪可以減少樹木的負擔。

左／修剪樹幹上的粗枝以整理樹形。
中／將鋸子插入樹幹與樹枝之間，從不同組織的交界處鋸斷。
右／平整的斷面有助於傷口快速癒合。

修剪後的處理

修剪下來的樹枝怎麼辦？如果在初秋修剪，正是扦插的好時機。或是將枝條製成壁掛花束也是一種樂趣。試著將庭院中的枝條，與庭院中盛開的時令花卉搭配。照片中的是金光菊和四照花的壁掛花束。

[針葉樹]

1 針葉樹利用回剪方式，由上而下依序修剪。

2 拿起枝條予以回剪，將整體修整成圓錐形。

3 經過回剪的枝條。由於其針葉樹的性質，從外面看來不太明顯。

4 針葉樹的左側是修剪，右側是修剪後。右半部變得更為緊縮。

混植

在一個盆器中種植多種植物，享受小花園之趣的混植。
收集日照條件等喜好相同的植物，用排水良好的介質培育吧！

挑選植物與介質打造可長期欣賞的一盆

混植，就是將多種植物種在一個盆器裡欣賞的種植法。此時，組合搭配特性相似的植物很重要。選擇環境喜好相同的植物，包括澆水和施肥頻率、耐寒或耐熱、日照條件等。如果將環境喜好不同的植物種在一起，就會發生無法適應環境的麻煩。

混植最適合的介質如下。

混植用的培養土

- **基本培養土60%**
- **椰纖35%**
- **珍珠石5%**

＊基本培養土的比例為細粒赤玉土60%、腐葉土40%

其特徵是排水性、保水性、透氣性高，且相當光滑。

使用市售的園藝用培養土時，添加珍珠石5%可以讓排水變良好，變成適合混植的介質。使用這些介質，根系會生長得很好，因此請選擇空間充裕的大一號盆器。

即使種了很多苗施肥也需適可而止

混植，容易讓人覺得需要大量的肥料。但是過度施肥就會導致肥料過多，植株無法健康生長。另外，如果施肥不足，可能會造成葉子變黃，花和葉子變小。

舉例來說，如果每2週施用1次液肥，可嘗試每週1次增減用

耐暑性強的植物

矮牽牛、長春花、孔雀草、百日草、天使花、夏堇、彩葉草等

耐寒性強的植物

三色堇・小三色堇、葉牡丹、報春花、愛蜜西、仙客來、銀葉菊、香雪球等

耐陰涼的植物

玉簪、闊葉麥門冬、常春藤、金錢薄荷、鐵線蓮粉藤、珊瑚鐘等

耐乾燥的植物

大戟、多肉植物等

[基本的混植]

一年生草本的孔雀草和矮牽牛、宿根型的香雪球、多年生草本的銀葉菊的混植。從早春到夏季都可以欣賞。

量，一邊調整一邊觀察植株的生長狀況。

季節性混植 請先預想幾個月後的姿態

植物生長顯著的春季到夏季，混植也有很大的變化。首先，請確認枝條是橫向還是縱向伸展。此外，預測每種幼苗生長後的體積和高度，並在種植時預留足夠的空間。**儘量預留當下感覺有點寬的植株間距。**

深秋到春季的混植，可將鬱金香等會長得很高的球根植物，與不會長高的植株搭配，即可形成一開始就賞心悅目的混植盆栽。選擇四季生長的植物，打造一個可以長期欣賞的盆栽吧！

縮短等待開花時間的球根混植

一年生的草花，因為是以帶有花苞或花朵的幼苗形式出售，因此購入後馬上就能欣賞。另一方面，喜歡冷涼的球根如果在秋末或初冬的適期種植，則需要等待1～2個月才會開花。

推薦將球根和草花苗一起種植。**將不同類型的植物分兩層種植的方法稱為雙層種植。**冬天，小三色堇等草花在種植當天即可欣賞，到了春天，草花與球根花就會一起綻放。

出芽球根也很推薦。如果使用以發芽狀態出售的幼苗，從種植到開花的時間，會比從球根開始培育減少約一半的時間。

也可用作室內裝飾的多肉植物盆栽

多肉植物根據生長時期，有春秋型、夏型和冬型。各自的管理方法都不同，所以儘可能混植同類型的多肉植物，之後在管理上會更容易。不管哪一種都生長良好，所以混植後也需要分株和換土換盆。

各種混植

多肉植物有各種尺寸

如果想要搭配不同的葉色和形狀，就可以試試多肉植物的混植。如果花盆較大，介質會變得太潮濕，所以需留意等介質乾了再澆水。

活用出芽球根

這是葡萄風信子的出芽球根。使用地植的球根時，請小心別傷及根部地挖出，作為混種的材料。使用軟盆苗時，不用破壞根球直接種植。

雙層種植

雙層種植可享受在同一個盆器中種植不同花期植物的樂趣。先種植鬱金香和番紅花等球根植物，再把花苗放在球根附近並添加介質。

冬春天的混植

用白色小花
營造清涼感

從春天到夏天皆可欣賞的混植，清爽是重點所在。黃色和紫色花朵之間的強烈對比，與白色小花相得益彰。以持續開到春末的一年生草本為基本，當香雪球花期結束後，就重新種植耐熱的一年生草本。

幼苗	矮牽牛 '小型水蜜桃薔薇'、'小型葡萄薔薇' 與其他 1 種、香雪球 'Easy Breezy'、孔雀草、銀葉菊各 1 軟盆
準備的東西	盆器、盆底網、盆栽用培養土（混植）、顆粒狀的緩效性肥料

How to Make

1 把軟盆苗集中起來，以便確認挑選空間足夠的盆器。這裡使用的是馬口鐵扁盆。

2 在盆底鋪網，在馬口鐵扁盆中加入深度約 1/4 的介質。

3 將從軟盆中取出的幼苗放盆中，確認根球的介質高度。

4 每棵幼苗的根球高度都不同。調整介質，使每株幼苗的表土高度相同。

5 這裡種下的所有幼苗都是鬚根性。請先確認根系是否盤根。

6 如果盤根，就將底部的根切掉，將根球稍微捏碎，使其融入介質。

7 香雪球在靠前方位置呈現垂枝的姿態。左右兩邊擺放矮牽牛。

8 將較高的孔雀草放在最後面。與矮牽牛的紫色形成鮮明對比。

9 最後加入銀葉菊。

10 在幼苗之間均勻地添加介質。預留約 2 公分的蓄水空間。

11 在根球和盆器之間加入介質。不要過度擠壓介質，以防止空氣逸出。

12 混植完成了。2 週後，播撒顆粒狀的緩效性肥料。

冬季的混植

即使在寒冷的季節
花盆裡依舊春意盎然

在茂密的草花中，歐石楠筆直高挑伸長的混植。因為在冬天的時候會平穩地生長，所以在種植花苗時就配置得稍微密集一些。用紅色的果實增添秋冬的氣息。

幼苗	蜂室花、歐石楠、小三色堇、東方茶莓、銀葉菊、葉牡丹各 1 軟盆
準備的東西	盆器、盆底網、盆栽用培養土（混植）、免洗筷、顆粒狀的緩效性肥

How to Make

1 除了歐石楠外，其他挑選了植株較矮、生長繁茂的幼苗。

2 加入介質前，先在盆底鋪網。

3 將介質倒入盆器中，僅預留根球的高度。

4 把歐石楠放在最後面，並確認高度。預留約 2 ～ 3 公分的蓄水空間。

5 從後面開始，依序將歐石楠、銀葉菊、蜂室花放在介質上。

6 在左前方放置小三色堇。讓花朵高度逐漸降低的配置。

7 放入東方茶莓。因為植株較矮，所以稍作調整使紅色果實更醒目。

8 葉牡丹在一個軟盆中種了 4 株，所以分成小株來使用。

9 把 1 株 1 株分開的葉牡丹分散配置。分散點綴的色彩增添華美感。

10 加入介質，將幼苗的表土高度整平，避免凹凸不平。

11 用免洗筷將介質推入苗與苗之間，以及苗與盆之間。

12 給予充足的水分。2 週後，施用顆粒狀的緩效性肥料。

球根與草花的混植

冬去春來的景色變化

將晚秋開始在市面上出現開花苗的小三色堇，與春季球根植物結合起的雙層植物。準備 1 個較深的大型盆器，將球根放入土中。番紅花的花期結束後，鬱金香會充滿活力地盛開。

幼苗與球根	鬱金香的球根、番紅花的球根各 5 球、小三色堇 4 軟盆
準備的東西	盆器、盆底網、盆栽用培養土（混植）、顆粒狀的緩效性肥料

How to Make

1 前面的球根是番紅花。後面的球根是鬱金香。種植成雙層植物。

2 先剝除鬱金香球根的皮，確認沒有生病再種植。

3 在盆底鋪網後，先加入盆器深度 1/3 左右的介質。

4 將去皮的鬱金香球根平均配置，然後添加介質，直到尖端稍微可見。

5 替小三色堇的幼苗摘心。由於花已經開了，所以留下花並剪掉莖的上部。

6 把盤根的小三色堇剪掉一些底部的根，較容易在新環境中生根。

7 將小三色堇的幼苗放在鬱金香的球根之間。預留約 2 公分的蓄水空間。

8 在小三色堇的幼苗之間添加介質。注意不要使介質表面凹凸不平。

9 最後種植番紅花的球根。比鬱金香的球根小。

10 因為介質蓬鬆，所以用手指將小番紅花球根按壓種入即可。

11 完成後，充分澆水直到水從盆底流出。2 週後施肥。

12 大約 1 個月後，經過摘心的小三色堇的花朵數量增加，番紅花也發芽了。

發芽球根的混植

結合清爽香氣的早春藍色花朵

使用一定會開花的發芽球根，打造成芳香宜人的混植。風信子和葡萄風信子，它們的藍色讓人聯想到早春的冷空氣。和草花種在一起，打造出早春氛圍讓人心動的一盆。

幼苗	風信子 3 軟盆、葡萄風信子 2 軟盆、苔蘚
準備的東西	盆器、盆底網、盆栽用培養土（混植）、顆粒狀的緩效性肥料

How to Make

1 苔蘚是為了在種植後，用來覆蓋表土。讓人聯想到花園。

2 在盆底鋪網，在盆中加入深度約 1/3 的介質。

3 將幼苗從軟盆中取出。小心別傷到粗根。

4 出芽球根的根正處於生長期。不要強行解開捲起來的根，只需稍微鬆開即可。

5 將風信子球根的根稍微展開，然後放在介質上。芽的基部與盆緣是相同高度。

6 葡萄風信子的苗盆中種植了 4 個球根。小心別把根折斷地將球根一一分開。

7 將葡萄風信子的球根配置在風信子球根的周圍。

8 把所有球根放在介質上後，想像它們開花後的樣子並進行微調。

9 添加介質至覆蓋葡萄風信子球根的高度。球根之間也要確實添加介質。

10 將片狀苔蘚分成小塊，覆蓋在介質上。請仔細地填埋。

11 種植後和乾燥時就澆水。2 週後施用顆粒狀的緩效性肥料。

12 約半月後。葡萄風信子的可愛花朵正在翩翩起舞，風信子也開始陸續綻放。

多肉植物的混植

圓葉或紅葉。
可享受各種不同的樂趣

多肉植物有銀色系和紅色系兩種顏色，形狀也是各異其趣。可自由組合多樣的顏色和形狀。照片中的是 11 月種植，過了 5 個月後的 4 月模樣。已經充分成長，差不多該分株與換土換盆了。

幼苗	①紅葡萄（ 'Amethorum'）、②虹之玉（*rubrotinctum*）、③霜之朝（sp. SIMONOASA）、④玉露（*obtusa*）、⑤ 'Bytom'、⑥石頭玉（*Lithops*）
準備的東西	盆器、花盆底網、仙人掌．多肉植物用的介質、免洗筷、顆粒狀的緩效性肥料

How to Make

1 將軟盆苗排開，先決定好在混植盆中的位置。

2 使用仙人掌和多肉植物用的介質。在盆底鋪網，然後添入深度約 5 公分的介質。

3 從中間開始種植。首先將紅葡萄從軟盆中取出。

4 將紅葡萄放在中間，同時調整高度。預留約 2 公分的蓄水空間。

5 將其他幼苗從軟盆中取出，配置在中間幼苗的周圍。

6 從軟盆中取出並弄碎跟球的玉露。如果有盤根，也可以剪掉一些。

7 調整幼苗時請預想其生長狀況，避免與鄰近的幼苗靠太近。

8 決定好配置後即可添入介質。苗與苗之間也要確實添加介質。

9 縱向生長的虹之玉，仔細地在植株基部添加介質，以防止其搖晃。

10 使用免洗筷，小心地將介質推入多肉植物之間的縫隙。

11 推入介質時，小心別讓免洗筷碰傷葉子。

12 完成。因為之後會繼續生長，所以在幼苗之間預留空間。2 週後施肥。

吊盆

充分利用空間的吊盆

將種植的植物吊掛起來，稱為吊盆。這是一種源自英國的草花空間裝飾法，也是替無法種植的空間打造綠意的出色方法。

市售的吊盆，有掛在牆上的種類和吊在空中的種類。典型的材料是狹縫式塑膠製品和鐵線製品。塑膠製品的特徵是具有可在其中種植幼苗的垂直狹縫。鐵線製品，需在內部鋪上不織布等，打孔後種植幼苗。

吊盆與盆栽植物不同 選擇介質和植物時要留意

替空間增添色彩的吊盆，與放置在地面上的混植，其介質的配方比例有些許不同。選擇輕質土通常是為了方便處理，但輕質土很容易乾燥，變成需要經常澆水。建議使用在具保水性的赤玉土中加入腐葉土、椰纖和珍珠石的組合。配方如下。

吊盆用的培養土

・基本培養土50％

・椰纖40％

・珍珠石10％

＊基本培養土的比例為細粒赤玉土60％、腐葉土40％

在打造保水性高的介質的同時，也在介質的最上面鋪滿水苔。這是為了在澆水後留住水分。

此外，植物的選擇與混植也不同。大多需要先破壞根球再種植，所以吊盆植物要挑選根系再生能力強、能承受移植的植物。植株高度維持在10～20公分。蔓性、半蔓性、垂掛類型是不錯的選擇。

當組合多種類型的植物時，請挑選澆水頻率、日照條件等生長環境相似的植物。

澆水和施肥 種植後的管理

種植後，從上方給予充足的水分。讓植物在明亮的陰涼處休息3～4天再吊掛。

施肥在種植2週後施用。顆粒狀的緩效性肥料，需先除去水苔後再撒於介質上，或是施用液肥。定期摘花和清除枯葉。因為很容易變乾燥，所以要比平常更頻繁地澆水。葉色變淡、花朵數量減少等，是肥料不足的跡象。如果植株生長紊亂，就予以回剪。

適合吊盆的植物

春夏

金魚草、孔雀草、矮牽牛、四季秋海棠、彩葉草等

秋冬

三色堇・小三色堇、香雪球、迷你葉牡丹、金盞花等

吊盆的種類

狹縫式塑膠製品

側面有便於種植幼苗之狹縫的塑膠盆。易於操作，適合園藝新手。

鐵線製品

可以從鐵線的縫隙種植植物，設計的自由度很高。有各式各樣的形狀。

開縫式吊盆的事前準備

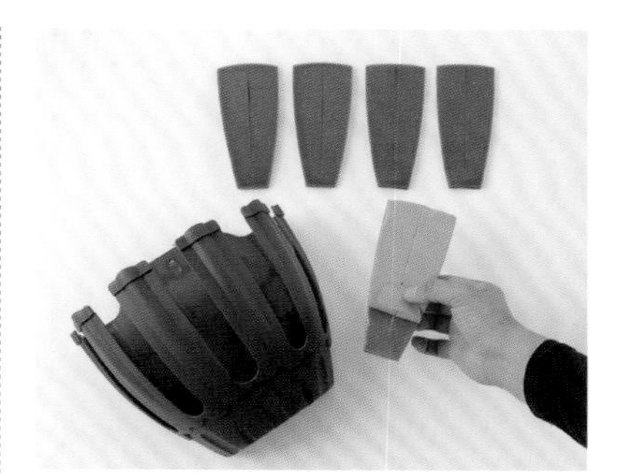

1 這次使用的狹縫式，有 5 處粗狹縫，還有 5 塊可以貼在狹縫上的海綿。

2 將海綿分別插入吊盆的狹縫中。

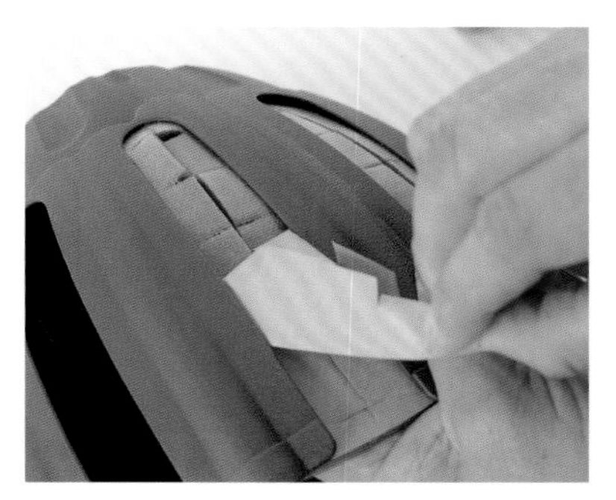

3 從插入的海綿上撕下貼紙加以固定。

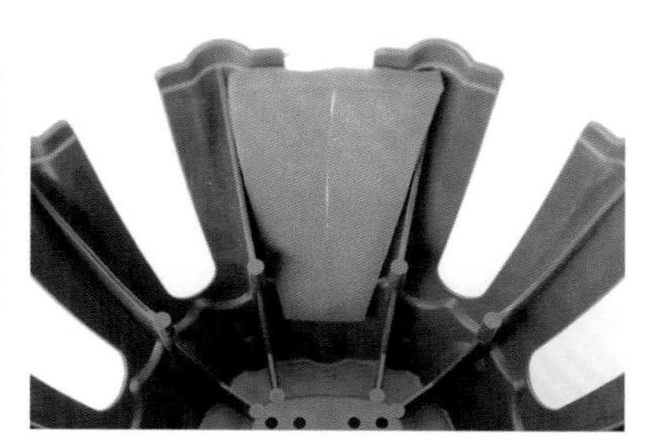

4 將 1 塊海綿固定在狹縫中的狀態。從內部看是這種感覺。

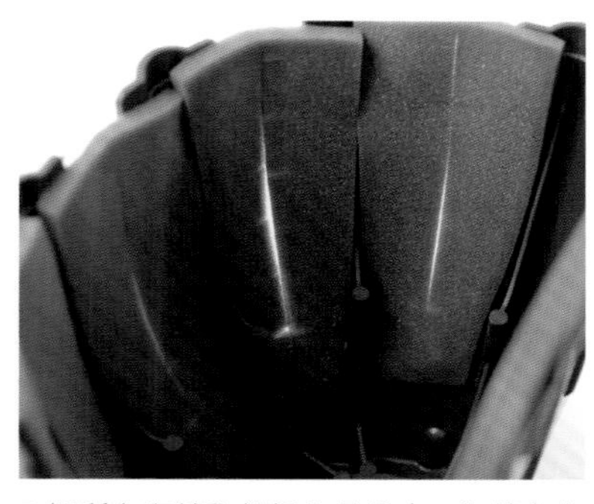

5 把所有海綿全部插入吊盆中。海綿上有垂直和水平的切縫。

6 步驟 5 完成後從外面看的樣子。把幼苗種在海綿的切縫。

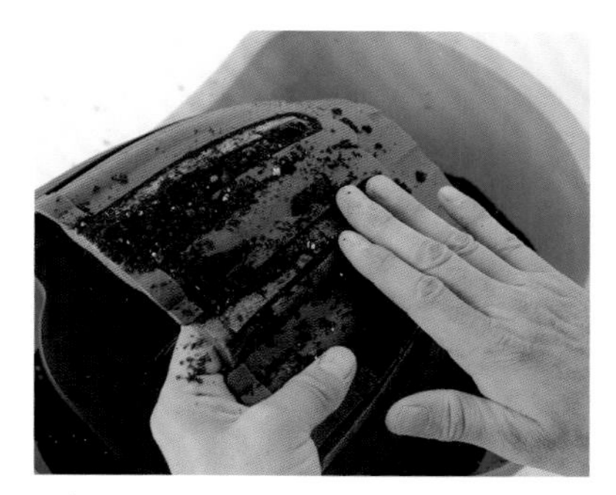

7 為了不讓海綿的外側沾黏多餘的東西，塗抹土以抑制黏著性。

8 種植時，加入薄薄一層覆蓋住盆底的介質。

9 把幼苗種在狹縫中，側面就會覆滿花朵。將水苔鋪在介質上。

草花的吊盆

懸掛時，蝴蝶般翩翩飛舞的小三色堇一躍成為主角

使用葉牡丹襯托扎根良好且耐移植的小三色堇。兩者都是秋天到春天皆可欣賞的一年生草本植物。裝飾在通風良好的明亮處，並經常澆水、施肥。也別忘了摘除殘花。

One Point Advice

透過葉子檢查健康狀況

吊盆中，可以種植許多的植物。如果葉子變黃，可能是肥料用完了。去除枯葉、回剪不健康的莖來進行養護。

幼苗

小三色堇 12 軟盆、銀葉菊 2 軟盆、葉牡丹小 11 軟盆

準備的東西

狹縫式吊盆（5 片狹縫款）、盆栽用培養土、水苔、顆粒狀的緩效性肥料或液肥

How to Make

1 吊盆是狹縫式的。如果是 3 寸的小軟盆苗，可以種很多株。

2 將小三色堇的幼苗從盆中取出後，稍微弄碎根球。

3 要將幼苗插入海綿的切縫中。

4 從 5 個狹縫的左右兩處開始，把海綿切縫撐開，插入幼苗。

5 幼苗以水平方向從莖的基部壓入海綿，避免讓盆內有莖部殘留。

6 兩端和正中間的狹縫種好後，添加數公分的介質。

7 其他狹縫比照步驟 3 ～ 5 的方法插入幼苗。

8 再次添加數公分的介質後，輕輕按壓整平介質。

9 第 1 層幼苗種好後的狀態。幼苗朝向側面呈放射狀拓展。

10 第 2 層幼苗稍微朝上地種植，並用免洗筷輕戳介質以填補空隙。

11 在吊盆頂部預留 3 公分的蓄水空間，然後種植幼苗。

12 完成後充分澆水。2 週後施用顆粒狀的緩效性肥料或液肥。

水耕栽培

相對於種在土裡培育的土耕栽培，用水培育的是水耕栽培。有一些套組可讓您輕鬆地在室內種植蔬菜和香草。

用水耕栽培培育蔬菜和香草

水耕栽培不需要用到介質，即可在室內種植蔬菜和香草。其中尤以葉菜類最為合適，除了沙拉用蔬菜、葉用生菜和茼萵外，還可栽培番茄和草莓等水果，以及香菜和羅勒等香草。種植在室內的蔬菜和香草，不易受病蟲害的侵襲，而且不需要使用農藥也可栽培。

使用水耕栽培套組，一般家庭也可輕鬆嘗試在室內種植蔬菜和香草。套組通常是基於室內裝飾的角度來考量，也可作為房間的點綴。

沒有窗戶的房間也可以栽培植物

水耕栽培套組是以每3天1次的頻率，僅追加減少的水量，並且每週換水1次。肥料使用的是液肥。根部可直接吸收肥料，因此生長速度比在土中更快。速度之快，4月播種的葉用生菜1個月後就可以採收。

如果是以光照的方式培育，即使在沒有窗戶的室內也能生長。燈光以電費最便宜的LED燈為佳。如果沒有水耕栽培用套組，也可用桌上型檯燈來培育蔬菜和香草。

水耕栽培不需要介質和陽光。只要有LED燈和新鮮空氣，就能夠進行光合作用，提供植物舒適的環境。

無論是哪個季節，皆可享受採收新鮮蔬菜和香草的樂趣。

市售的水耕栽培套組。利用隨附的 LED 燈的光照來培育蔬菜。照片中是播種後 1 個月的樣子（除去照明設備後的狀態）。

用套組培育的方法

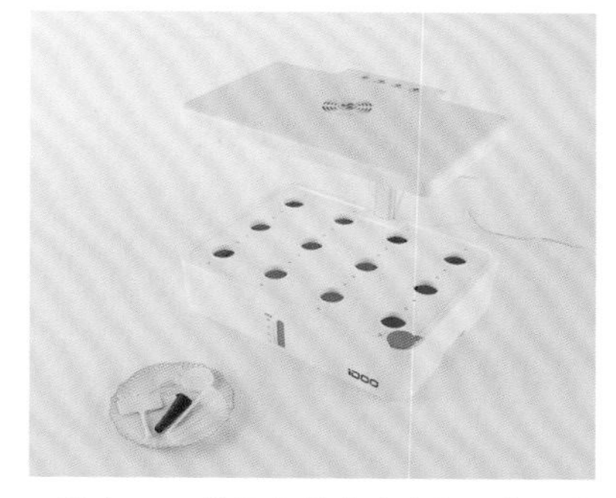

1 配有 LED 燈的水耕栽培套組。上面像屋頂一樣的部分就是燈。

2 播種用套組包括海綿、蓋子、標籤等。

3 例如，可以種植這樣的種子。左起：山芹菜、羅勒與混合生菜。

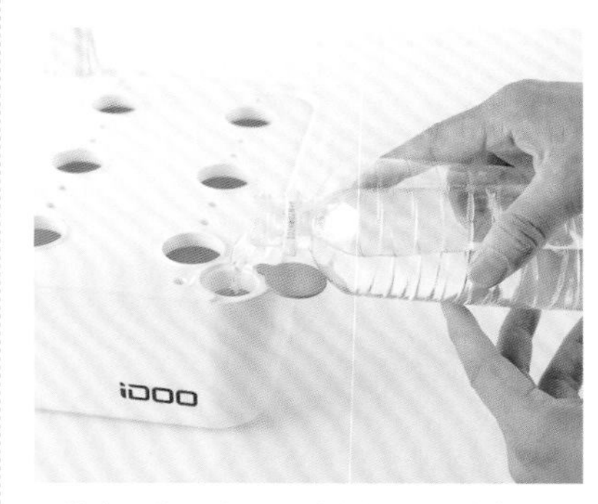

4 首先，將既定分量的水倒入水箱中。

5 將液肥倒入水箱中。

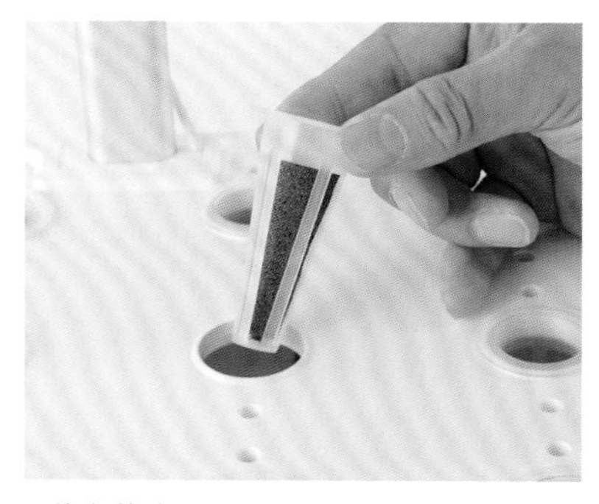

6 將有蓋的海綿放入水箱的孔中。

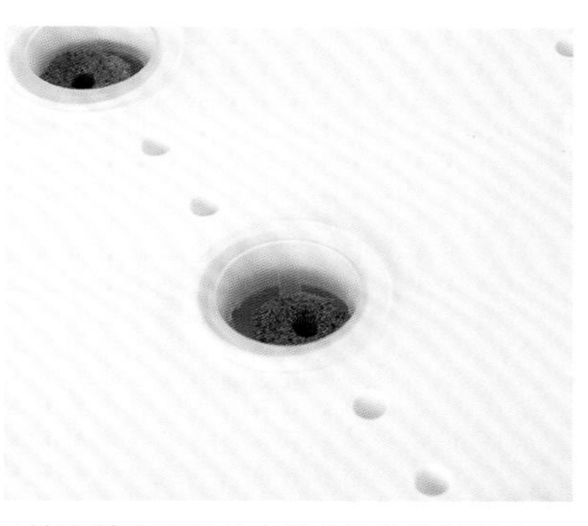

7 讓海綿充分吸收水箱中裝有液肥的水。

8 將種子種在海綿的孔中。弄濕牙籤的尖端後沾黏種子，會更容易播種。

9 將透明蓋子蓋在水箱裡的海綿上。

10 在室溫 20°C 放置 1 個月後的生菜、羅勒和山芹菜。生菜的根伸展得很長。

11 生菜類可採收的大小。羅勒是長出本葉的狀態。發芽時間較長的山芹菜有的還沒發芽。

適合水耕栽培的蔬菜

紫蘇、小松菜、山茼蒿、豆苗、櫻桃蘿蔔等

Chapter 4

培育植物所需的物品

參觀園藝商店時，
會看到各式各樣的介質、肥料和工具。
為了在每個季節都能綻放美麗的花朵、
採收新鮮水嫩的蔬菜，
必須選擇需要的東西並熟練地運用。
本章總結了在準備工具時應該了解的重點。

土

為了健康地培育植物，養土很重要。根據植物的種類，最適合的介質也有所不同。先來了解一些基本原則吧！

根部要活絡運作 空氣是不可或缺的

根，是植物生長的重要器官。它肩負從土中吸收水分和養分，然後傳送給莖和葉這項重要的工作。

那麼，能讓根舒適活動的好土，是什麼樣的土呢？單純只是富含水分和養分，並不能稱為好土。

如果給植物澆太多水，土中就會一直處於潮濕狀態。在這種情況下，土中的空氣量會不足，導致根部變黑、腐爛壞死。

根為了吸收氧氣，會在土中呼吸。

植物最適合的介質是 團粒構造的土

根為了吸收氧氣、水分和養分，土中必需有適度的空隙。如果有空隙，就能讓根部需要的空氣通過，且排水良好，這樣舊水就不會一直積在土中。

此外，適度的空隙還可儲存肥料和水分，讓根部慢慢吸收。

我們經常看到好土的條件說明，是具備良好的排水性和保水性。而滿足這些要件的土，正是具有適度空隙的土。

在園藝用語中，稱之為團粒構造的土。試著想像土中有許多細

好土和壞土

團粒構造

單粒構造

小土粒聚集成的丸子狀大團塊的狀態。

另一方面，單粒構造的土是由粒子細的土緊密聚集而成，所以幾乎沒有空隙。所含的水分很難排出、通氣性差，所以根部呈現無法呼吸空氣的狀態。

有利於根系生長的最佳土壤比例，是土４、空氣３、水３。這是團粒構造的土具備的比例。你可將赤玉土等基本介質，與腐葉土等改良介質混合，自行製作團粒構造的土。或是也可在園藝商店購買市售的培養土。

吸收水和養分的無名英雄

順帶一提，聽到根這個詞時，應該會想到從軟盆中拔出時那又長又細的根。根在靠近尖端處帶有根毛。根毛是根的表皮細胞的一部分，直徑為０．０１～0.1公釐，是肉眼很難看到的細根，藉由黏着在土上吸收水分和養分來起作用。一般來說，一根根毛的壽命據說為數天到數週，且根毛的數量會隨著根毛的反覆新陳代謝而增加。

當根變老變硬時，根毛就會消失，無法再吸收水分和養分。換句話說，種植健康的植物，意味著不斷長出新根並產生根毛。使這個循環順利進行的主要因素就是好土。

用弱酸性的土培育健康的植株

要讓根系健康地生長，土的酸鹼度也很重要。

一般植物性喜弱酸性。當土呈鹼性時，就很難吸收土中含有的鐵、鋅等微量元素，而當土呈強酸性時，根系可能會難以生長。如果想自己調製土壤，或者想檢查地植的土壤酸鹼度時，請使用pH檢測計等工具來檢查。

好土的５個條件

保肥性高

澆水後，肥料也不會立即排出，慢慢地對根部起作用。

適度保水

如果持續潮濕，土中會缺乏空氣。不會馬上乾燥的程度即可。

排水和通風良好

不會保留過多的水分，並能保持新鮮空氣的土。

含有機質

含有腐葉土等的土。微生物充分發揮作用，改良土質。

酸鹼度是弱酸性

活化土中微生物的動作，使植物生長良好。

園藝介質

混合培養土和單一介質

當你走進一家園藝店時，會看到各式各樣的介質陳列著，很容易對選擇哪一種感到困惑。首先，讓我們整理一下市面上販售的介質有哪些類型。大致上可分為2種：

·混合培養土
·單一介質

在園藝中，將種植植物的土稱為介質。標示為蔬菜用、花卉用等，以即用型配方出售的是混合培養土。

單一介質，顧名思義就是只有一種介質，沒有參雜其他的介質。根據用途，是養土時必要的材料。單一介質不能單獨使用，必須與其他介質混合使用。

此外，單一介質還包含以下2種類型：

·基本介質
·改良介質

基本介質，是養土的基礎土。另一方面，用來讓土變成適合栽培之好土的，則是改良介質。兩者的結合，才能成為讓植物健康生長的介質。

排水和通風良好的好土、有利於微生物生長的土。透過基本介質和改良介質的組合與調配，即可製作出適合栽培環境的土。

打造土壤骨架的基本介質

基本介質，對於支持植物的生長起著重要的作用。從日本各地採集的土，有各種土質不同的種類。受歡迎的有以下3種介質：

·赤玉土
·黑土
·鹿沼土

其中，最常用的是赤玉土。這是沉積在關東壤土層的紅土。正如名字裡的玉所示，它是顆粒狀的，因此具有優異的透氣性和排水性。它還具有保留水分和肥料的能力，可說是相當全能。

然而，正如之前提過的，每種基本介質都有各自擅長、不擅長的部分。

黑土雖然和赤玉土一樣是關東壤土層的土，但它是堆積在表層的土。是一種典型的富含有機質、能活化微生物活動的土。雖然具有良好的保水性和保肥性，但缺乏良好的排水或讓空氣進入土中的透氣性。

排水良好的土，一澆水，水就會從盆底流出。這是因為盆內積存的舊空氣和水被沖走的緣故。

另外，被稱為輕質土的鹿沼土，是由火山砂礫風化而成的土。雖然具有優異的透氣性和保水性，但是幾乎不含有機質。

市面上還有一種常見的基本介質是真砂土。這是在日本西部被大量採集的土，顆粒較大，排水性和保水性良好，但透氣性欠佳。

像這樣，基本介質具備了被採集之土壤特有的優點和缺點。基本介質在培養土中占了5～7成，所以務必先了解各自的特性，再與改良介質混合。設法調配出理想的土吧！

基本用土

黑土

黑鬆土是位於火山灰土表層的黑色軟土。黑色蓬鬆的質地，又名黑鈣土。廣泛用作種植花卉和蔬菜的庭院及田地。良好的保水性和保肥性良好，但和赤玉土一樣會吸走磷酸。另外，由於它的透氣性和排水性較差，吸水後就變成糊狀，造成根部缺氧。作為栽培土使用時，需與改良介質混合使用。

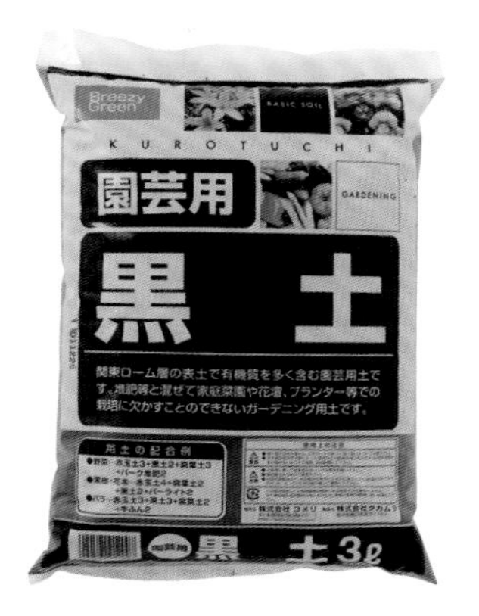

鹿沼土

位於關東壤土層赤珠土的下層，產於日本栃木縣鹿沼附近。黃色的玉土，據說是由火山砂礫石風化而成。比赤玉土的酸性更強，從很久以前就被用於皋月杜鵑等喜歡酸性土的植物。幾乎不含有機物，保水性極佳。跟赤玉土一樣有很多微塵，所以要先用篩子去除，使顆粒大小大致均勻時再使用。

赤玉土

最受歡迎的介質。日本關東壤土層火山灰中的顆粒土經乾燥後，分為大顆粒、中顆粒、小顆粒。呈微酸性，具有優良的保水性和保肥性，但它也會吸附促進開花和結果的磷酸，所以也可能會導致植物磷酸不足。另外，如果品質參差不齊、微塵較多時，請用篩子去除，以改善透氣性。市面上也有微塵較少的硬質赤玉土。

Check **去除微塵**

微塵是排水變差的原因。也因此，使用基本介質時，首先要去除微塵。除了如右圖所示使用篩子外，還可以將裝有介質的袋子多次扔到地上，讓微塵集中到底部。

將市售的培養土過篩，去除微塵的工作。篩越多次，介質就會變得越好。

右邊是從篩子過濾下來的微塵。左邊剩下的大顆粒保水性很好，請使用這個。

彌補基本介質不足的改良介質

用於彌補基本介質弱點的改良介質，有以下2種類型：

有機質的改良介質

活絡土中有效微生物的活動，讓基本介質變成肥沃的土。改善黑土等較弱的排水性和透氣性。還具有軟化土壤、提高保肥性的效果。

無機質的改良介質

用來彌補透氣性、排水性、保肥性。為了充分發揮改良的效果，與基本介質的顆粒大小一致非常重要。

保水性和保肥性高的黑土花圃。由於透氣性和排水性較差，需添加珍珠石和碳化稻殼等改良介質再種植植物。

有機質的改良介質

堆肥

由樹皮、稻草、乾草、枯葉、藻類等植物性有機物質，以及牛糞、馬糞等動物性有機物質堆積發酵而成。可用來增加土中的微生物，使土變肥沃。具有優良的透氣性和排水性，是花圃和菜園等的土壤改良不可或缺的介質。市面上也有一些未徹底發酵的堆肥，請挑選完全熟成的堆肥。

腐葉土

顧名思義，是一種由樹葉發酵製成的代表性介質。使用的是闊葉樹的葉子。透氣性良好，且具保水性和保肥性。殘留明顯葉形且未熟成的、混入闊葉樹以外的針葉樹葉片的、含有大枝條或石頭的，皆屬於劣質品。最好的品質是那些已經變黑、葉形破碎、徹底熟成的。

碳化稻殼

稻殼用 400°C 以下的溫度煙燻炭化而成。因為表面有無數的孔，當與土混合時，即可提高排水性、透氣性、保水性、保肥性。還可促進微生物的活動，使土質變鬆軟。由於是鹼性的，可使偏酸性的土壤呈中性～鹼性。它還具有減輕有機肥料特有臭味的效果。

椰纖

以椰子殼內側的纖維和顆粒為原料，經堆積和發酵製成的有機土壤改良材料。多孔結構，表面有許多細小的孔，在保持水分的同時，還可排出多餘的水分。作為水苔等植物堆積而成的泥炭所製作的泥炭土的替代土壤改良料料而備受注目。

水苔的使用方法

1

2

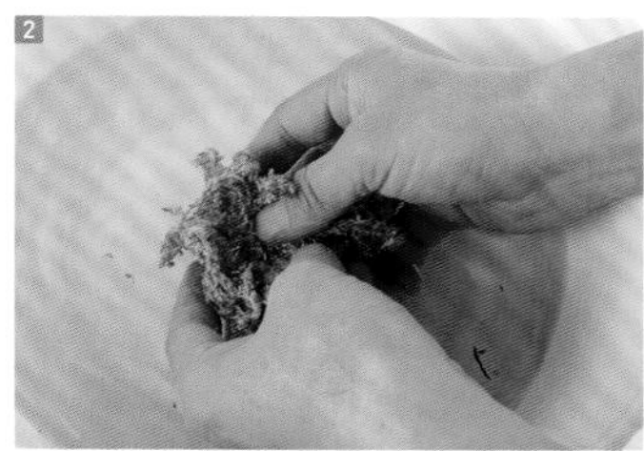

3

1 以乾燥的狀態販售。
2 取一塊，邊搓揉邊用水浸泡。
3 含有足夠的水時，請用力擠壓瀝乾水分後再使用。

無機質的改良介質

珍珠石

珍珠岩經過精細粉碎及高溫高壓處理而成。非常輕且具有良好的通氣性和排水性，適用做吊盆的土。也可用於排水不良的庭園和花圃的土壤改良。

蛭石

蛭石是經高溫處理膨脹而成的介質。獨特的手風琴形狀，使其具有良好的保水性、保肥性、透氣性，而且非常輕。

珪酸白土

產於日本秋田縣的白色黏土礦物，由單粒構造的土結合成團粒構造。可改善和活化水質，使其不易腐爛。也可少量用於育苗和水耕栽培。

輕石

透氣性和排水性高的多孔礫石。雖然比較輕，但具有強度。有多種大小，大的可用作盆底石。

其他的介質

水苔

苔蘚類乾燥而成。透氣性和排水性優異，如果種植的是不耐缺水或乾燥的植物，將其鋪在盆器的表面可以緩解乾燥，使其更容易管理。

發泡煉石

質地堅硬不易碎裂，具排水性和保水性。是透過將黏土製成粒狀，再經過高溫燒製、發泡所製成，被用作水耕栽培等的材料。

碎木屑

來自針葉樹的厚樹皮碎片。覆蓋在植物的基部，可防止下雨或澆水時濺水。也可修飾植株基部。

培養土

基本混合是赤玉土＋腐葉土

培養土，是基本介質和各種改良介質的混合物。也有市售的產品，但品質參差不齊。自己製作的好處是，每年都可以使用相同的原料，使栽培管理更加容易。

你也可動手製作出排水性、透氣性良好、容易乾燥的土，以幫助植物生長。讓我們將赤玉土和腐葉土按照以下的材料和比例加以混合，來製作基本培養土。

基礎培養土

・細粒赤玉土60％

・腐葉土（完全成熟）40％

準備好後，第一步要先處理介質。如果腐葉土中混有石頭或木屑，請將其清除。小顆粒的赤玉土，請務必過篩以去除碎裂造成的微塵（1公釐以下的細小顆粒）。

一旦混入微塵，就會填滿土中的空隙，進而阻塞水和空氣的通道。

在多次澆水的過程中，還可能會引起根部腐爛。

混合介質時水桶或塑膠袋很好用

準備好後，即可開始混合。介質，從最輕的依序開始添加是鐵則。這樣會比較容易混合均勻。以這裡介紹的基本培養土為例，是從腐葉土開始添加。混合時，也可使用水桶或塑膠袋。無論是水桶或塑膠袋，為了容易混合，都是裝入約一半容量的介質。

使用水桶

為了讓整體容易混合，儘量挑

本書推薦的培養土

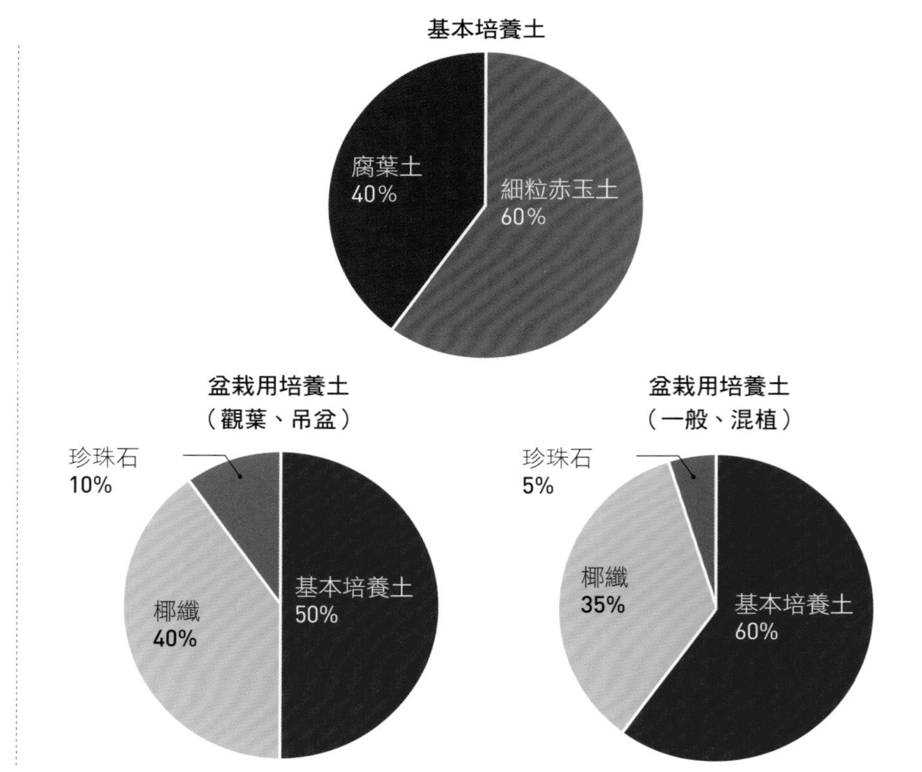

[培養土的製作方法]

1 把準備要混合的多種介質放入1個水桶裡。分量為水桶的一半。

2 為了不讓細粒赤玉土產生微塵，請溫柔、均勻地完成混合。

選底部較寬的款式。混合時戴上手套，慢慢攪拌，直到整體均勻。使用方鍬的時候，也請小心仔細。

使用塑膠袋

塑膠袋，薄的要套2層，從袋子上方塞進去。混合時的重點，是先加入所有介質再開始作業。讓袋子充滿空氣使其膨脹，然後封閉袋口，上下左右搖晃約1分鐘，即可輕鬆混合均勻。

根據植物 改良基本培養土

右頁的圓餅圖是本書特製的培養土調配比例，是以基本培養土為基礎，添加改良介質製成一般盆栽用、觀葉植物・吊盆用的培養土。添加的是椰纖和珍珠石。觀葉植物・吊盆用，是將基本培養土減少至50%的占比，利用改良介質來打造透氣性良好的輕土。

市售的培養土

草花用培養土

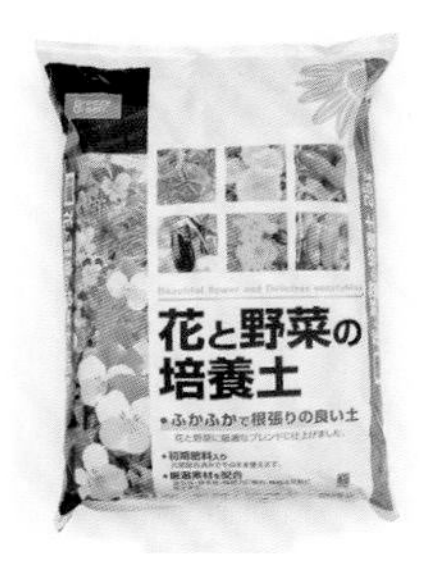

多肉植物・觀葉植物的土

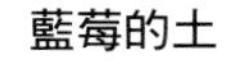

藍莓的土

扦插・播種的土

[調配例]

草花培養 A

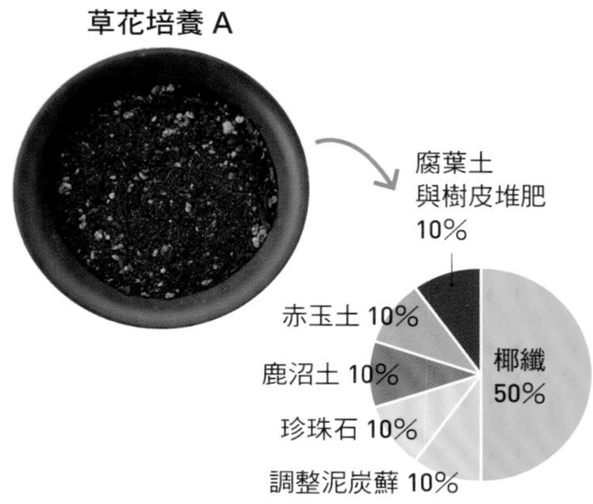

草花培養土 B

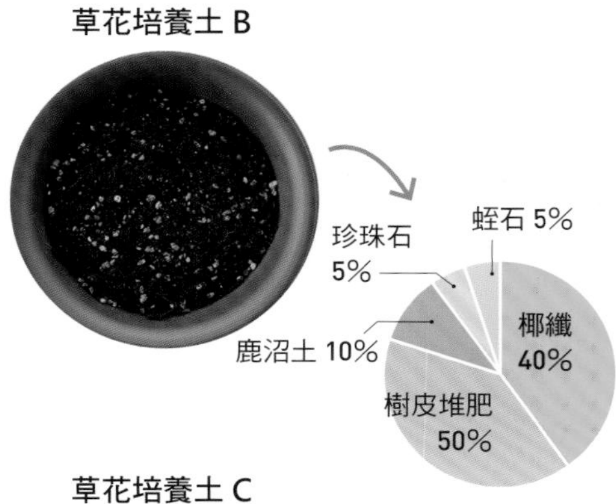

草花培養土 C

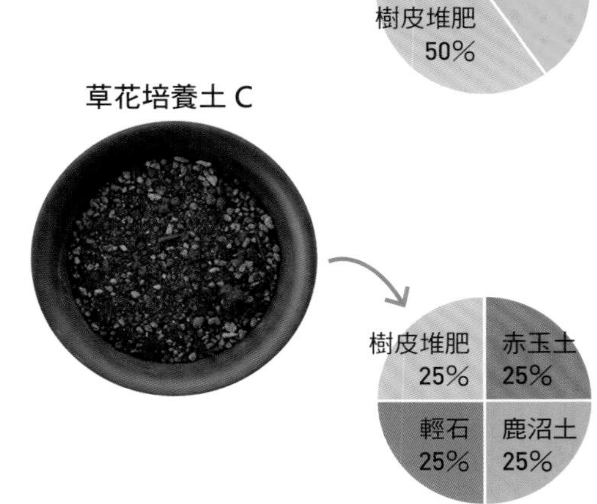

土壤改良

改良土壤的性質 停止酸性化

和在屋簷下培育的盆栽不同，庭院沒有屋頂。雨水，容易讓土壤偏向酸性。事實上，雨中溶入了微量的二氧化碳。下雨時，土中含有的礦物質也會被沖走。

強酸性土壤，會溶解對植物來說毒性強的鋁，導致生長障礙。過多的肥料也被認為是土壤酸性化的要因。

酸性化的土，可添加鹼性的石灰等使之中和，使種植的植物更容易吸收肥料。

在菜園裡，先在土表撒上苦土石灰等介質至布滿白色的程度，與土混合。

另外，對於藍莓等喜歡酸性的植物，可在土中添加鹿沼土等來調節酸度。

此外，根據菜園、花圃或庭院等環境以及植物的性質，添加改良介質（土壤改良土）以提高保水性、透氣性和保肥性。要改善排水性和透氣性，蛭石、珍珠石等很有效果。目標是創造如前面所述的團粒構造介質。團粒構造的介質是由有機質產成的。

重要的是，讓土變得鬆軟。在貧瘠的土中添加腐葉土或堆肥，促進微生物的活動，改良成含有大量有機質的土壤。以下是土壤改良的一些例子。花圃的植栽中，需要撒上石灰調整酸度的，是換土頻繁的一年生草本。若是種植宿根草和灌木，則通常不用調整酸度。

土壤改良的例子

[蔬菜]

＋

石灰、腐葉土

使用大量肥料的田地，比花圃更容易偏酸性。多數蔬菜的生長介質酸度為 pH6.0 ～ 6.5。把地耕好後，撒上石灰。1 週後再放入腐葉土，並整平田地。再過 1 週待酸度穩定後，即可開始播種和植苗。

[聖誕玫瑰]

＋

細粒的輕石

聖誕玫瑰喜歡排水良好的土。改良介質常用的是小粒的輕石。如果是種植在透氣性和排水性差的黑土中，為了改善這些情 ，混合大量的小粒輕石進行土壤改良。因為是含有大量落葉樹葉子堆積成的腐葉土的黑土，所以不加腐葉土。

[玫瑰]

＋

細粒的輕石、珍珠石、牛糞堆肥

玫瑰喜歡排水良好的土。若是含有落葉樹葉子堆積成的腐葉土的黑土花圃，含有水的話會變得粘稠，導致根系缺氧。加入細粒的輕石、珍珠石來補強透氣性和排水性。另外，玫瑰需要肥沃的土壤和充足的肥料。加入動物性堆肥、牛糞堆肥。

土的再利用

老土會導致根發育不良

盆栽種植過後，會產生許多舊的介質。此外，持續使用多年的介質，會因為澆水或雨水而壓縮，導致土壤破碎、透氣性和排水能力下降。根部呼吸困難，無法良好生長。雖然丟棄很簡單，但在這之前，設法讓介質的力量再生吧！

用珍珠石改善通風、排水、保水

把盆栽倒過來後取出介質，除去所有可用手清除的老根、枝條、枯葉、舊的固體肥料等。透過篩網去除微塵，可減少約2～3成的介質。只替減少的部分增添新的介質（細粒赤玉土60%、腐葉土30%、珍珠石10%）。藉由添加珍珠石，提高透氣性、改善保水性和排水性。

疑似感染疾病的植物的栽培介質不適合再生。還有，持續使用3年以上的介質最好也丟棄。雖然有一種做法是將開水倒在舊的介質上來消毒，但是，如果病菌侵入已消毒的介質，將沒有好的微生物可以反擊。細菌甚至還可能爆炸性生長，所以不建議這麼做。

使用土的再生材

你也可以使用市售的再生土材料。使用了牛糞堆肥、腐葉土等有機物的再生材料，可活化微生物的活動、改善保肥性、使土壤變肥沃，還可恢復透氣性和排水性。其中也有只要與已使用的介質混合的簡易材料。

再利用的方法

[介質的再生材]

含有腐葉土和動物性堆肥等有機質，能活化微生物的活動。只要混合即可改良介質。

[使用篩網]

1 準備大、中、小 3 種不同目數孔徑的篩網。

2 從大目數的開始過濾介質。篩網上殘留大量的根和枯葉。

3 用更小目數的篩網過濾步驟 2 的介質，去除較細的微塵。

4 把過篩後的介質暴曬在陽光下，上下翻動使其徹底乾燥。

肥料

植物，是藉由光合作用產生的能量，以及從根部吸收的肥料來生長。請從各式各樣的肥料中，挑選適合植物性質和環境的吧！

栽培植物需要施肥的理由

植物長大不可缺少的，是水、空氣、適合植物生長的溫度和，以及陽光。此外，還會透過根部吸收單靠光合作用無法提供的養分。在自然界中，微生物會分解落葉、枯草、動物和昆蟲的屍體等，成為植物豐富的營養來源。

盆栽或花圃栽培時，不會自然補充營養來源。每當植物生長時，就會從有限量的土中消耗營養成分。

彌補上述問題的正是肥料。即使是地植，會開花結果實的樹木也會消耗許多能量，所以需要肥料。

支撐植物生長的肥料三要素

植物的生長，需要如下圖所示的16種元素。植物從空氣中吸收氧、氫和碳3種元素，其餘13種元素則是從土中吸收。後者中需求量較多的，是被稱為「肥料三要素」的氮、磷、鉀。

液肥和化肥的包裝上斗大標示的文字「N－P－K」，是用來表示三大元素的氮（N）、磷（P）、鉀（K）。

氮

氮是植物生長中最必要的成分。在使葉、莖、根等生長的同時，還有提高養分吸收力的作用。當植物還年輕，開始形成葉

植物必需的營養素

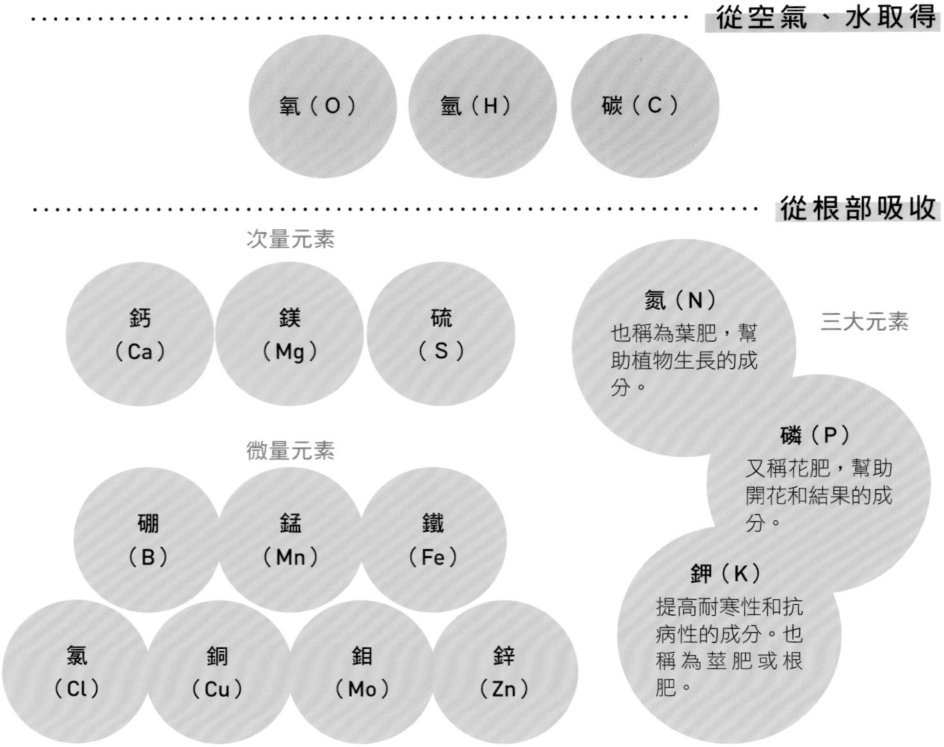

子和莖時需要它，所以也稱為「葉肥」。

缺乏氮的葉子，葉色會變淺並且變小。如果進行光合作用的葉子狀況惡化，自然會影響植物的生長。

另外，如果氮肥過多，不僅葉子的顏色可能會比平常還深或變形，也可能引起疾病和葉燒。葉燒，指的是葉子無法承受強烈陽光而壞死的狀態。

磷

也稱為「花肥」。開花和結果時最必要的成分。不足的話，花朵和果實的數量會減少。基本介質中的赤玉土會吸收磷酸，因此也可能導致磷酸不足。使用赤玉土時，最好挑選磷酸含量稍微多一點的肥料。

鉀

具有調節植物機體的功能，使其能夠應對環境的變化。除了提高耐暑性和耐寒性，還可強化對病蟲害的抵抗力。

尤其能夠促進莖和根的發育，所以也稱為「莖肥」、「根肥」。鉀具有與氮肥競爭的特性，所以需留意別施用過多的鉀，以免削弱氮肥的效果。

次要的次量元素

重要性僅次於肥料三要素的營養素，稱為次量要素，有鈣（Ca）、鎂（Mg）、硫（S）這3種。

鈣

使植物身體強壯的要素，具有促進根系生長的作用。由於石灰等含有鈣，因此在整土時將其混合以補充鈣。

鎂

有助於三大元素之一磷的吸收及進入植物體內的作用。缺乏鎂的植物，葉子的顏色容易變淡。

硫

有助於根部發育，並在背後支撐植物的生長。

微量但不可缺少的微量元素

13種元素中，除三要素及次量要素外，其餘的均為微量元素。微量表示需求不多，但卻是成長不可或缺的元素。

有鐵（Fe）、錳（Mn）、硼（B）、鋅（Zn）、鉬（Mo）、銅（Cu）和氯（Cl）這7種。

要讓植物健康生長，均衡吸收這些營養素是不可或缺的。施肥前一定要檢查肥料袋上標示的要素，並根據目的挑選適當的肥料。

Check 需要較多肥料的植物

花數較多的植物，或是花期較長的植物，相對需要更多的肥料。左起：四季開花的大輪玫瑰 '和平'。據說有多少葉就有多少花，且從深秋到春天持續綻放的仙客來。三色堇如果回剪並充分施肥，即可欣賞大約半年的時間。

玫瑰

仙客來

三色堇

了解肥料的種類

肥料，可大致分為化學肥料和有機肥料。

化學肥料是以硝石、磷礦、碳化鈣等無機質為原料，經化學合成所製成。另一方面，以植物或動物來源為原料所製成的，則是有機肥料。

因為效果會隨肥料的類型而有所不同，所以要根據用途挑選肥料。

另外，還有這2種混合而成的複合肥料。

無臭，且可根據植物選擇的化學肥料

化學肥料的特點是挑選容易。有施用當天就會發揮作用的速效性，以及每次澆水後慢慢溶解，可長時間發揮作用的緩效性，後者可以減少施肥的工夫，所以很受歡迎。

形狀也有液體、固體、顆粒狀等多種形式。由於是按植物進行

化學肥料

速效性化肥

因為見效快，所以用量錯誤很容易會引起肥傷，必須仔細計算用量再施用，是適合專業人士使用的肥料。

液肥

水溶性的化學肥料，比固體肥料更快見效。有用水稀釋的類型和直接使用的類型。用水稀釋的類型，從幼苗到長大的植株，可根據植物的生長階段來調整用量。另一個優點是可以在澆水時一併施肥。

緩效性化肥

肥料表面有樹脂包膜，防止肥料一次全部溶解。此外，還有錠劑和顆粒狀的類型，都會根據其形狀和包膜調整溶解量。肥料的保存期限為 2 個月以上。還有效果可持續半年的長效型緩效性化肥。

Check 確認肥料袋

肥料的包裝上有許多資訊。購買時，請務必詳讀正反面。

請務必檢查正面標籤上的 3 個數字。設定當為計量為 100 時，肥料中所含氮、磷、鉀的成分比例。

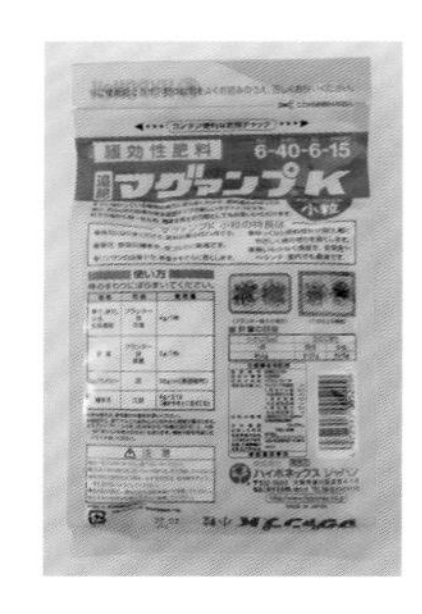

包裝背面有每次施肥量、施肥頻率等資訊，統整出實際施肥時需要了解的事項。

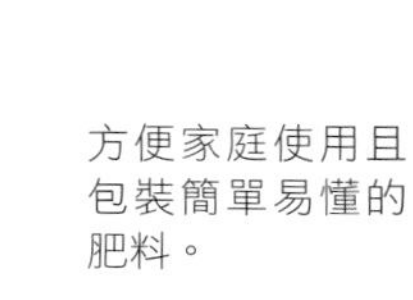
方便家庭使用且包裝簡單易懂的肥料。

產品化，所以即使是園藝新手也很容易選用。是適合在室內栽培植物的無臭肥料。

借助微生物之力的有機質

有機肥料，是將油粕、雞糞、草木灰等各種動植物來源的原料混合而成的。成分除氮、磷、鉀三大要素外，還包括微量元素及胺基酸。

由於需經由微生物分解後才被植物吸收，所以作用速度較為緩慢。主要用於種植前的花圃、菜園的養土，也被認為是可以減輕環境負擔的肥料。

挑選時，要選擇熟成的。雖然是動物來源的肥料，但沒有臭味。

column

雞糞為何是肥料？

牛糞堆肥、馬糞堆肥，是將牛糞和馬糞與稻草等植物性原料調和而成，所以被歸類為堆肥。另一方面，雞糞的原料就只有雞糞，所以被視為肥料。

有機肥料

石灰

將貝殼等乾燥後粉碎製成的肥料。含有大量的鈣，主要用來幫助根部生長。然而，大部分的使用目的，是用於庭院和田地的土壤改良。將偏酸性的介質恢復至弱酸性。

苦土石灰

消石灰

蚵殼石灰

卵殼石灰

骨粉

把豬、雞、牛等動物的骨頭粉碎、加熱後製成的有機肥料。由於是緩效性，所以在整土階段使用。磷酸含量很高，所以通常會和油粕混合使用。

魚粉

將魚乾燥後粉碎製成的肥料。含有大量的氮成分，但幾乎不含鉀成分，所以會與其他肥料一起使用。根據魚的種類，成分略有差異。

雞糞

富含磷酸和鉀成分，對花卉和水果有效益的肥料。然而，雞糞會隨農民的飼養方法而有所不同，因此肥料成分略有差異。乾燥的雞糞具有獨特的臭味，但完全發酵的雞糞，臭味會有所抑制。不適合追肥，而是作為基肥施用，且需避免直接接觸到根部。

草木灰

顧名思義，是把草木燒至粉碎而製成的肥料。富含鉀成分，具速效性，可促進根和球根的生長。與石灰同為鹼性肥料。

油粕

以榨油的菜籽和大豆的種子殘渣為原料。氮含量高，與骨粉、魚粉等有機質肥料混合，調整肥料成分的平衡後發酵而成的發酵油粕。若是施用發酵前的一般油粕，由於發酵過程中產生的有害氣體和熱能會損傷植物的根，所以請避免直接接觸到根部。有粉末或固體。

施用肥料

配合成長階段的3種施肥

為了讓植物持續生長的營養源是肥料。播種時不需要，但在發芽、開花和結果等生長階段，必要的量和種類會有所變化。

在必要的時期如果肥料不足，就會出現葉色變差、莖細、葉子和花小等症狀，植株本身的生長勢蕩然無存。請配合各個生長階段施用肥料。

施肥，在栽培過程中有以下3種：

- **基肥**
- **追肥**
- **禮肥**

無論哪種情況，都要注意別過度施肥。土中變成高濃度的肥料會破壞根的細胞。無法吸收肥料的植物會生長不良，引起各式各樣的失調，最終枯萎。用適量的肥料，打造強有力的植株吧！

在種植前的土中混合基肥

基肥是花草、蔬菜苗、花木苗等在種植、換土換盆時，預先混合在土裡施用的肥料。

為了替植物打造今後成長的基礎，施用可緩慢且長期發揮作用的緩效性化肥。

如果要兼作土壤改良，也可以將堆肥等有機肥料作為基肥。雖然等到土中的微生物增加、發揮效果需要一段時間，但也有助於隔年以後的植物成長，變成鬆軟的土。

關於肥料

種植最初的基肥

長期發揮效果的緩效性或遲效性肥料。把堆肥和腐葉土用作基肥時，需搭配油粕和骨粉作為肥料。

補充營養的追肥

基本上是使用緩效性化肥。如果植物虛弱，請施用速效液肥。使用液肥時，每7～10天澆1次大量的水，直到水從盆底流出。

花開過後的禮肥

施用的是緩效性化肥。於花開過後或果實採收後施用。注意開花期間不要施肥，否則會縮短花朵的壽命。

培育春芽的寒肥

冬季施用給樹木的寒肥，是油粕、雞糞或堆肥等有機肥料。除了花木和果樹外，還可以用於剛開始生長的樹木。常綠樹和已經長很大的樹不需要施肥。

無論是哪種情況，最重要的都是適量地施用。過少的話植物的成長會受到抑制，過多的話莖和枝會變得細長，甚至徒長。

施肥方法

・把基肥和介質混合均勻。將肥料放在植物的根基部，不與植物直接接觸地施用。

・剛開始生長的幼苗，先施以稀釋液肥等肥料，等到長成足夠大的植株後，再種到含有基肥的介質中。

・虛弱的幼苗，種植前先慢慢地施以稀釋液肥，恢復活力之後，再種到含有基肥的介質中。

・使用有機肥料時，請注意不要直接接觸根部，或是施用未發酵的肥料，否則會讓根部損傷。

本書中 最初的肥料是2週後

上述關於基肥的說明，是一般的做法。在本書中，就如同先前的栽培頁所述，介紹的是不施用基肥的栽培方法。

本書中的初次施肥，是在種植2週後。

這麼做的理由，在於根的成長。一般來說，種植或換土換盆後的植物，根部開始活動大約是在2週後。根部開始活動，才會吸收肥料。即使一開始就施用肥料，也會在每次澆水時白白地流出來。在生根的時候，建議施用顆粒狀的緩效性化肥，以替植株生長打造基礎。

不足的肥料 隨時補充的追肥

植物在生長時會吸收肥料，導致土中的肥料逐漸減少。補充不足的肥料，就是追肥。

肥料的施用方法

[草花]

草花種植 2 週後，比照右圖分散施用顆粒狀的緩效性化肥。請注意根擴散的位置。

[球根]

球根種植 2 週後，分散施用顆粒狀的緩效性化肥。盡可能靠近盆器的邊緣繞一圈播撒。

Check

肥料的效果

種植前的矮牽牛幼苗。顏色鮮豔的葉子，如果缺乏肥料就會變細（下圖）。

追肥施用的時間依植物的種類、生長狀況等而有所差異。首先，請仔細觀察植物。

・葉子和花的顏色變淺
・葉子和花變小
・花數減少

如果與以前相比有出現任何上述的變化，或許就是肥料不足的跡象。此時就是施用追肥的時機。

肥料使用的是緩效性化肥，但如果植物較弱，則適合使用具速效性的液肥或化肥。

施肥方法

・通常，追肥是在遠離植株基部的地方施用緩效性的肥料。這是為了讓根部的前端更容易吸收。如果是盆栽植物，請沿著花盆邊緣播撒。

・如果埋在土中，它會很快溶解，可能會損壞根部，因此請務必放在土上。

・使用液肥時，請稀釋至規定的濃度再使用。請遵循產品包裝上的記載的使用方法，適量地施肥。

懷抱感激之情的禮肥

除了宿根植物或玫瑰、花木之外，還可用於果樹。花開過後或採收後施肥，以恢復體力。禮肥，是為了表達對植物的感謝而賦予的名字。

施肥方法

・在遠離植株基部的地方施用固體或顆粒狀的緩效性化肥。如果是盆栽，請沿著盆器邊緣置放。

夏季
每5天施用1次液肥

使用顆粒狀或固體肥料的置肥，重點是放在遠離植株基部的地方，使其能夠到達根的尖端。

液肥，需避免沾到花朵或花苞，只可施用在土上。沾到的話可能會造成損傷。

夏天澆水的次數增加，施用的肥料會被水沖走。夏季施肥時，用規定的稀釋倍數的1.5～2倍去稀釋得更淡，每5天施用1次。

[液肥的製作方法]

1 在量杯中準備 1000 毫升的水。 加入 1 毫升的液肥，攪拌均勻。

2 稀釋 1000 倍的液肥。稀釋液肥請於當天用完。

從春天到夏天開花的矮牽牛。回剪後施用顆粒狀緩效性化肥，即可再次綻放。

column

紫雲英的綠肥

有一種肥料稱為綠肥，是直接取自植物本身。其中之一就是紫雲英田。種植根部富含氮的紫雲英，將其翻犛入土中用作稻田的肥料。

休眠期施用的寒肥

寒肥，是在庭木休眠的12～2月的冬季施用的肥料。

使用的是油粕、雞糞、骨粉等有機肥料和堆肥。由於是地溫低的時期，所以有機肥料和堆肥會緩慢分解，有助於早春嫩芽的生長。施肥方法有下圖2種：

・在地上挖洞後施肥

・挖溝後施肥

無論是哪一種方法，如果用方鍬挖出土壤都會切斷根尖，但不用擔心。透過切斷吸收養分的根尖，可以促進活躍新根的生長。

根的尖端部分，位於地面上方枝條前端的正下方一帶。

施用含有肥料的堆肥來培育根，幫助早春嫩芽的生長吧！

施肥方法

A

在 2 個地方挖洞

樹木，主要是透過根的尖端來吸收養分。根尖與地上部的枝條前端大致落在同一個垂直線上，因此在枝條尖端的正下方挖 1 個直徑 20 公分、深 20 公分的洞，施用寒肥。將 25% 的腐葉土和 25% 的牛糞堆肥填入洞中，再把挖出來的土回填 50%，充分攪拌。透過挖洞切掉根尖以促進生根，同時施用軟化土壤的肥料，幫助早春嫩芽生長。

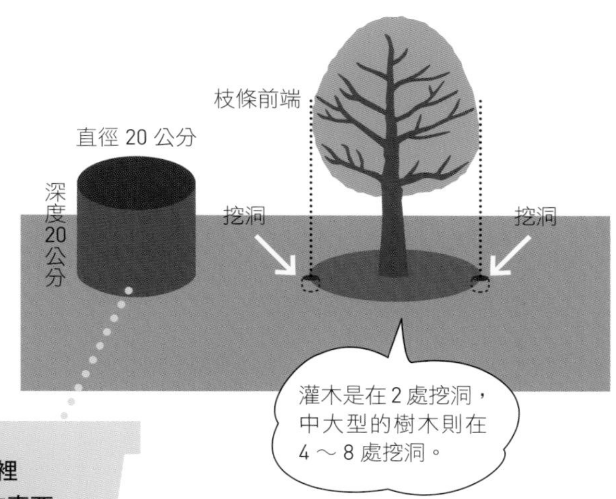

B

在樹木的周圍挖溝

同樣在枝條前端的正下方畫一個圓。在畫好的圓周上挖出寬 20 公分、深 10 公分的溝，比照 A 的方法填入腐葉土和牛糞堆肥，再把挖出的土回填並攪拌均勻。

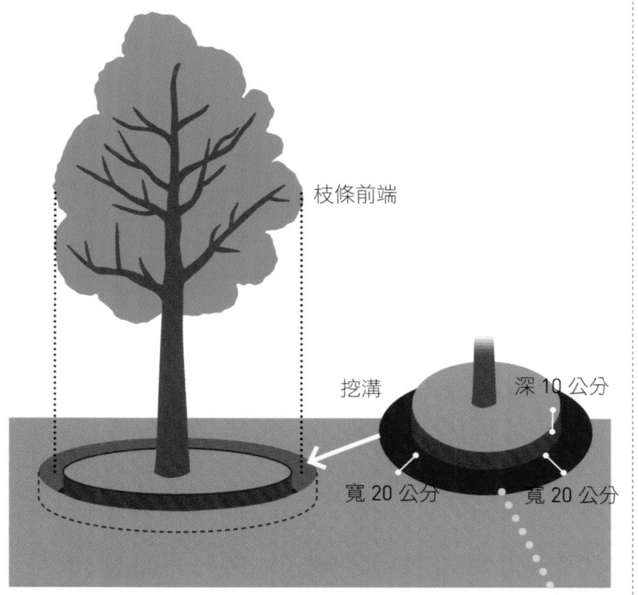

洞裡
添加的東西

腐葉土 25%
牛糞堆肥 25%
挖出來的土 50%

堆肥

把堆肥加入土中，即可製作鬆軟的培養土。
腐葉土儘量挑選沒有殘留葉子形狀的熟成品。

土壤改良的植物性和含有肥料成分的動物性

有機物發酵而成的堆肥，和肥料的作用不同。肥料，是用來替植物補充營養。另一方面，堆肥除了補充肥料成分之外，還有改良土壤的作用。

加入了堆肥的土變得鬆軟，形成排水、保水良好，根能活躍活動的團粒構造。堆肥分為以下2種類型。

植物性堆肥

以落葉、樹皮、稻草等為原料發酵而成的腐葉土。可提高土中的生物多樣性，還可降低種植之植物的疾病發生率。其中，稻草堆肥藉由稻中富含之「矽酸」的作用，可抑制病害蟲等的發生。

動物性堆肥

以牛糞、馬糞、豬糞等動物糞便為主要原料的堆肥。雖然大多是用作肥料，但牛糞堆肥是將稻草和鋸屑等植物性輔助材料混合製成的，因此也具有土壤改良的效果。

底下列舉的是經常使用的堆肥。選擇前請先確認特性和使用方法的差異。

玫瑰種植用的是牛糞堆肥。將牛糞堆肥與挖出的土充分混合後使用。

堆肥的種類

牛糞堆肥

牛糞和稻草等混合發酵成的堆肥。雖然沒有化肥的高營養成分和速效性，但遲效性的性質，被大量用作玫瑰和庭木等的寒肥。此外，還含有鐵、銅、鋅等微量要素。充分發酵的牛糞堆肥。

腐葉土

腐葉土，充分發酵且未殘留葉子形狀的品質越好。與赤玉土的相容性佳，基本介質赤玉土60% 和改良介質腐葉土 40% 的組合，是培養土的基本配方。再於其中混合多樣介質，以製作適合栽培目的的培養土。

馬糞堆肥

以稻草為主食的馬的堆肥。動物性堆肥中纖維質最多的一種，因為是微生物的食物，所以把土變鬆軟的土壤改良效果優異。肥料成分少。玫瑰栽培之土壤改良的首選。

樹皮堆肥

將堆積的樹皮粉碎後發酵熟成的堆肥。土壤改良效果很好，但樹皮發酵相當耗時，所以還混合了米糠和雞糞等有機物來發酵。如果分解時間較長，會聚集大量微生物並吸收土壤中的氮，容易發生缺氮的情況，需留意別施用過量。

用落葉樹製作腐葉土

在落葉的季節收集闊葉樹的枯葉。推薦的是楓香、楓樹、光臘樹、櫸樹、烏桕、苦楝等落葉闊葉樹。

也有不適合腐葉土的葉子。櫻花、槲樹、朴葉、柿樹等的葉子，因為具抗菌作用所以不適合。松樹等針葉樹不容易腐爛，所以也要避免。

落葉揉搓後會變軟，變得更容易發酵。

左邊的是一般的腐葉土，殘留樹枝和葉子的形狀。右邊是完全發酵的腐葉土，葉子非常細。

腐葉土的製作方法

1 準備的東西是，充分乾燥的落葉 1 公斤、油粕約 50 克、土包袋 1 個。

2 在土包袋裡放入約 1/4 的落葉。用雙手搓揉落葉。

3 反覆搓揉，或者壓入篩子中，將落葉弄碎、變細。

4 落葉越細，越容易發酵。

5 把步驟 4 的落葉鋪滿約 10 公分，再撒上一把油粕。

6 重複步驟 1 ～ 4。

7 落葉不要塞滿袋子，留出空間讓空氣進入。

8 在步驟 7 裡加水，直到水從袋子的底部流出來為止。

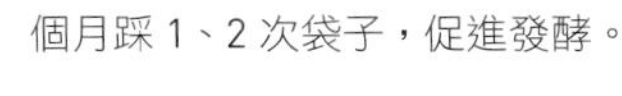

9 收緊土包袋的束口，用塑料膜罩住。1 個月踩 1、2 次袋子，促進發酵。

園藝藥劑

有時植株可能會出現葉子變白、遭受啃食等病蟲害症狀。請根據目的選擇合適的藥劑，正確地使用吧！

仔細閱讀藥劑的說明書

園藝用藥劑，包括預防且消除致病細菌的殺菌劑、消滅害蟲的殺蟲劑。根據病蟲害的種類區分，市面上有各式各樣的藥劑，植物性的藥劑也在增加。

發現植株出現任何異常的狀況時，請查明原因。這是選擇藥劑前的第一步。如果原因是害蟲，它會潛藏出現異變的葉子附近。因為有啃食的痕跡，所以不難判別。

然而，如果原因是天氣或營養缺乏，可能會出現與病原菌案例類似的病徵。如果無法自行判斷時，不妨拍下照片向農用資材行尋求建議。

仔細閱讀標籤和說明書

為了正確使用藥劑，請先確認藥劑的標籤和說明書。標籤和說明書上，清楚記載了藥劑的適用植物及效果，以及藥害的注意事項。

藥劑的效果因植物而異，如果用在不適用的植物上，很可能反而會有害健康。仔細閱讀藥劑上記載的資訊，找出容易出現效果的天氣或溫度、容易產生藥害的植物等。

對室外植物噴灑時的注意事項

要對盆栽植物噴灑藥劑很輕

直接使用的類型

噴霧劑

園藝新手也可輕鬆使用的按壓式噴頭類型。即使近距離噴灑，也不必像氣霧劑那樣擔心凍害，可以精準地噴灑。

一隻手即可輕鬆噴灑，一發現害蟲就能立即採取行動。輕鬆就能使用是其魅力所在。

氣霧劑

一隻手即可輕鬆噴灑使用的類型。不過，近距離噴灑植物可能會導致類似凍害的症狀，請確保通風並從較遠的位置噴灑在整株植物上。

距離植物約 30 公分，間歇 1 ～ 3 秒地噴灑，以確保藥劑均勻附著。也有 1 罐中含有殺蟲劑和殺菌劑的產品。

鬆，不過若是大樹或綠籬等大範圍的噴灑，可就沒那麼簡單了。

如果使用藥劑的地點是人口稠密的住宅區，請務必先告知鄰居。因為氣味會擴散，所以也請避免在強風或高溫時噴灑。

無病蟲害苗木的挑選技巧

出於喜愛而培育的植物，最好採取措施以防止病蟲害的侵襲。購買幼苗時應注意以下幾點：

・挑選當季的健康幼苗。

・檢查花盆內側和葉子背面，是否有害蟲或疾病的跡象。

玫瑰等受歡迎的植物，有明確標示能抵抗病蟲害的品種，以及嫁接在具耐病性砧木上的幼苗。

透過環境和日常護理預防病蟲害

健康的植物，是在適度的日照、通風和溫度下生長。在通風差且高溫多濕的環境下生長，會滋生真菌和細菌。植物失去活力，甚者呈現對疾病和害蟲毫無招架之力的狀態。請打造一個預防病蟲害的環境。下列的管理很重要：

・適當修剪茂密的枝條，確保植物本身的通風。把預計會密集生長的芽去除，也是有效的做法。

・勤於清除枯葉和殘花，保持土壤表面的清潔。

・定期檢查葉子背面和花盆內側是否有潛藏害蟲。如果發現昆蟲，請立即捕殺。

・使用過的剪刀務必消毒。

為了寶貝的植物，請務必熟記上述管理要點。

丸劑

比粒劑稍微大一點。零星撒在植株基部來使用。如果想要加快效果，也可在播撒後澆一點水以溶解藥劑。

將其零星撒在根基部，藉此誘引出土中的害蟲。透過餵食藥劑來殺蟲。速效性藥劑。

粉劑

粉末狀，連小地方都能均勻覆蓋。在室外施用時，藥劑可能會飛散，因此請考慮風速和風向再使用。

將容器口朝下，輕輕按壓容器即可施用。細粉附著在昆蟲上以殺蟲。

粒劑

顆粒狀，可以直接使用，且效果比較持久。撒在介質上的藥劑會透過根部吸收，並對啃食花朵和葉子的害蟲產生作用。滲透移行性藥劑。

作用遍及整株植物的殺蟲劑及殺蟲殺菌劑。播種或種植時混入介質，或是撒在植株基部。

溶於水後使用

[噴灑面積較廣時的裝備]

請穿著長袖工作服、長褲、雨衣等，避免皮膚暴露在外。佩戴口罩和手套，避免吸入或直接接觸到藥劑。

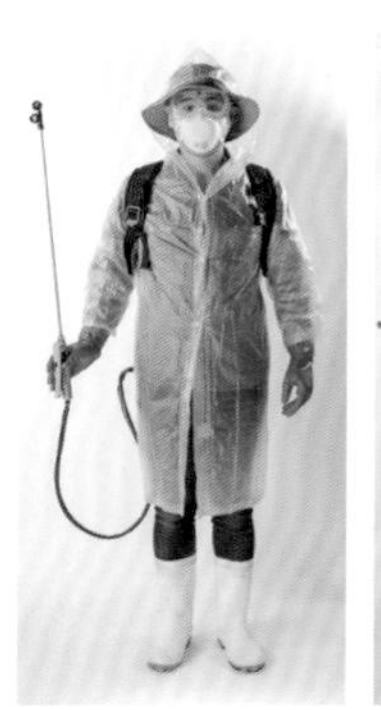

噴灑後的注意事項

噴灑結束後，檢查藥品的蓋子是否蓋緊。噴灑後徹底清洗手、腳和臉部，並漱口。噴灑時使用的衣物與其他衣物分開清洗，噴灑用的器具也請清洗乾淨，以利下次使用。

水和劑

有粉末型和液體型，都是用水稀釋後使用。家用粉末型分裝成小袋，不需要稱量藥物後再溶於水中，相當方便。

兩者都是用水稀釋後使用。有效對抗玫瑰的黑星病和白粉病。

乳劑、液劑

能夠以少量的藥劑進行大範圍的噴灑。由於是液體型，因此無需像粉末型那樣擔心稀釋後藥物飛散的問題。噴藥時，要考慮到鄰居。

乳劑容易計量，噴灑後不易弄髒葉子。

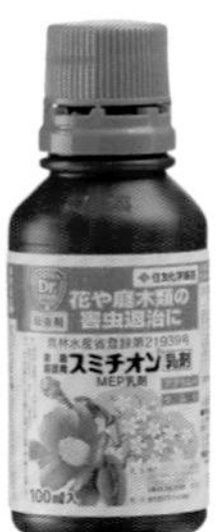

液劑，對侵害草花、庭木、蔬菜等的害蟲很有效果。

其他藥劑

消毒劑

用於不能抵抗病毒之植物的消毒劑。可防止感染和傳播。

用來替修剪殘花和葉莖的剪刀進行消毒。

植物生長調節劑

作用類似於植物生長時產生的植物激素。用來促進和抑制植物的生長。

最常見的是扦插用的發根劑。

展著劑

使噴霧液更容易黏附在昆蟲和樹葉上的藥劑。也可讓需要稀釋的藥劑更容易混合均勻。

使用極少的量，即可提高藥劑的效果。

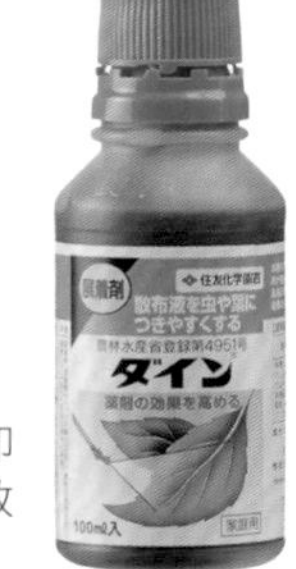

column

自製藥劑與忌避劑

儘管我們傾向於購買市售的藥劑，但您也可以用冰箱裡的食材來自己製作。也請嘗試用野草製成的忌避劑。

從食物中提取的手工農藥

可以用蔥屬的蔬菜來製作。對蚜蟲、蟎蟲有驅蟲作用，對白粉病有殺菌作用。

材料

蔥 1 根、洋蔥 1 顆、
大蒜 1 顆、韭菜 1 把
25 度燒酒（白酒）500 毫升

製作方法

1 為了更容易提取成分，先將所有材料切成小塊。

2 將切塊的材料全部放入有蓋的罐內，然後倒入燒酒。

3 排除切碎的原料之間的空氣，然後蓋上蓋子。放在陰涼的暗處約 1 個月，然後用廚房紙巾過濾就完成了。

使用方法

1 週噴灑 1 次。將液體稀釋 10 倍後使用。
除了害蟲外，還可用於疾病的預防與發生初期。也可將乾燥後製成粉狀的柑橘皮、問荊和西瓜籽磨碎後添加。

魚腥草的忌避劑

魚腥草據說有解毒、退燒和利尿作用等 10 種功效。獨特的強烈氣味可以驅蟲。

材料

魚腥草 200 ～ 300 克
水 600 毫升

製作方法

1 為了從葉子提煉萃取物，先用剪刀剪細。

2 把步驟 1 剪細的葉子加入沸水中，燙 3 ～ 4 分鐘。

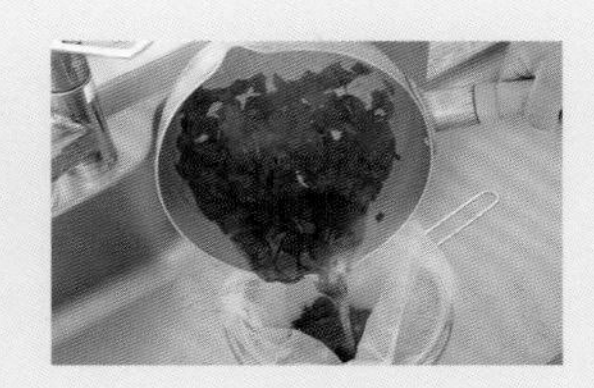

3 將步驟 2 用廚房紙巾等過濾，冷卻後裝入瓶罐中。

使用方法

直接噴灑，3 天左右用完。

咖啡渣的忌避劑

咖啡渣可以驅除討厭咖啡因的蛞蝓。乾燥後撒在介質上使用。市面上還有販售木醋液、竹醋液等忌避劑。

病蟲害

植物栽培時應注意的疾病與蟲害

為了保護珍貴的植物，必須要對疾病的成因有所了解。

原因有以下3種：

・**真菌**
・**細菌**
・**病毒**

由真菌引起的疾病，有白粉病和灰黴病。一種稱為絲狀菌的真菌，會導致葉、莖和果實腐爛。可透過改善排水和通風來預防。

同樣會在潮濕的環境下發生的，是由細菌引起的軟腐病。長時間下雨時，請將盆栽移至屋簷下。細菌會傳染給其他的植物，一旦感染請將其燒毀。

另外，如果是由病毒引起的病毒病或嵌紋病，因為無法治癒，所以也必須立即銷毀。如果發現疾病時，請使用殺菌劑。

用鑷子除掉害蟲

原則上，一旦發現害蟲就應立即捕殺。如果放任不管，損害範圍會逐漸擴大，成為疾病發生的原因。請用鑷子或免洗筷把去除。有些昆蟲是有毒的，所以不要徒手觸摸。防治用的殺蟲劑也有效果。

像花金龜這類可以幫助鐵線蓮花受粉的益蟲也很多。

疾病

白粉病

附著在新芽和嫩葉上的白色粉狀真菌。對策是在日照、通風良好的環境下培育，不要過度施肥。一旦發現請噴灑殺菌劑。好發於春～初夏和秋季的玫瑰、大理花的葉子和莖上。

黑媒病

葉子上出現黑色斑點，最終變黃並脫落。由於雨水濺到葉子上，使真菌（絲狀真菌）從葉子侵入。最好覆料以防止雨水噴濺，或是將盆栽移至屋簷下。發生於薔薇科植物。好發於6～11月。

嵌紋病

葉子上出現斑駁嵌紋，葉子變細或畸形。由蚜蟲傳播。這種疾病無法治愈，因此應清除所有受感染的植物。

玫瑰癌腫病

好發於櫻花和玫瑰等薔薇科植物，以及菊科植物上。原因是細菌，導致靠近地面的莖和根上形成腫塊。不會立即枯萎，而是逐漸衰弱。一旦發現請噴灑殺菌劑。可使用消毒過的剪刀來預防。

黑死病

以蚜蟲為媒介，造成聖誕玫瑰感染病毒。大多發生在新葉萌生的10～12月，以及生長旺盛的2～5月。沿著葉脈出現黑色條狀污漬。受感染的植株務必去除。

鬱金香球根腐爛病

發生在鬱金香球根上的疾病。由鐮刀菌所引起。9月份購買球莖時不會出現症狀，只有在種植前剝皮時才能會發現是否染病。如果發現疾病，請將球根丟棄。

害蟲

金龜子幼蟲（雞母蟲）

會啃食根部，導致生長不良。容易出現在未成熟的堆肥和腐葉土中，需特別留意。盆栽可每年換土換盆1次，並進行滅殺等措施。

斜紋夜蛾（斜紋夜盜蟲）

會啃食新芽和新生枝葉。如果發現葉子上有斑點，就把整片葉子清除掉。趁它們在孵化的葉子背面成群生長時剷除。當幼蟲長大後，主要是在夜間活動，所以被稱為夜盜蟲。

蚜蟲

主要發生在4～6月和9～10月。儘管身體只有小小的1～5公釐，但會集體吸食植物的汁液。是傳染嵌紋病和黑媒病的媒介。氮含量高的話容易發生，因此需節制肥料並確保通風。

茄二十八星瓢蟲

特徵是背上有28個黑點。全身長有短毛，長約6公釐。與肉食性的瓢蟲不同，這種瓢蟲是草食性的。成蟲和幼蟲，都是以茄子的葉子和果實、茄科植物的馬鈴薯和番茄為食。

椿象

從新芽到果實的啃食損害。果實被吸汁後會凹陷變形，導致生長不良、果實掉落。最好在椿象活動遲緩的清晨進行捕殺。以成蟲越冬，因此要將遭蟄伏的雜草和落葉徹底清除。

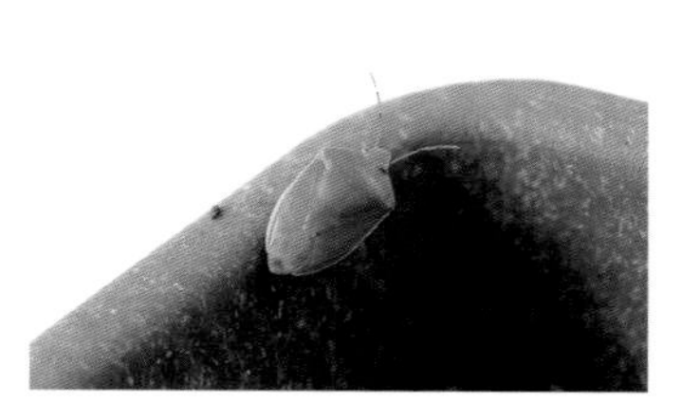

蛞蝓

早春孵化，成蟲長約6公分。喜歡潮濕的地方，白天躲在盆栽內側等處，到了晚上就開始活動。植物遭啃食後會出現像被削掉一樣的損害。移動時會產生黏液，行走後會留下白色條紋。

紅蜘蛛

發生於3～10月。雨季過後開始繁殖活躍。葉子背面被吸收汁液的部分會變成白色。總長0.3～0.5公釐。不喜歡水，所以每次澆水時最好替葉子噴大量的水以防除。

玫瑰黃腹三節葉蜂

經常附著在玫瑰上，5～10月會發生數次。綠色的小幼蟲以葉子為食，甚至可能在不知不覺中就被啃食殆盡。成蟲產卵的樹枝會垂直裂開，殘留痕跡。請徹底滅殺或噴灑藥劑。

挖土耕種工具

挖掘和耕耘土壤的工具，取決於如何使用。
請挑選尺寸和重量適合自己、易於使用的工具。

又大又長的園藝工具

園藝作業中處理土壤的必要工具，是圓鍬和方鍬。

一般也被稱為圓鍬，長度約30公分的小型工具是「移植鏝」。圓鍬指的是大型工具。操作大型圓鍬需要力氣，了解每種工具的用途並掌握使用的訣竅，可提升工作效率。

請挑選容易使用且順手的工具，享受不浪費時間、不超過負荷的園藝作業。另外，工具在使用過後，如果保養得當，即可長時間使用。

圓鍬

用來挖掘或耕耘花圃、田地等的工具。尖端越鋒利，越容易扎進土中，也越容易斷根。刀刃上緣有「腳踏屯」，請挑選好握且易於承受體重的產品。適合用來挖掘，也可用來挖掘、移植比較大型的植物。

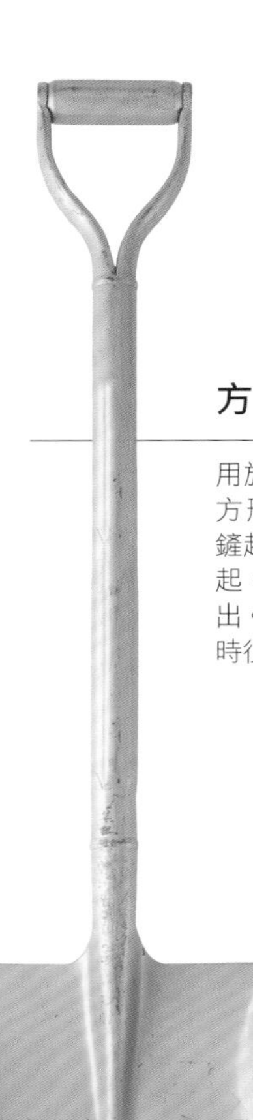

方鍬

用於鏟土和運土的工具。方形的鏟面易於收集、鏟起和攪拌土壤。兩側高起，以防止鏟起的土壤溢出。在製作大量的培養土時很方便。

圓鍬、方鍬、移植鏝、鋤頭的作用

每種工具都有其各自的用途。圓鍬和方鍬，是相似卻不同的東西。圓鍬是用來大範圍挖掘的工具，方鍬則是用來搬運挖出來之土壤的工具。

前端形狀尖銳的圓鍬，因為像尖頭的方鍬，所以也被稱為「尖鍬」，但嚴格來說用途並不同。請記住，方鍬是舀取工具，圓鍬是挖掘工具。另外，前面提到的移植鏝，顧名思義，是在進行幼苗和球根種植時的細節作業所使用的工具。

其他與土相關的大型工具，包括用來開溝作畦的鋤頭，和整平土壤時使用的耙子等。

工具要適材適所。最好根據各自的使用方式、種植空間及植物的類型，來備妥必要的工具。

翻土、鏟土

[方鍬的使用方法]

1 一手反手握住握把，另一手握住長柄，然後插入土的下面。

2 把鏟面鏟起的土抬起來。

3 一次可以鏟起很多土。倒土時，將其側向翻轉，將土翻過來。

[用圓鍬混合土壤]

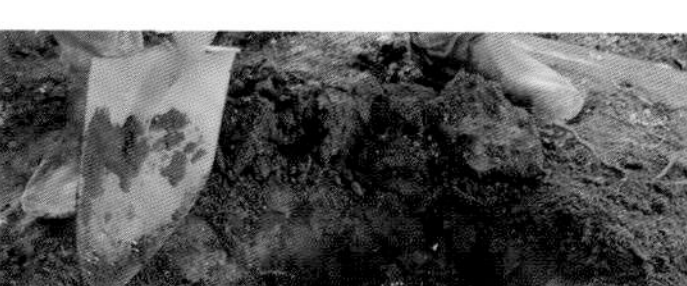

1 如果要挖掘植穴，混合少量的土壤改良介質的話，只要用圓鍬就可以了。

2 將圓鍬的尖端扎入土中，一邊把土弄碎一邊攪拌。

3 一邊翻轉圓鍬的面讓土上下翻轉，即可讓土中含有空氣。

[圓鍬的使用方法]

1 將腳放在圓鍬的腳踏屯上，利用體重將圓鍬扎入土中。

2 用雙手將體重加在握把上，利用槓桿原理把土挖起來。

3 用雙手提起土壤。把挖出來的土側向翻轉，把土翻過來。

其他好用的整土工具

鋤頭

可用來犁田、起壟、平整土壤。是農事作業不可或缺的便利工具。鋤刃和握柄有各式各樣的長度和重量。

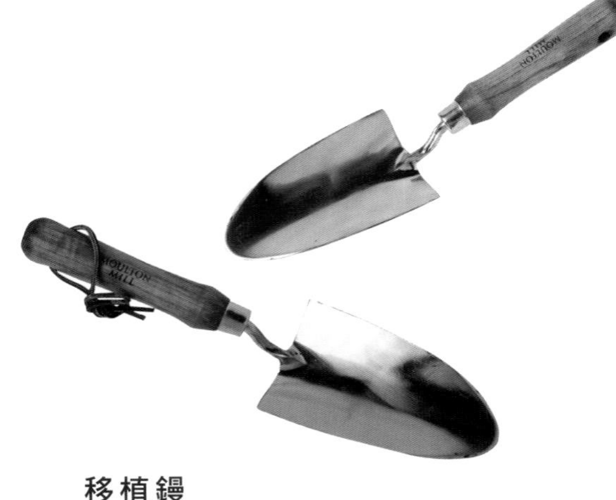

移植鏝

主要是在移植時，處理所有細節作業的工具。挖掘植穴進行耕種、混合少量的培養土、幼苗的種植和換土換盆等，用途相當廣泛。鏟面和握把上帶有刻度的製品，可用來測量植穴的深度，相當好用。尺寸和形狀相當豐富，最好挑選自己用起來順手的。

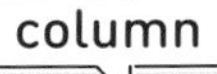

工具的保養方法

作業完成後，請將附著的泥土沖洗掉。最後，在刀刃塗上防銹噴霧或機油，使其使用壽命更長。

附著在刀刃和握柄上的泥土會導致生鏽，因此請務必徹底清洗。

徹底擦拭水分並晾乾。不時塗抹防銹劑。

耙子

用於整平土壤的農具。耕土後，將表面整平並清除石頭和土塊。也可用來聚集已割下或拔出的草。

小型耕耘機

家庭使用的小型耕耘機，是作壟進行正式的家庭菜園時的至寶。體積小，很容易轉彎，相當好用。可以讓翻耕土壤、打壟等費時耗力的工作，有效率地輕鬆完成。也有可用來割草和覆料的製品。

其他道具的使用方法

[作畦]

1 首先，徹底耕翻想要作畦的區域。

2 用繩子拉出要作畦的區域。也可使用短棍或塑膠繩。

3 沿著繩子一邊往後退，一邊鏟起繩子外側的土後往中間倒。

4 使用耙子平整土的表面。取下繩子就完成了。

[鋤頭的使用方法]

1 將鋤刃以傾斜的角度插入土中。

2 讓鋤頭和身體幾乎平行。將鋤刃轉向側面來平整土壤。

3 把土堆到植株基部進行培土時，以只有移動鋤刃的感覺讓動作變小。

4 將鋤頭舉至腰部高度，然後以落下的感覺去耕土。

[移植鏝的使用方法]

1 挖掘植穴或耕硬土時，反手握住後扎入土中。

2 狹小的空間的耕作，有移植鏝就足夠了。

3 鏟土時，用正手握住。填坑或整平土壤時，將其側倒來使用側面。

修剪切割工具

修剪伸長的莖和枝、調整樹形。
修剪作業各式各樣，請根據用途靈活運用。

接觸植物時經常攜帶剪刀

培育植物時，實際上會冒出許多修剪工作。工具有很多種，最基本的是修剪、切割工具。即使是園藝新手也建議準備的是剪刀和鋸子。長得很粗的枝等，用鋸子切割會更容易。在庭院裡賞花時，不妨攜帶剪刀以備不時之需。發現已經開完的花朵時，就把殘花修剪掉，長得太長的枝條也予以修剪，像這樣細心照料，花園裡的花朵數量自然就會增加。

使用後除了樹液，還可能有病毒等附著，所以請務必勤於用水清洗。擦乾水分、塗上防銹劑後再收起來吧！

剪定鋏

可剪斷最粗 2 公分左右的枝條的修枝用剪刀。將較大的刀刃（切割用刀刃）朝上，握壓手把使其與月牙形受刃交錯以進行切割。挑選適合手型的大小、重量和硬度。

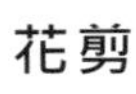

花剪

顧名思義，是用來修剪草花和細枝花木的剪刀。用於插花及植物的日常小保養。

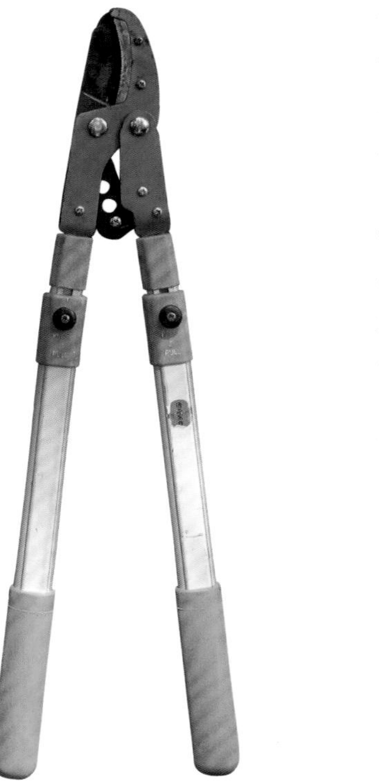

粗枝剪

稍微出力即可有效率地修剪普通修枝剪無法剪斷，又不至於要用到鋸子的稍粗枝條。

剪刀的保養

在剪刀變鈍之前進行刀刃的保養。使用後去除樹液，洗淨後晾乾。

應急處理

只需用鋁箔紙擦拭，或是用剪刀剪鋁箔紙即可。雖說是應急處理，但鋁在摩擦後會受熱而溶解，可用來修復破損的刀刃。

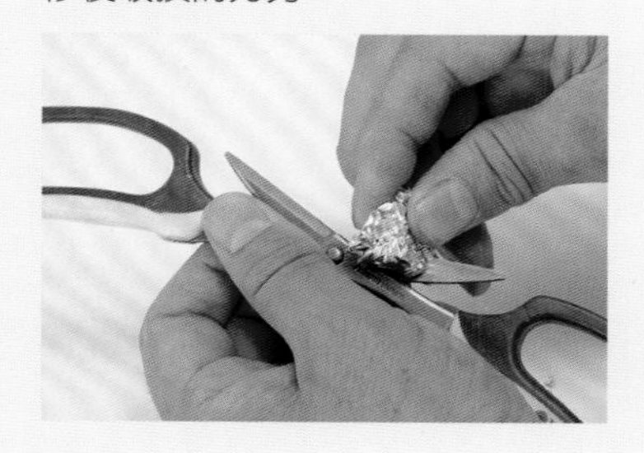

磨刀

用清潔劑清除樹液等。

把邊緣貼在刀刃上摩擦。

最後塗上防銹油即可。

萬用剪刀

辦公、日常使用的萬用剪刀，也可用作花剪。也可用來剪開花剪較難剪開的袋子或紙張等。

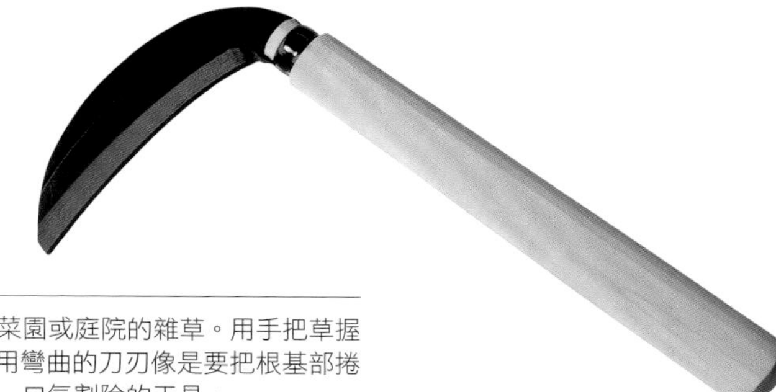

鐮刀

用來去除菜園或庭院的雜草。用手把草握住，然後用彎曲的刀刃像是要把根基部捲起來似地一口氣割除的工具。

鋸子

園藝用的是細長單刃的類型。將刀刃與枝條呈直角，在拉向自己時用力切割。使用歐美製的鋸子時，在推的時候也需要出力，需特別留意。手槍式的握柄帶有角度，單手也可使用，適合高處作業。

附刀鞘的鋸子

設計成可收進刀鞘的鋸子。收在木製的刀鞘中，即可放心攜帶。

盆器

盆器的大小、形狀和素材，也會影響植物的生長。了解構造和功能，挑選合適的盆器很重要。

根據直徑和深度挑選盆器尺寸

盆器的大小以口徑（直徑）來表示，有規定的尺寸。大小以「寸」為單位來表示。1寸盆的直徑約為3公分，園藝常用的尺寸是2寸（直徑約6公分）～10寸（直徑約30公分）的盆器。10寸盆也稱為1尺盆。依盆器的深度還可分為3種。口徑和深度幾乎相同的稱為標準盆（普通盆），深度為口徑一半的稱為淺盆，比口徑深的稱為深盆。

植物的大小及其根系的生長方式，會隨植物的類型和生長階段而有所不同，因此請為每種植物挑選口徑、深度合適的盆器。

各部位的名稱

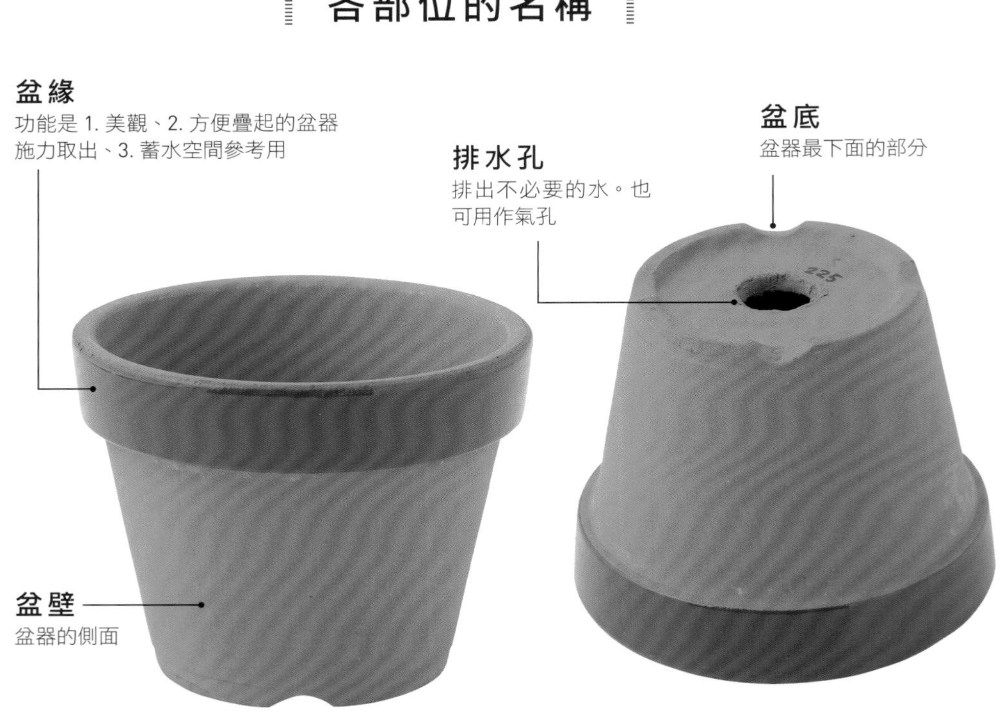

盆器的尺寸

盆的尺寸從 1 ～ 9 寸盆以 0.5 寸的刻度依序增加。9 ～ 13 寸是以 1 寸的刻度增加，有多種尺寸。

從陶製到塑膠製素材各式各樣

由各式各樣的素材製成的盆器，主流的是陶製（陶器）和塑膠製這2種。

包括義大利瓦盆在內的各種素燒盆都具有出色的透氣性和透水性，而日本傳統的瓦盆，則是耐久性優異的陶製盆器。雖然是種植植物的最佳材料之一，但也存在著水容易乾、厚重且容易破裂的缺點。

與天然素材製成的陶器相比，塑膠材料製成的盆器，雖然透氣性較差，但具有保水性良好、重量輕、不易破碎、使用方便等優點。用於播種和育苗的育苗箱、塑膠軟盆、穴盤也是塑膠製。最近也推出了在塑膠中添加玻璃或木粉，來結合兩者優點的種類。由回收保特瓶製成的不織布製花槽，也有方便移動的提袋型。此外，還有設計精美的木製和金屬製品。

陶製

粗瓦盆

復古質感、樸素乾燥風的素燒盆。由於是露天自然乾燥、燒製而成的，所以會出現焦痕、皺紋、扭曲變形、碎裂等質感，獨具風味。

釉盆

有上釉的陶器。透氣性和透水性比其他陶盆差，所以澆水時要小心。大多用作盆栽套。

素燒盆

以比瓦盆更低溫的 700 ～ 800°C 燒製而成，透氣性和透水性極佳。盆土很容易乾，雖然易於栽培植物，但有時會過於乾燥。

義大利瓦盆

義大利製的素燒盆，比一般素燒盆的燒製溫度更高。雖然透氣性、透水性比素燒盆略差，但具有設計感。

瓦盆

以 1000°C 左右的高溫燒製而成，雖然透氣性和透水性不如素燒盆，但非常耐用。在育苗軟盆普及之前，也曾被用作育苗盆。

盆器的深度

標準盆（普通盆）

口徑（直徑）和深度幾乎相同。用於多數的植物，尺寸也最豐富。

淺盆（半盆）

深度約為口徑的一半。適合根細的植物和植株矮小的植物。

深盆（高腰盆）

比口徑的尺寸還要深。用於向日葵、聖誕玫瑰等軸根系植物。

新型樹脂素材

塑膠混合木粉

在聚丙烯調和天然木粉所製成的塑膠盆。自然的質感與植物完美融合。

回收寶特瓶

由回收保特瓶和天然纖維製成的永續產品。帶有手把的手提袋型，方便攜帶。透氣性和排水性高，不容易悶熱。

木製

木製花槽

發揮木材的天然風味的木製容器。含水時會變重，持續處於潮濕狀態可能會腐爛。

金屬製

馬口鐵花器

設計性高、輕巧、好用而廣受歡迎。但透氣性、排水性較差，夏季容易積熱。

帶腳的類型，可提高透氣性和排水性。

塑膠製

狹縫盆

塑膠的優點是質地輕、不易破碎、易於處理。透過長縫孔來改善透風性和排水性。有各式各樣的尺寸。

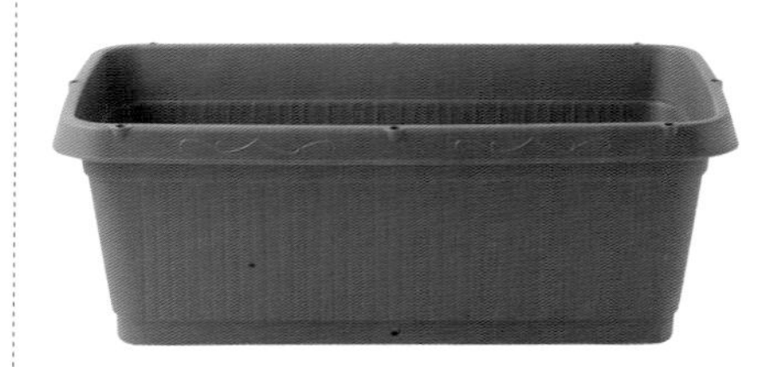

長花槽

可種植多株植物的橫長箱型花槽。也具有各種深度，是在陽台種植蔬菜等不可或缺的盆器。輕巧、耐用且容易使用。

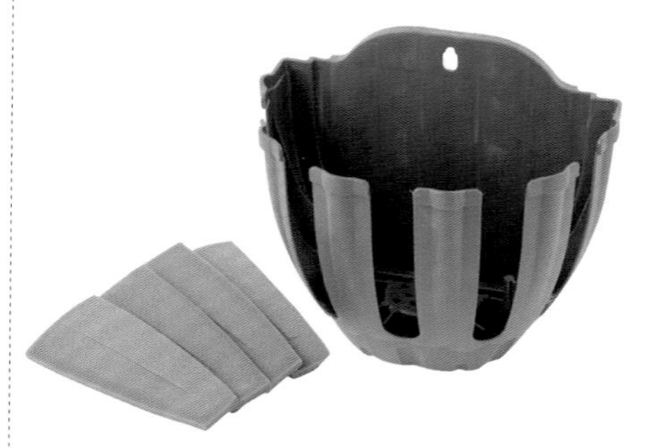

吊盆

容易因為幼苗和介質而變重的吊盆，塑膠製的可稍微減輕分量。幼苗可以種在縱長的狹縫中（請參照p.224）。

column

盆底的類型

挑選花盆的另一個重要因素，是盆底的形狀。請確認是否有排水孔、排水孔的大小和數量、接觸地面時的狀態。盆底若有墊高設計，則可在地面和花盆之間形成一個空間，進而提升排水性，防止花盆內部悶熱。盆底平坦的類型，水很難從排水孔流出，必須加入盆底石替盆內製造空隙。

盆底平坦的類型（左），可以加入盆底石以改善排水。

盆底石的使用方法

鋪在盆底以製造空隙，提高排水性。也可使用浮石等。

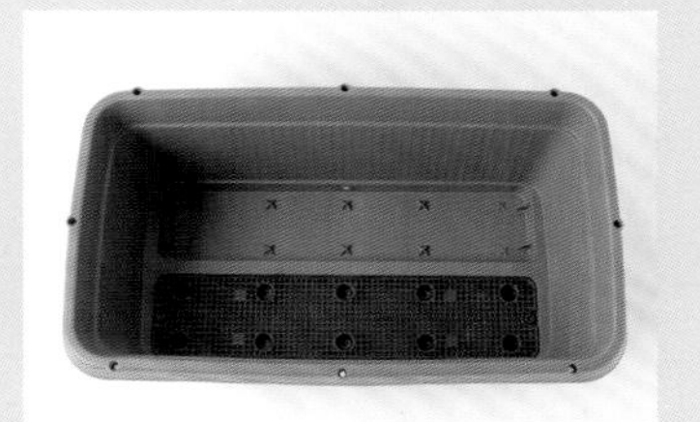

蔬菜用長槽。盆底的瀝水板下可蓄水。

播種、育苗的便利資材

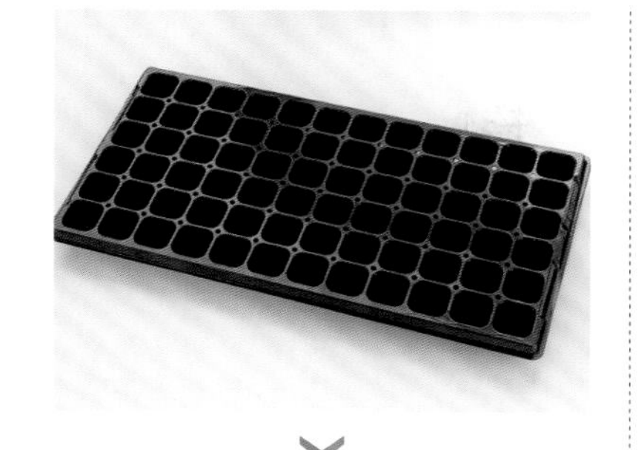

穴盤

由小框格連接在一起形成托盤狀的育苗箱。每格播種 1 粒或多粒種子。相鄰幼苗的根部不會相互纏繞，容易管理。

取出穴盤後會看到底盤，蓋子是透明的，具有保溫效果。

育苗箱

發芽率差的種子或需要疏苗之植物的種子，可以一次大量播種培育的箱子。挑選健壯的幼苗，移植到育苗軟盆中。

育苗軟盆

由聚乙烯製成的便宜薄盆。主要使用口徑 6 ～ 9 公分的尺寸。用於播種培育幾粒種子，或是替幼苗製作盆栽苗時使用。

澆水壺

每天使用的工具，請挑選符合用途且順手的款式吧！也請活用蓮蓬頭，耐心仔細地澆水。

為澆水特製的專用工具

澆水壺，是在裝水的水箱上附加筒狀注水口和握把的容器，構造雖然簡單，卻是最頻繁使用的工具。推薦使用輕量、不必擔心生鏽、耐用的塑膠製品。如果只能選1款的話，最好挑選具有像淋浴花灑一樣有無數出水孔的蓮蓬頭且可裝卸的類型。使用後，徹底晾乾，放在垃圾和灰塵不會掉入的地方。

鋅製的澆水壺。蓮蓬頭可裝卸。

由廢棄塑膠製成的義大利製澆水壺。蓮蓬頭是以滑動的方式拆卸。

鋼製細口的室內用澆水壺。

英國製造的澆水壺。黃銅製的蓮蓬頭不容易因水鏽蝕，也不容易生苔。

塑膠製。方便替多個盆栽澆水的小型澆水壺。

[澆水壺的使用方法]

如果將蓮蓬頭朝下，水流會變強。

如果將蓮蓬頭朝上，會變成輕柔的水流。

取下蓮蓬頭，用手調整水量。可增加水勢，沖走蚜蟲等害蟲。

測量工具

可做為時期和狀態等的基準，測量器若使用得當，會是強大的好幫手。為了讓植物更健康地生長，也可用數值來檢查。

測量溫度、土壤酸鹼度和濃度

對植物的栽培而言，確認各式各樣的數字很重要。測量氣溫的溫度計，為了調節到最適合生長的溫度，建議使用可顯示最高溫度和最低溫度的最高最低溫度計。此外，如果想在同一個地方反覆種植花卉和蔬菜，則測量土壤酸鹼度的酸度計或測試套組會很好用。需要用水稀釋後使用的液肥，請準備量杯等工具，測量後再使用吧！

最高最低溫度計

顯示 24 小時或 12 小時的最高和最低溫度。每天早上固定時間記錄數據，作為栽培的參考。

酸度計

可以直接插入植物栽培地點或盆栽來測量土壤酸鹼度的工具。

pH 值計（酸鹼值計）

可輕鬆檢查土壤酸鹼度的套組。用於養土時的 pH 值調節等。

量杯

建議使用 1 公升的容量。用滴管測量並添加液肥或藥劑，以達到規定的濃度。

[酸鹼度測量套組的用法]

1 將要測量的土壤和 2 倍的水放入容器中充分混合。

2 使用滴管吸取步驟 1 的清液，然後加入試管中。

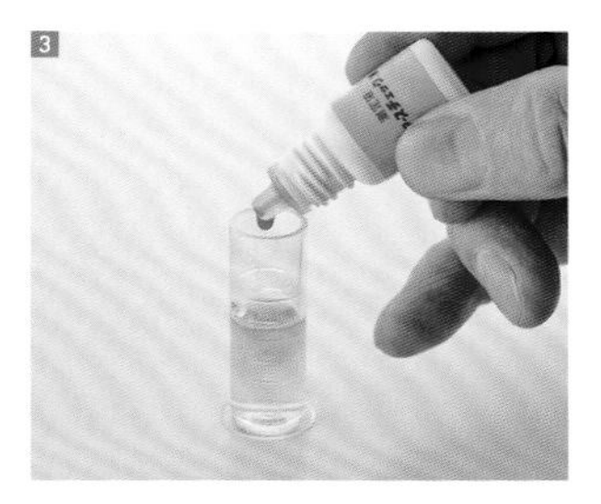

3 將規定量的測量溶液加入步驟 2 的試管中，蓋上蓋子後搖勻。

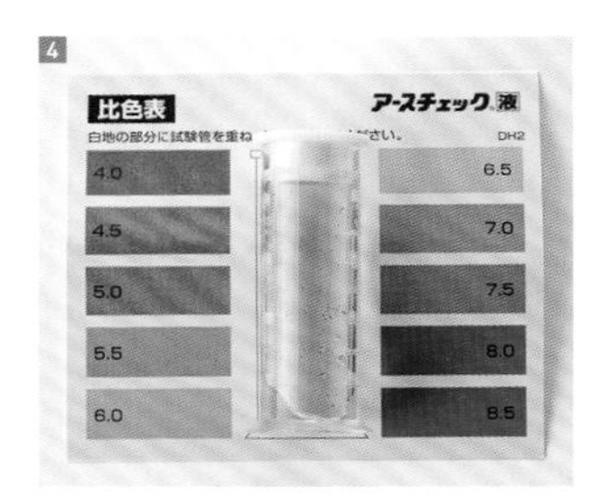

4 當顏色發生變化時，即可參照表格的顏色來確認酸鹼度（pH）。

＊使用方法因產品而異，請按照說明書使用。

保護資材

保護植物免受夏季的強烈日照、冬季的寒冷與霜凍，以及乾燥的影響。使用保護資材（披覆材）幫助植物健全地生長吧！

緩解環境的嚴峻保護植物

保護資材，是用來保護夏季暴露在強烈直射陽光下的菜園和西曬強烈的庭院、冬季的寒冷等，在嚴峻生育環境下生長的植物。大多數用於覆蓋植物，也稱為披覆材。

廣泛用於多種用途的紗網，是一種粗糙的平織布，可用來遮擋夏季的直射陽光以降溫、保濕、防蟲、防風防寒、防凍害等。其他像是不織布和防蟲網，也具有類似的功能。只不過，主要的效果會隨顏色和材質而異，請根據目的挑選適合的製品。

覆蓋土壤表面的黑色地膜，是

覆蓋用的保護資材

不織布

纖維未經過編織製成的布狀物。用於庭木、多年生草本、蔬菜的保溫和除霜。也用來防治播種後的鳥害及害蟲。

[使用方法]

保溫效果高，可用來保護不耐寒的多年生草本植物。

為了防止凍害，豎立支架並鋪設成隧道狀。

紗網

豎立支架後罩上去，藉此覆蓋植株。只覆蓋紗網的話，還是可以澆水。有不同的顏色和遮光率可供選擇，請根據目的使用。

[使用方法]

遮光率高，適合短日照處理及夏季使用。

可全年用於需要日照的植物。

防蟲網

也有編織銀線的款式，可用來驅趕蚜蟲等不喜歡閃亮物體的昆蟲。

用來提升地溫、防止土壤乾燥。地膜覆蓋的區域可阻擋光線，使雜草難以生長。對泥漿飛濺和病蟲害的預防、防風，也有極大的幫助。雖然大面積鋪設較為耗時，但是有助於生長，提高蔬菜等的產量。

地膜的鋪設方法

1 作壟。先刮掉畦周圍的土，較容易固定地膜。

2 把捲筒式地膜放在畦的其中一個短邊上，用土覆蓋並壓住地膜邊緣。

3 一邊對齊地膜的中心與畦的中心，一邊完成整個區域的覆蓋。

4 當到達另一個短邊時，用土壓住地膜後進行剪裁。

5 一邊踩住地膜長邊的邊緣，一邊用土覆蓋掩埋。其中一邊做完再處理另外一邊。

6 將腳踩在剩餘的短邊上，慢慢加注重量將其壓緊後用土填埋。

7 用 U 型鐵絲或固定插固定地膜，以防止被強風吹走。

8 覆蓋完成。根據中心的標記鑽孔，製作植穴。

地膜

使用黑色的塑膠薄膜。有捲筒式和單片式。也稱為農膜。

替地膜鑽植穴或開孔。握住手把，從地膜上方往下壓。

也有預先鑽好孔的類型。省去鑽孔的時間相當方便。可直接在開孔的部分挖植穴，種植植株。

栽培時可派上用場的其他資材

園藝材料的種類相當豐富，你可根據培育的植物和栽培空間，選擇資材的大小、形狀、顏色和材質。

當你決定好要種的植物時，走一趟販售各式產品的家居中心或園藝店，或許會有新的發現。請務必善加利用這些方便的資材。有支架和網子等各種易於使用的物品，也有能融入植物和庭院氛圍的天然素材製品。

此外，為了安全、愉快地進行園藝工作，最好穿著園藝服裝，例如園藝專用的圍裙、堅固的手套。由於會接觸到土和水，因此請選擇鞋底防滑的鞋子。帽子和披肩等，除了防曬，也具有防土塵的效果。建議挑選好洗、快乾的產品。

視需求準備的材料

[天然素材]

椰子的覆蓋材料

由椰子殼（左）和椰子纖維（右）製成的覆蓋材料。用來覆蓋植株基部以保持土的溫度和濕度，並防止雜草生長。

豌豆的稻草圍籬

用稻草將豌豆圍起來，藉此除霜、防寒。稻草，是廣泛應用於菜園和花圃的便利資材。

竹支架

傳統的細竹支架。輕巧、易於使用且便宜。細的可以當作支架，粗的可以用來張網。

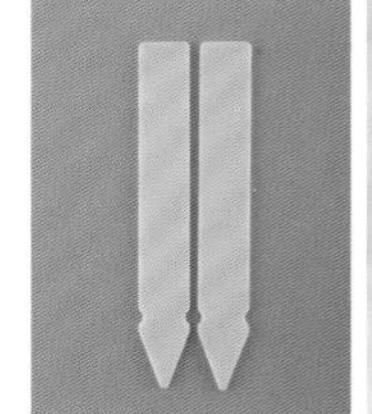
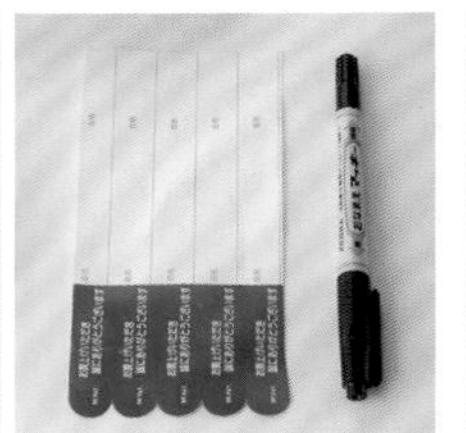

名牌

最好養成立名牌的習慣。園藝店使用的品名標籤。可寫入大量栽培記錄的也很好用。

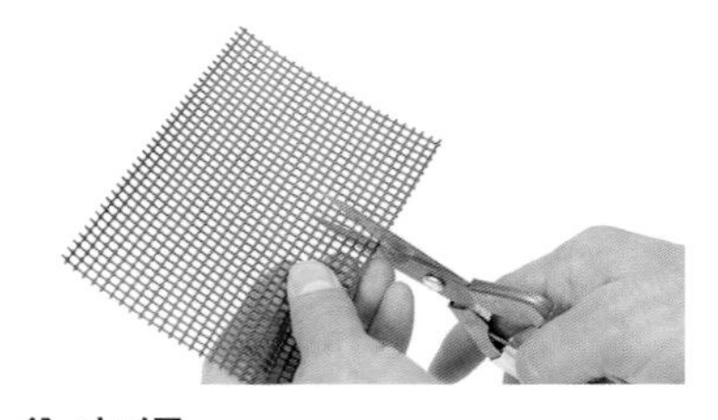

盆底網

依照盆底排水孔的大小剪裁使用。可防止土從洞孔流出、昆蟲侵入。

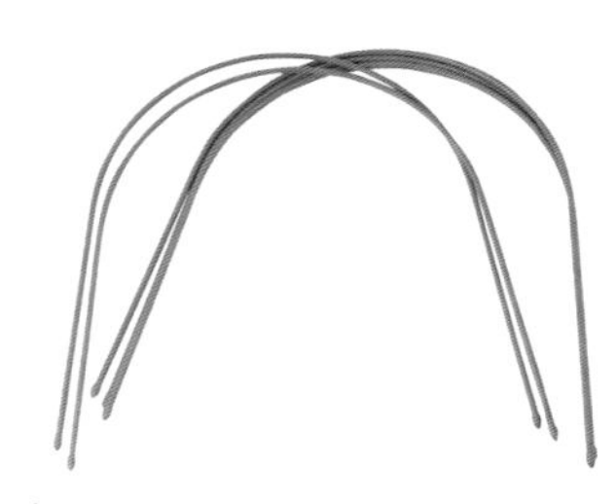

支架

塑膠塗層鋼管製成的支架。除了長條型，還有拱型隧道支架、爬藤支架等。

園藝網

可用於蔓性植物的綠窗簾或農業用途，網子的尺寸和目數的大小，也請根據用途來挑選。

用於種植豌豆的園藝網。 也適合種植黃瓜、苦瓜。

園藝工作服

園藝圍裙

能讓你舒適工作的功能性與耐久性是挑選重點。有多個口袋，下擺的開衩方便雙腳活動。

帽子

戶外工作的必備單品。最好選擇可阻擋陽光的大帽簷類型。

園藝手套

防水止滑。手背採用布製以防止悶熱。

在園藝工作以外也能使用的高設計性手套。用粉紅色的皮革鑲邊。

披肩

頸部防曬、止汗用的披肩。

長筒靴

易於彎腰和站立的柔軟材質，也可防水。

園藝鞋

可方便快速穿去花園或陽台的花園涼鞋（右），以及輕便易穿的短靴。

Chapter 5

與植物共處的12個月

生活，
從一盆植物開始閃耀。
摘下一朵盛開的花來裝飾房間，
用採收的收穫物，品嚐當季的味道。
因為是自己培育的植物，所以備感喜悅。
有植物相伴的12個月，
將會是心靈富足充實的日子。

Spring

春

春意盎然。染上一片花色的時分讓人欣喜，
不久，將在花瓣飛舞的景色中與春天惜別。

櫻花

當染井吉野櫻的櫻花前線北移時，
正是八重櫻燦爛的季節。

科・屬／薔薇科李屬
開花期／ 3 月中旬～ 5 月上旬
種植／ 11 月中旬～ 2 月中旬
繁殖方法／嫁接。冬季進行

油菜花

把菜園染成了黃色的油菜花。
西洋油菜、小松菜等的花的總稱。

科・屬／十字花科蕓苔屬
開花期／ 12 ～ 2 月
播種／ 10 ～ 11 月

科・屬／罌粟科罌粟屬
開花期／２～５月
種植／２～３月
繁殖方法／播種 11 月～１月

虞美人

隨風搖曳的可愛花朵，又名虞美人草。
喜歡良好的通風和日照。

科・屬／薔薇科薔薇屬
開花期／全年（春、秋最盛）
種植／秋至春
繁殖方法／扦插、空中壓條、嫁接。都是秋至春

玫瑰

有各種不同的花色、形狀、香味、樹形。
每年的這個時期一齊豔麗華美地綻放。

3月

March

從油菜花到絢麗的金合歡和花桃持續開花的3月。天氣一天天變暖，植物生長得很快。園藝作業突然變得忙碌了起來。

春天的初始
和金合歡、小三色堇同遊

3月，3日為桃花節，8日為含羞草之日。從一開始就持續著用花卉慶祝的活動。桃花搭配油菜花和鬱金香是經典的組合。金合歡連同銀色的葉子一起插在花瓶中，或是繞在大型枝條上就成了迷人的花環。地植栽培會長成一棵大樹的金合歡，只要用盆器栽培，即可培育成容易照料的大小。

在陽台上，從食用花用的種子培育的小三色堇盛開著。用採摘的鮮花與春季蔬菜做成的沙拉，簡直就像是一片花田。擺上已經開始綻放的木香花加以點綴。

只要把一枝金合歡捲起來，就可以享受花環。

金合歡很適合插在水罐裡。

一邊撫摸小花，一邊品茶。

食用

- ◉食用花的沙拉
- ◉油菜花
- ◉雛霰
- ◉菱餅　◉牡丹餅

裝飾・手作

- ◉金合歡的花環
- ◉含羞草之日的布置
- ◉雛祭的布置
- ◉用鬱金香裝飾

培育

- ◉玫瑰的採芽
- ◉球根植物的摘除殘花
- ◉花圃和菜園的整土
- ◉小三色堇的交配 ※花期期間

小三色堇。

小三色堇。

撒上木香花的花瓣。

如果是用無農藥栽培的食用花幼苗來培育，即可做成沙拉享用。

桃花搭配鬱金香和油菜花的裝飾。

讓凋落的桃花浮在水上，營造雛霰風。

鬱金香相當適合自然隨意的擺飾方法。

4月

April

全日本都染上櫻花色的4月。花草熱鬧地綻放，小草也閃耀著光芒。迎來真正的春天，是想要盡情呼吸植物香氣的季節。

摘下艾草的新芽 享受古老的風俗

自古以來，櫻花開花就是春天播種的信號。把這個春天的象徵做成櫻餅、櫻花茶來品嚐。說起春天的味道，艾草也是其中之一。在路邊看到的這種野草，其實是富含維他命、礦物質、膳食纖維的藥草。也用於艾草茶、入浴劑，和散發清爽春天香氣的艾草糰子。摘下茂密生長的溫和綠葉，將被其顏色和香味所治癒。

庭院裡的花圃和盆栽，也迎來了一年中最活躍的時期。一旦確定不會再回寒，就開始播撒花卉和蔬菜的種子吧！也別忘了儘快修剪生長旺盛的雜草。

食用

- 艾草糰子
- 櫻餅

裝飾・手作

- 用小小的櫻花點綴
- 櫻花的筷子裝飾
- 把小三色堇放入杯中

培育

- 開始春天的播種
- 留意回寒
- 春植球根的種植
- 春夏用花苗的種植
- 儘快去除雜草

馬口鐵盆是鬱金香和小三色堇的雙層植栽。

配合花卉彩繪花盆！

放眼望去鮮花滿溢的春季庭院。

剪櫻花時，用剪刀剪出切口。

如果剪出十字形的深切口，即使是小花苞也會綻放。

吃飯時，將櫻花小枝疊放在筷套上。

採摘艾草的嫩芽。

將煮好的艾草用水浸泡，做成香噴噴的糰子。

櫻餅和插在玻璃杯裡的櫻花小枝。下午茶時光的浪漫春天景色。

艾草也可用來泡茶、泡澡等。

用芳香的迷你小三色堇裝飾。

5月

May

在這個所有植物都生氣勃勃的月分，玫瑰的芬香替庭院增添風韻。在寒風凜冽的隆冬，正是為玫瑰花換盆和修剪的最佳時機。

薰風季節的庭院，是色彩繽紛的玫瑰花園

5月5日是端午節。祈求男孩順利成長的活動結束後，玫瑰的季節就開始了。庭院裡玫瑰盛開的房子比比皆是，熟悉的景色都染上了玫瑰的色彩。

在玫瑰的華麗表情和芬芳的包圍下，春天的喜悅更加強烈。冬天，暴露在寒風中努力換盆和修剪，玫瑰定會心懷感激。最美的時刻總是消縱即逝。在園藝筆記本上，寫下今年的玫瑰狀態，並拍照留存。

從秋天開始培育的草莓，也到了採收時期。如果採收量豐碩，還可製成草莓醬。

食用

- 草莓醬
- 粽子
- 柏餅
- 洋甘菊茶

裝飾・手作

- 將菖蒲放入水盆中
- 用玫瑰裝飾玻璃器皿

培育

- 春播苗的定植
- 玫瑰新苗的種植
- 玫瑰和草花的摘除殘花
- 大麗花的摘除殘花

端午節。關西人吃長粽（如圖），關東人吃柏餅。

可賞花的是花菖蒲。與泡澡時加的菖蒲是不同品種。

洋甘菊，花可以直接採摘來泡茶。

採摘後用作裝飾，玫瑰又會呈現出不同的風貌。加點香草一起插入杯中。

像野薔薇一樣的小玫瑰。

玫瑰先把刺去除再用來裝飾。

採摘成熟的草莓。

用新鮮採摘的草莓製成的果醬，獨具風味。

想讓草莓長得更大顆，訣竅就是把花朵疏除。

Summer
夏
梅雨的晴天，花朵和葉子被雨水沖刷而閃閃發亮。
然後，當雨季結束時，朝榮暮落的一日花，為炎夏增添了絢麗的色彩。
鐵線蓮
蔓性的宿根植物。楚楚動人的單瓣、
可愛的鐘形等，花形、花色豐富多樣。

科・屬／毛茛科鐵線蓮屬
開花期／全年
種植／全年
繁殖方法／扦插。全年

繡球花

球狀的花朵，替梅雨季節帶來清涼感。
原產於日本的灌木，旺盛地生長。

科・屬／八仙花科八仙花屬
開花期／２～６月
種植／全年
繁殖方法／扦插。全年

科・屬／萱草科萱草屬
開花期／ 4 ～ 7 月
種植／秋至春
繁殖方法／分株。秋至春
Summer
萱草
像百合一樣華麗的大花朵，是一日花。
野萱草等自生種也在山野中綻放。

6月

June

因為正好在梅花成熟的時候下雨，所以稱為梅雨、入梅。專注於多雨的這個季節能做的事，也重視梅雨季節的晴天。

將綿綿細雨孕育的初夏果實端上餐桌

在下雨的天空下，燦爛盛開的是繡球花。為了下一個季節，替玫瑰和鐵線蓮摘除殘花和回剪。生長繁茂的香草，透過疏枝預防悶熱吧！

這個季節的恩惠，是紅紫蘇和梅。菜園裡茂盛的紅紫蘇可製成梅汁、梅干。如果院子裡的果實很小的話，就買青梅。梅酒需要熟成，早點品嚐的話就是梅汁。陽臺上培育的蠶豆盆栽也等待收成。

梅雨結束後，蟲子的活動會變得活躍，所以用魚腥草做忌避劑。

食用

- 梅酒
- 梅汁
- 紫蘇梅汁
- 香草蒸雞肉
- 烤蠶豆

裝飾・手作

- 繡球花盆栽
- 製作乾燥繡球花
- 魚腥草的忌避劑

培育

- 馬鈴薯的袋栽培
- 玫瑰和草花的摘除殘花
- 鐵線蓮的回剪
- 香草的疏剪

種一盆紅紫蘇，用來榨汁和醃梅干。

青梅挑選飽滿、無損傷的。

有美麗葉子的芋頭。也可作為室內綠化。

櫻花盛開後 2 個月，是蠶豆的採收期。

燒烤鮮摘的食物。不用任何調味，直接品嚐原味。

繡球花在豔陽下顯得更加生氣勃勃。

將修剪好的繡球花掛在通風良好的陰涼處晾乾。

這也是芫荽綻放白色美麗小花的季節。

撒上芫荽的蒸雞肉料理。香味刺激食慾。

把青梅製成梅酒和梅汁。
紅紫蘇汁也是這個季節才有。

具有獨特臭味的魚腥草，
煮沸後用作害蟲的忌避劑。

在陰涼處繁殖的魚腥草，
是一種稱為十藥的藥草。

7月

July

當天氣轉晴、晴空萬里時，人和植物都開始活躍了起來。配合以夏天的力量為食糧迅速茁壯的植物，進行養護和採收。

夏季蔬菜茁壯成長，廚房工作也相當忙碌

迎來真正夏天的菜園，簡直就是蔬菜的豐收祭。黃瓜或夏南瓜如果忘了採收，過幾天可能會長到絲瓜那麼大。種了幾株蕃茄，季節到了也開始陸續結果。即使每天用來料理、做成番茄醬保存也用不完。玉米請在被野鳥盯上前採收吧！陽臺上栽培在袋子裡的馬鈴薯也可採收了。還可輕輕採摘香草來料理。

從春天到秋天長時間綻放的百日草和矮牽牛，如果失去了活力，就回剪讓植株恢復元氣吧！

食用

- ◉羅勒醬
- ◉羅勒炒春收馬鈴薯和鮪魚
- ◉培根羅勒義大利麵

裝飾・手作

- ◉迷迭香入浴劑
- ◉迷迭香餐具架
- ◉用修剪下來的百日草裝飾

培育

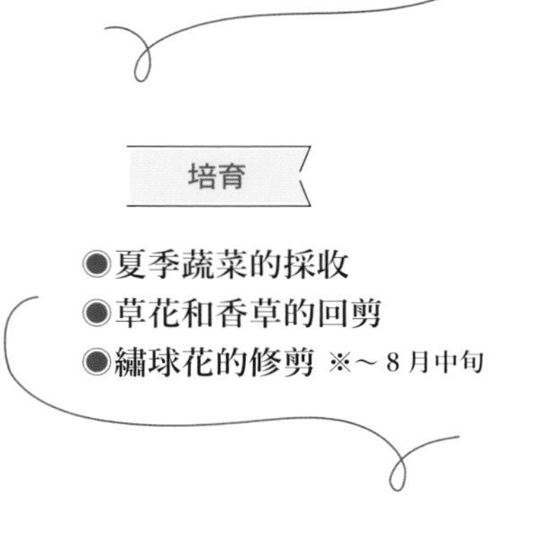

- ◉夏季蔬菜的採收
- ◉草花和香草的回剪
- ◉繡球花的修剪 ※～ 8 月中旬

透過剪短莖或採摘葉子來採收羅勒。

羅勒的濃郁香味刺激食慾。

讓採摘下來的香草吸水以保持鮮度。

泡澡時加入迷迭香，有放鬆的效果。

用迷迭香的小枝條製作芳香的餐具架。

將新鮮採摘的羅勒製成義大利麵醬。用番茄增添清爽口感。

菜園裡的蔬菜雖然形狀不一，但味道鮮美。

在採收當天料理羅勒炒馬鈴薯和鮪魚。

修剪下來的百日草擺飾在室內，欣賞到最後一刻。

8月

August

炎熱的8月。替花、樹、蔬菜進行抵抗炎熱的養護。暑假，和製作標本等的植物們一起玩，舒適愜意地度過吧！

早起，著手植物的防暑對策和園藝工作

一早就艷陽高照的8月。園藝工作在早上進行。替西曬的樹木覆蓋黑色的紗網，把直接放在混凝土上的盆栽用磚塊墊高確保透氣。幫討厭炎熱的玫瑰在根基部鋪上厚厚的腐葉土，各自採取相應的防暑對策。

本月花草以向日葵、瓜葉向日葵、金雞菊、大麗花等菊科植物居多。早起摘除殘花，葉子虛弱和花朵變小的花草們就予以回剪。工作結束後，將薰衣草等香氣宜人的香草浮在水中，用來清洗被土弄髒的手腳吧！

食用

◉西班牙冷湯
◉番茄沙拉
◉藍莓沙瓦

裝飾・手作

◉瓜葉向日葵的擺飾
◉植物標本
◉押花

培育

◉防暑對策
◉草花和香草的回剪

植物標本的訣竅與押花相同。趁枯萎前進行。

帶根製成標本。剪掉過度重疊的花芽。

色彩繽紛的夏季花朵。製成押花也很有趣。

使用押花套組，即可製成色彩繽紛的押花。

用庭院裡的金雞菊作為裝飾。藍莓差不多要結出最後的果實。

把薰衣草和鮮花漂浮在水中，用來清洗工作後的雙手。

將採摘的鮮花和蔬菜放在陰涼處，避免因暑熱而枯萎。

西班牙冷湯富含番茄和甜椒等夏季蔬菜。

綠薄荷配料與番茄很搭。

用藍莓、醋和砂糖製成的沙瓦，可補充維他命。

Autumn

秋

在風中輕輕搖曳的花田，是多數人心中描繪的秋天風景之一。
隨著白天的縮短，植物們的顏色也日漸變深。

科・屬／菊科波斯菊屬
開花期／ 10 ～ 6 月
種植／ 9 ～ 2 月
繁殖方法／播種 8 ～ 4 月

鼠尾草

英文名稱為 Sage，種類有 900 種以上。
到了秋天會長得很高，繁花點點。

科・屬／唇形科鼠尾草屬
開花期／全年
種植／全年
繁殖方法／扦插。全年

大麗花

華麗的球根植物，花朵從小輪到大輪都有。
鮮嫩感在晴空的映襯下顯得格外耀眼。

科・屬／菊科大麗菊屬
開花期／ 12 ～ 6 月
種植／ 10 月～ 3 月
繁殖方法／分球 10 月～ 1 月

Autumn

9月

September

盛夏的炎熱終於告一段落。當早晚的氣溫開始下降，讓人感受到秋天氣息的楚楚動人的花草，開始平靜地綻放。

春天的初始
和金合歡、小三色堇同遊

9月上旬務必要進行的，是玫瑰的修剪。透過修剪，即可盡享美麗的秋季玫瑰。當紅色的彼岸花在路邊綻放時，園藝工作就進入下一個階段，也就是秋季播種的開始。請挑選能抵禦即將到來的寒冬，並且生根良好的幼苗。

庭院裡在初夏扦插的薄荷葉繁茂生長，經過回剪的百日草和矮牽牛又再次綻放。一邊品嚐著夏天的餘韻，一邊被開始變色的葉子、果實等領先季節的色彩所感動。不妨摘下可愛的小花裝飾房間，或是製成工藝品，為房間帶來一絲秋天的氣息。

食用

- 薄荷醬烤羊排
- 麝香葡萄開胃酒
- 香草茶
- 萩餅　● 月見糰子

裝飾・手作

- 枝條和草花的乾燥花束
- 波斯菊花束
- 千日紅的乾燥花

培育

- 秋季播種的開始
- 秋植球根的購入
- 家庭蔬果園的香草
- 玫瑰的修剪

盛夏來臨前回剪的薄荷，在秋季復活。

薄荷醬烤羊排。用蜂蜜增加甜味。

檸檬馬鞭草的香草茶香氣宜人。

時令麝香葡萄酒搭配戈貢佐拉起司。

一旦選定茂盛的植物，就立刻分甕手整理樹枝。

在白色的波斯菊中，添加墨西哥鼠尾草的花和葉，打造清新的花束。

只要利用修剪下來的枝條和庭院裡的花草，即可製成乾燥花束。

插在小瓶子裡擺飾的紫菀和大麗花。

把夏季開始持續綻放千日紅製成乾燥花。

玫瑰的果實。原種大花香水月季較早熟。

10月

October

芬芳的花朵盛開著。丹桂的花香飄逸四處。秋天的玫瑰在低溫下緩慢生長，香氣因秋天清澈的空氣而更顯濃郁。

品嘗丹桂和玫瑰2種芳香的秋天

丹桂，是秋天具代表性的芳香植物。甜甜的水果香味會隨著風向的變化而更加濃郁，讓人不禁停下了手邊的園藝工作。一邊看著開始綻放的澤蘭和菊花，一邊開始為春天的庭院種植球根植物和草花。儘管如此，日落的時間一天比一天早。是在院子裡工作的時間逐漸變短的季節。

說起秋天的香味，也少不了玫瑰。因為花苞在低溫下慢慢膨脹，所以秋季玫瑰的顏色較深，再加上空氣清新，讓香味顯得濃郁。不像春天那樣一口氣盛開，而是一點一點地綻開，並且長時間持續盛開。

食用

- 丹桂利口酒
- 月見糰子

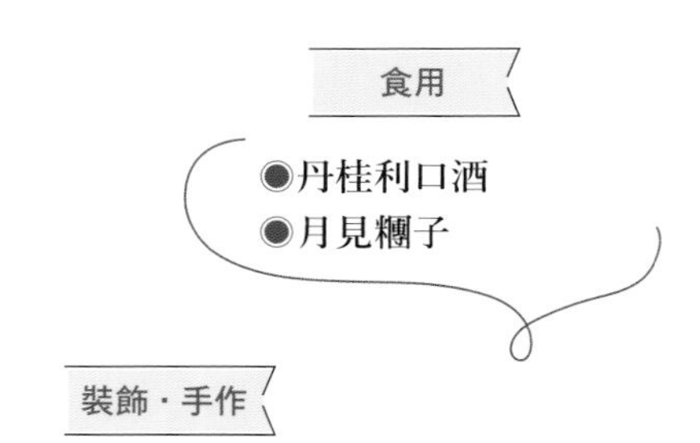

裝飾・手作

- 用玫瑰裝飾玻璃器皿
- 多肉植物的混植
- 萬聖節的布置

培育

- 秋植秋根的種植
- 多年生、一年生草本幼苗的種植
- 秋季玫瑰的開花
- 多肉植物的混植

※ 3～5月、或是 9～11月

丹桂是香氣濃郁的三大香木之一。

丹桂一旦開花，即可用來釀製利口酒。

1 週後將花朵取出，再使其熟成約半年。

芳香蜜杏，是秋天香氣更濃郁的玫瑰。

澤蘭和長管香茶菜即將迎來開花的季節。

瑪格麗特風的黃色花朵，是從菜園裡採摘的菊芋花。顏色清新。

即將種植的球根，和院子裡發現的秋季果實。

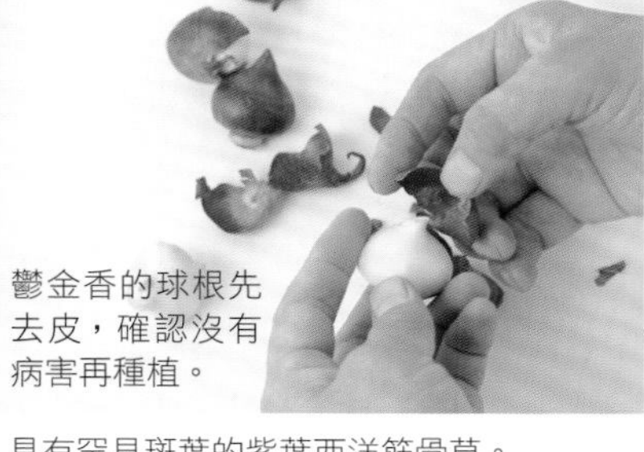

鬱金香的球根先去皮，確認沒有病害再種植。

人氣品種的幼苗一旦上市，就儘早購入。

具有罕見斑葉的紫葉西洋筋骨草。

香雪球有紫色和橘色。

11月

November

反覆盛開的大麗花，一旦開始降霜，今年的花期也隨之告終。用冬季到春季四季盛開的花朵，打造混植或吊盆。

入冬前的防寒對策和美味的秋季果實

立冬過後，什麼時候下霜都不足為奇。替不耐寒的弱小植物覆蓋腐葉土來保溫、覆蓋紗網和不織布來防霜。從初夏開始數度盛開的大麗花，下霜後花期也隨之告終。在那之前全部摘下來，裝飾在屋內。

深秋，雜木林和公園的樹木紛紛染上了色彩。尋找橡樹和樹木的果實，也是這個季節的一大樂趣。陽臺上的油橄欖也大豐收。因為多種了一盆，果實產量好像也變好了。來試著做做看醃漬油橄欖吧！在菜園採收番薯，製作拔絲地瓜當點心。

食用

- 製作拔絲地瓜
- 醃漬油橄欖

裝飾・手作

- 用大麗花裝飾籃子或玻璃器皿
- 用收集來的紅色果實裝飾
- 秋冬用的混植
- 吊盆

培育

- 聖誕玫瑰的老葉摘除※～ 12 月下旬
- 聖誕玫瑰的分株
  ※避開寒冬期、～ 3 月下旬
- 用枯葉製作腐葉土
- 防寒對策
- 寒冷地區進行大麗花的挖掘球根

把今年最後盛開的大麗花裝飾在屋內。把杯子放進籃子裡。

也可裝飾在茶几上，仔細欣賞最後的花朵。

用 8 月製作的植物標本回顧季節。

在降霜的地區，覆蓋紗網來禦寒。

針葉樹中罕見葉子會變色、落葉的落羽松。橘色相當閃亮耀眼。

拔絲地瓜是用菜園裡挖出來的番薯所製成。

油橄欖的收穫季節。用鹽水醃漬，約1年後即可食用。

王瓜、南天竹等庭院和雜木林的秋季果實。

Winter
冬
科．屬／石蒜科水仙屬
開花期／ 12 ～ 2 月
種植／ 12 月
繁殖方法／ 7 ～ 8 月
日本水仙
在細長挺拔的莖尖上，散發著清香的白色花朵。
群生的景象令人印象深刻。
當讓人瑟瑟發抖的北風吹襲時，就會散發出淡淡的甜甜香氣。
告訴你這裡開花了！的球根花卉和花木，讓人心頭一陣溫暖。

梅
在新年初始時盛開的花木。
有觀賞用的花梅和果梅。
科・屬／薔薇科李屬
開花期／ 12 ～ 2 月
種植／冬季
繁殖方法／播種 秋冬、嫁接 冬

12月

December

臘月的華麗季節開始了。用色彩鮮豔的仙客來盆栽，讓屋內蓬蓽生輝。在聖誕節用鮮花和香草裝飾布置，回顧這一年。

享受庭院收穫物的冬至和聖誕節

一年中白晝最短的是冬至。日本為了迎接隔天到來的全新開始，有著各式各樣的習俗，例如泡具有抗病、長壽功效的柚子浴，吃據說會帶來好運的南瓜、金桔等7種日文名稱中有「ん」的食物討吉利。

耶誕節準備了自己料理的雞肉料理。用培育的蔬菜來點綴。玄關放的是秋天製作的聖誕版本混植。用春天從種子培育出來的羅勒做乾燥花數。一邊回顧一年的各種園藝工作一邊裝飾。仙客來挑選了明亮的粉紅色，做了一束小花束。

食用

- 柚子鹽醬燒雞肉
- 糖漬蘋果
- 柚子料理　● 冬至的七種
- 跨年蕎麥麵

裝飾・手作

- 羅勒的乾燥花束
- 仙客來的花束
- 把混植塑造成聖誕風格

培育

- 風信子的水栽培
- 玫瑰種子的採播
- 使用寒肥　※～2月

聖誕節菜單的甜點是糖漬蘋果。

柚子鹽醬燒雞肉。用番茄和小松菜增添聖誕節的色彩。

冬至的柚子可製成柚香醃蘿蔔等各式各樣的調理。

透過施肥、摘除殘花細心照料的仙客來。色彩鮮艷，花朵數量豐富。

把小松菜放在明亮的窗邊，一邊採收一邊栽培。

從仙客來的盆栽採摘製成小花束。

球根的水栽培，從接觸寒風的 12 月開始。

替 11 月製作的混植繫上蝴蝶結。

製成乾燥花束的是盆栽種植的羅勒。用來裝飾聖誕節。

12 月是玫瑰的播種適期。摘取果實後取出種子。

從玫瑰的果實去除種皮和果肉，清洗後播種。

1月

January

正月，是和家人、親戚、好友們團聚，互相恭賀新年的日子。不妨用培育的植物妝點祝賀宴席。用庭院採摘的植物來製作祈福擺飾，喜悅也會更加強烈。

裝飾吉祥花材，祈求健康的一年

親朋好友們歡聚的正月。以松竹梅為首，裝飾著象徵克服困難的南天竹、生意興隆的千兩（紅果金粟藍）、長生不老的菊花等吉祥植物來迎接客人。若想再加點巧思，不妨在院子前摘下南天竹和茶花的細枝，製作成筷架。這份祈求幸福、不經意的關心讓人歡喜。

互相盛情款待的正月。為了慰勞過度飲食的身體，7日吃的是加了春季七草的七草粥。聚餐活動持續的1月，11日打破鏡餅來吃的鏡開儀式，15日喝紅豆粥驅除邪氣。

食用

- 御節料理
- 雜煮　●屠蘇
- 七草粥
- 紅豆粥
- 汁粉

裝飾・手作

- 把混植塑造成新年風格
- 用茶花裝飾
- 筷架
- 雪兔

培育

- 玫瑰的冬季修剪
  ※～2月，寒冷地區是3月上旬

積在茶花上的初雪。紅與白形成鮮明的對比。

用吉祥的陀螺和羽毛，演繹充滿年味的混植。

門松。在冬天也翠綠長青的松竹，是生命力和繁榮的象徵。

插在茶花圖案咖啡杯中的，是一朵黑侘助。

迎春御膳。筷架分別是香菫菜、南天竹、蜂室花、迷迭香和茶花。

1月7日是七草粥之日。慰勞一下年夜飯疲憊的胃。

七草由左起依序為香菜、薺菜、鼠麴草、繁縷、寶蓋草、鈴菜、白蘿蔔。

雪兔當作筷架。南天竹的葉子和果實，當作耳朵和眼睛。

2月

February

陽光開始一天一天地恢復力量，但餘寒還很嚴峻的時候。一邊為下一個季節做準備，一邊在屋內享受球根植物的混植等園藝樂趣。

混植和打造盆栽。在溫暖的室內進行

向春天邁進一步的2月。儘管如此，還是會有手腳凍僵的日子，這個時候不妨待在室內，做些園藝活吧！

首先，把園藝店發現的風信子和葡萄風信子的出芽球根混植。

因為想使其搶先一步開花，所以放在日照良好的窗邊培育。馬鈴薯裝在袋子裡，放在陽臺栽培。夏天的收穫讓人期待。

為了春天種植的花苗，替素燒盆上色，製作彩繪盆。制定一年的計畫，一邊看商品型錄和網頁一邊訂購玫瑰苗和草花的種子，也是在這個時分。

食用

- ◉水果茶
- ◉巧克力
- ◉惠方卷

裝飾・手作

- ◉芽出球根的混植
- ◉摘取聖誕玫瑰、水仙來插花
- ◉鬱金香的水栽培
- ◉彩繪花盆

培育

- ◉馬鈴薯的種植
  ※２月下旬～４月中旬
- ◉制定一年的園藝計畫

準備用來製作彩繪盆的素燒盆、刷子和水性塗料。

替整個花盆塗上顏色，等乾了以後再畫上喜歡的圖案。

在與花的顏色相匹配的花盆中，小花也有出眾的存在感。

選擇玫瑰苗時，也要確認其抗病能力。

種薯，在通風良好的陰涼處晾乾後再種植。

芽出球根的混植

風信子和蒲封信子的混植。1 個月左右就會開花。

休息片刻時，喝點水果茶補充維他命。

新鮮採摘的聖誕玫瑰，吸水能力良好。

2 月底綻放的鬱金香，將春天帶進屋內。

把從盆栽摘下的水仙，裝飾在玻璃容器中。

How to make

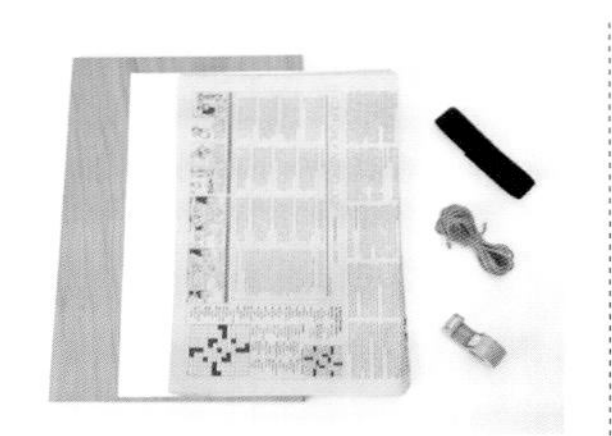

準備的東西（共通）
圖畫紙 2 張
夾板 2 塊
報紙 2 張
橡皮繩或麻線
透明膠帶

5 用報紙蓋住固定好的花。如果同時製作兩種押花，先把它們疊在一起，再蓋上報紙。

6 在報紙上再疊上另一張夾板。由下而上依序為夾板、圖畫紙、報紙、夾板。

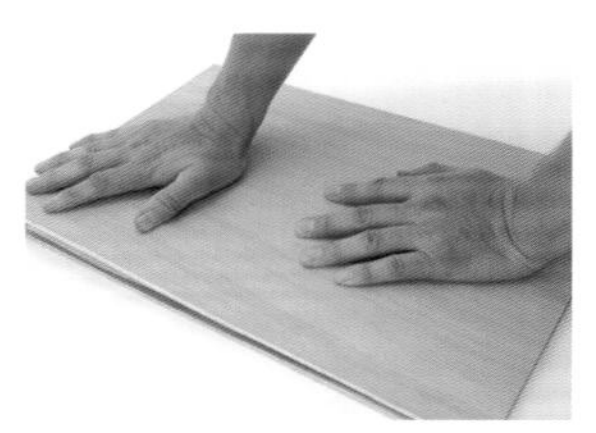

7 從木板上方均勻地用力按壓，將植物壓平。

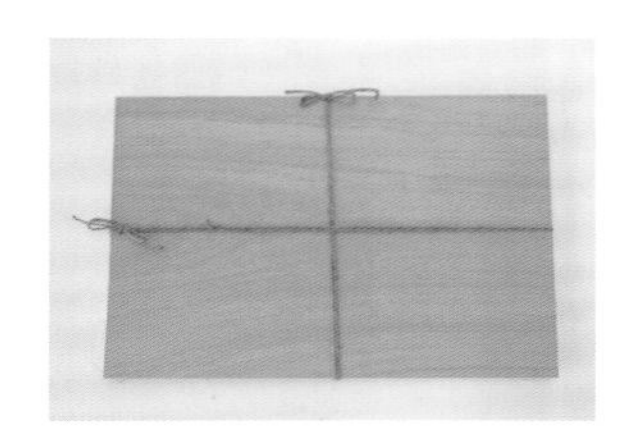

8 用麻繩或橡皮繩固定，並用厚書壓住。每天更換報紙直到乾燥為止。

8月 石竹的標本

>>p292

準備的東西
石竹的軟盆苗

1 將圖畫紙疊在夾板上，然後擺上石竹。剪掉植株基部的短芽。清洗並擦乾根部。

2 用透明膠帶固定植株基部。如果葉子過度重疊，請斟酌去除。

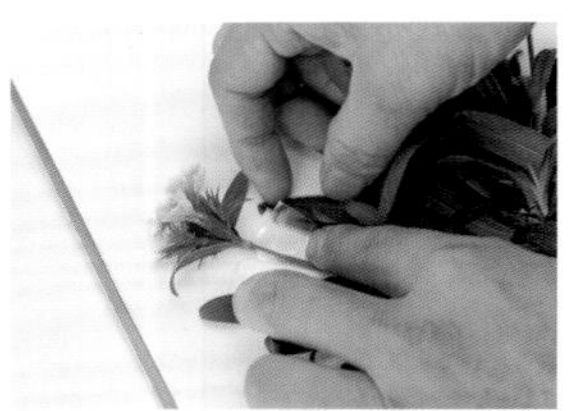

3 固定花首。一邊檢視整體平衡一邊決定花的位置，避免聚集在同一處。

4 不破壞石竹原本樣貌地黏在圖畫紙上很重要。

8月 向日葵的標本

>>p292

準備的東西
從盆栽拔取的向日葵

1 將向日葵疊放在夾板上的圖畫紙上，並用透明膠帶固定莖。根部的土洗掉。

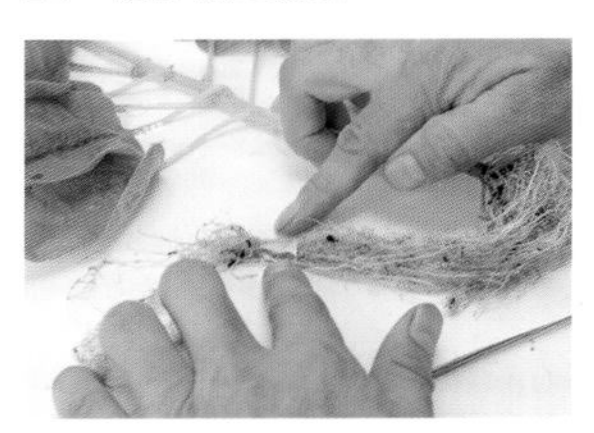

2 把散開的根尖聚集起來，用透明膠帶固定在圖畫紙上。

3 用透明膠帶固定花莖和葉梗，並盡可能重現原本的樣貌。

4 將報紙折成圖畫紙的大小，蓋住固定好的向日葵。接著請接續石竹的步驟 **5** 繼續。

2月 彩繪盆

>>p310

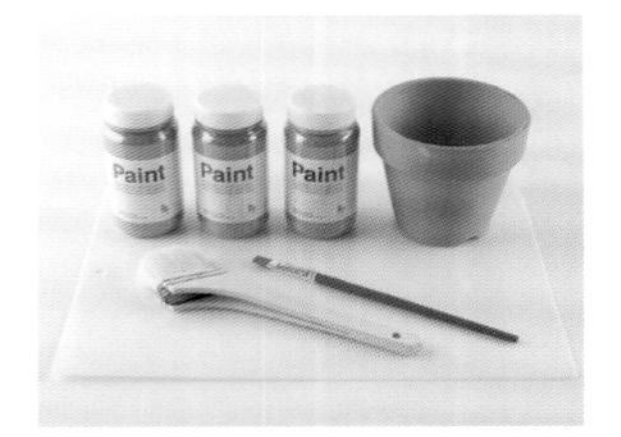

準備的東西（共通）
水性塗料
刷子
畫筆
素燒盆（4 寸盆）

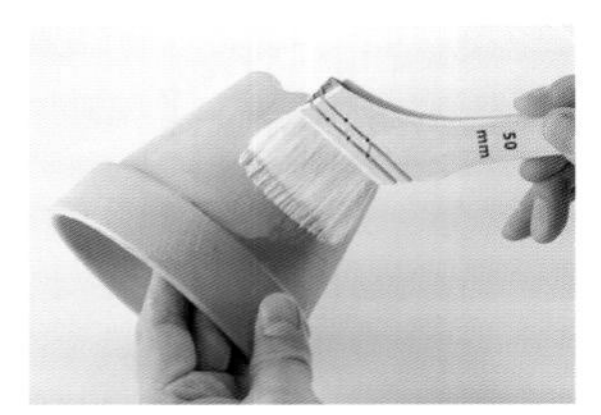

1 將花盆擦乾淨後，用刷子上色。握住盆緣，先從盆壁（側面）開始塗。

2 盆壁全部塗好後，再塗壺口。將一隻手放入花盆中，一邊旋轉會更容易上色。

3 底色完成了。也可再根據塗料的質地和喜好，繼續塗第 2 層。

4 上好底色後，也可再進一步繪製圖案。畫上圓點圖案，搖身變成普普風花盆。

How to make

6月 紅紫蘇汁

>>p288

準備的東西

紅紫蘇 300 克
水 2 公升
砂糖 200 克
蘋果醋 200 毫升

1 把洗淨的紅紫蘇放入沸水中，煮 5 ～ 6 分鐘。從火上移開並倒入盆器中。

2 在用漏杓過濾並去除葉子的紅紫蘇液中加入砂糖，充分攪拌使其溶解。

3 緩緩使其冷卻，當蘋果醋加入時，會瞬間變成透明的紅紫色。

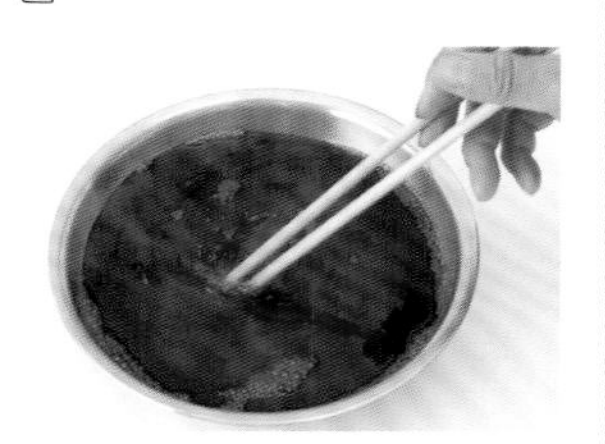

4 冷卻後存放在冰箱，並在 3 ～ 4 天內飲用。也可以將其與碳酸水混合。

6月 梅酒

>>p288

準備的東西

青梅 500 克
冰糖 500 克
白酒 900 毫升
密封容器（2 公升用）

1 將青梅的果實用流水洗淨。用水浸泡約 2 小時候去除浮沫，然後瀝乾。

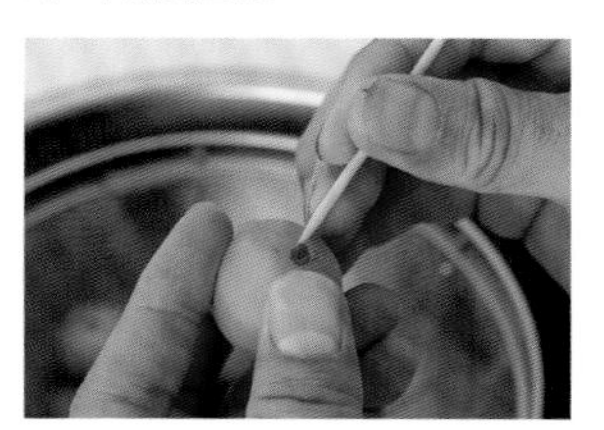

2 把瀝乾水分的青梅徹底擦乾。擦乾後，用竹籤除去蒂頭。

3 將青梅和冰糖交互放入已用沸水消毒的密封容器中，重疊 3 ～ 4 層。

4 將白酒倒入容器中，蓋上蓋子後存放在陰涼處。偶爾移動容器讓冰糖融化。

5月 新鮮草莓醬

>>p283

準備的東西

草莓 700 克
細砂糖 70 克
檸檬汁 2 大匙

1 將洗乾淨的草莓輕輕擦乾水分，然後用菜刀去除蒂頭。放入鍋中後，加入砂糖。

2 以中火加熱，待草莓熟透後，邊煮邊用鍋鏟稍微壓碎。

3 煮沸後，除去草莓上的浮渣，然後用小火再煮 15 分鐘左右。

4 以繞圈的方式加入檸檬汁後關火。甜度較低的果醬，請儘早吃完。

4月 艾草糰子

>>p281

準備的東西

艾草（新芽）30 克
上新粉 110 克
水約 120 毫升
砂糖 2 大匙
小蘇打粉 1 小匙

1 將小蘇打加入沸水中，煮艾草約 2 分鐘。放入水中浸泡後瀝乾水分，加入攪拌機中。

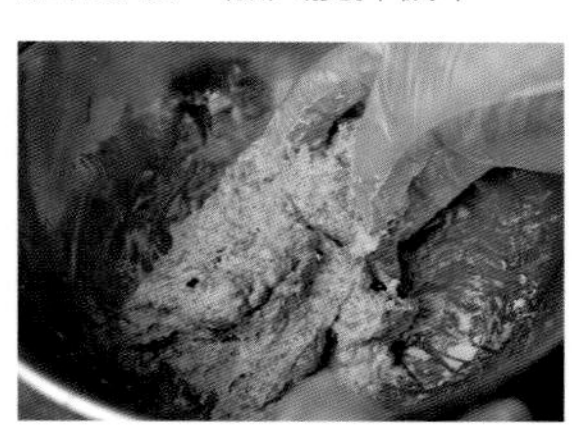

2 將細米粉和砂糖混合，然後加入攪拌好的艾草。邊加水邊揉捏，直到和耳垂差不多硬。

3 將水煮沸，加入捏成一口大的糰子，再煮 1 ～ 2 分鐘直到浮起。

4 將煮好的糰子放入冷水中，冷卻後瀝乾。視喜好添加黃豆粉或紅豆餡。

P313 ～ 315 的材料是容易製作的分量。

How to make

8月 西班牙冷湯
>>p293

準備的東西
甜椒 1/2 顆　小黃瓜 1 根
洋蔥 1/4 顆　番茄 2 顆
大蒜 1 瓣　羅勒 6 克
鹽、香醋各適量
法國麵包 10 克
白酒醋、橄欖油各 1 大匙

1 番茄和小黃瓜去皮，番茄去籽。將材料中的所有蔬菜切丁。

2 將切丁的蔬菜、羅勒、撕碎的法國麵包、調味料加入食物調理機。

3 充分攪拌至湯狀。番茄去皮後，口感更好。

4 把做好的西班牙冷湯冰鎮冷卻後，在上面裝飾羅勒葉。

7月 羅勒炒馬鈴薯和鮪魚
>>p291

準備的東西
馬鈴薯（春收馬鈴薯）350 克
鮪魚罐頭 1 罐（70 克）
羅勒醬 2 小匙

1 以中火加熱平底鍋，然後將罐裝鮪魚連同汁液倒入鍋中，再拌入羅勒醬稍微煮一下。

2 將切塊的春收馬鈴薯放入耐熱容器中，用 600W 的微波爐加熱 5 分鐘。

3 將煮熟的馬鈴薯加入鍋中，輕輕翻炒均勻。

4 炒好後裝盤就完成了。你可將羅勒醬放在桌上，依據個人喜好添加。

7月 培根羅勒義大利麵
>>p291

準備的東西
義大利麵 250 克
培根 150 ～ 200 克
洋蔥 1/2 顆
羅勒醬 4 小匙
橄欖油適量
鹽 2 匙
起司粉適量

1 把鹽加入 3 公升的沸水中，煮義大利麵。培根和洋蔥切成 1 公分寬的條狀。

2 加熱橄欖油，用中火炒培根和洋蔥，關火，加入羅勒醬。

3 加入煮沸並瀝乾的義大利麵和沸水 2 大匙，翻炒。

4 炒好後裝盤，撒上起司粉，再擺上番茄和羅勒葉就完成了。

7月 羅勒醬
>>p290

準備的東西
羅勒葉 50 克
大蒜 3 瓣
松子 10 克
橄欖油 100 毫升／20 毫升（最後加的部分）
鹽 1/2 小匙

1 平底鍋以小火加熱，乾煎松子。炒出香味後就關火。

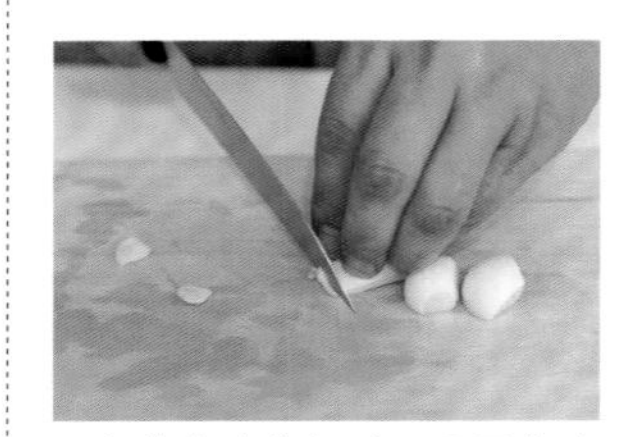

2 大蒜去皮後切碎。分量依喜好而定。也可用少一點。

3 將所有材料加入食品調理機中打成糊狀。

4 將糊狀醬料裝入保存瓶中，並在上面倒入橄欖油 20 毫升。這是為了防止變色。

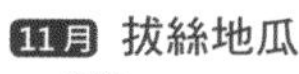

12月 柚子鹽醬燒雞肉盆

>>p306

準備的東西

柚子鹽（柚子 1 個、鹽 15 克）
雞腿肉 1 片（250 公克）
沙拉油、鹽、胡椒粉各適量
小松菜等、裝飾蔬菜

1 把柚子的皮和果肉切碎後灑上鹽，放置約 1 週製成柚子鹽，然後抹在雞腿肉上。

2 在平底鍋中把油加熱後，從雞肉帶皮的那一面開始煎。變白時翻面繼續煎。

3 切取盆栽的小松菜，用平底鍋中煎剩下的油快速炒熟。

4 在煎好的雞肉上撒上切碎的柚子鹽。除了小松菜，還擺放了其他色彩繽紛的蔬菜。

12月 糖漬蘋果

>>p306

準備的東西

蘋果 2 顆
砂糖 50 克
水 200 毫升
紅酒 200 毫升
肉桂粉少許

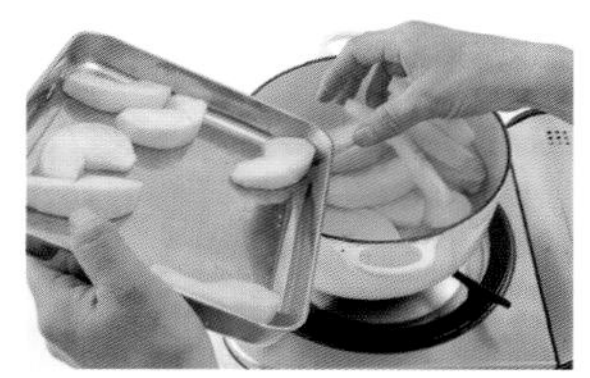

1 蘋果去皮、去核，切成片形，放入準備好的鍋子中。

2 在裝有蘋果的鍋中加入砂糖 50 克。本例用的砂糖量不多，你可自行依喜好調整。

3 加水並開小火。以小火煮約 20 分鐘，直至蘋果呈半透明。

4 最後加入紅酒，繼續用小火煮至收汁就完成了。

11月 拔絲地瓜

>>p303

準備的東西

番薯 500 克
食用油適量
黑芝麻 1 大匙
市售的拔絲地瓜醬料

1 將地瓜切成一口大小的塊狀。泡水後擦乾水分。

2 油加熱至 160°C 左右，馬鈴薯塊炸到竹籤能插入時取出。再用 170°C 左右炸第 2 次。

3 準備另一個鍋子，加入炸好的馬鈴薯塊，趁熱撒上市售的醬料後拌勻。

4 待醬料完全包覆後，撒上黑芝麻就完成了。最好趁剛做好的時候吃。

9月 薄荷醬烤羊排

>>p298

準備的東西

薄荷醬（薄荷葉 10 克、松子 10 克、大蒜 2 瓣、橄欖油 50 毫升、鹽 1 撮）
帶骨羊肉 4 塊
鹽、胡椒粉各少許
橄欖油 1 大匙

1 將洗淨的薄荷葉擦去水分，連同薄荷醬的材料一起加入食物調理機中。

2 用食物調理機將薄荷醬材料攪拌至糊狀。

3 羊肉用鹽和胡椒調味，然後在平底鍋中加入橄欖油，以中火煎至焦黃。

4 將煎好的羊排盛盤，淋上步驟 2 的薄荷醬，最後再添加檸檬等。

用語集

解釋與園藝相關的專門用語。
請參考以加深對園藝作業和栽培的理解。

【淺植】把苗和球根種得淺一點。

【育苗】播種或扦插後，在生長到一定程度前，整備環境以培育健壯的幼苗。

【移植】幼苗視成長狀況從育苗箱移植到軟苗盆中。小苗很脆弱，要小心處理以免傷到根系。

【交配種】具有固定性狀的2個品種作為親本交配所產生的第一代。通常會表現出優於親本的性狀，例如發育更好、花朵更大等，但請注意，再次播種後無法再現相同的性狀。又稱雜交一代種、F1種。

【一日花】牽牛花等在開花當天就會枯萎的花。

【一季開花】一年只開花一次的特性。

【種植盆】栽培植物的容器，又稱盆器、花盆。尺寸以寸來表示口徑，1寸為口徑3公分，5寸為口徑15公分。依材質的不同，有素燒盆、釉盆等陶製品，塑膠盆、軟盆等塑膠製品，以及紙製、木製、泥炭土製等。

【蓄水空間】盆緣到土壤之間預留約2～3公分，澆水時用來暫時儲水的空間。

【營養系】不是使用種子，而是透過「營養繁殖」，也就是扦插、嫁接、分株等植物的一部分來繁殖的植株。

【側芽】生長於葉子基部的芽，又稱腋芽。一般來說，摘除頂芽可促進側芽生長。

【液肥】液體肥料的簡稱。大多為化學肥料，將原液或粉末稀釋後使用。速效性，故也用於追肥。

【食用花】用於料理或糕點，可安全食用的花朵。

【園藝品種】透過原種花卉的雜交與選拔，改良而成的易於培育、適合觀賞的品種。

【控釋肥】施肥方法的一種。置放固態的肥料，透過澆水或雨水，長時間一點一點提供養分的方法。

【晚熟】從播種或種植到收穫的栽培時間較長的品種。

【晚霜】春末至夏初下的霜。如果最低氣溫低於2℃，植株就有結霜的風險，要做好防寒措施。

【親株】分株、扦插、嫁接時，作為基礎的植株。

【開花苗】開始開花的幼苗。又稱盆栽苗。

【化學肥料】含有植物必需的氮、磷、鉀肥中2種以上的化學肥料。施肥量容易管理。

【鹿沼土】浮石的一種。可用作藍莓等喜歡酸性土壤的植物的基本介質、扦插的插床，以及提升排水性和透氣性的土壤改良材。

【多主幹】從單一植株的基部，分叉出3根以上莖或枝直立生長的樣子。

【株寬】也指植株整體的寬度。

【株間】幼苗等在種植時的間距。一般是測量幼苗中心到中心的距離。基本上會預留可充分生長的寬度。

【分株】將長大的宿根草本等的植株分開。透過分株來繁殖，或是復甦成長後虛弱的植株使其重新生長。

【彩葉植物】於一般的綠葉不同，具有銀白色、紅褐色、錦斑等多彩葉色的植物。

【緩效性肥料】長時間慢慢釋出效果的化學肥料。顆粒越大，緩效性越高。固態肥料。

【寒肥】冬天施用於休眠庭木或果樹的肥料。在冬季期間施肥並避免傷及根部，使其在春季開始生長時吸收。建議施用有機肥料。

【完熟堆肥】已充分分解、發酵的堆肥。有使用牛糞等的動物質堆肥，以及使用腐葉土等的植物質堆肥。未熟成的堆肥，可能會導致生根、發芽不良，需格外留意。

【灌溉】替植物和農作物澆水。又稱澆水、給水。

【紗網】將化學纖維等線材編織成網目狀的覆蓋資材。播種或種植後，用來覆蓋植物。具有遮光、保濕、禦寒、驅蟲等效果。從紗網上方也可澆水。

【球根】多年生草本中，在地下或地面儲存養分，肥大膨脹成球狀的一個器官。或是以此為繁殖體的植物。

【休眠期】寒冷隆冬或炎熱盛夏等生長停止的時期。

【強剪】把老枝或擁擠枝條果斷剪掉的修剪。這樣做是為了促進生長、保持樹形。強剪後的切口，用癒合劑等養護。

【回剪】把伸長的莖枝從中途剪斷的作業。可改善植株的通風、重塑生長凌亂的植株。

【株高】植物地上部的高度。指從地面到頂端的高度。

【苦土石灰】「苦土」是指鎂，「石灰」是指鈣。主要用來將酸性土壤調整至弱酸性~中性。

【地被植物】大面積覆蓋地面或牆壁的矮性植物。適合宿根草本、樹木、蔓性植物等生長迅速、強健且不太需要照料的植物。又稱覆地植物。

【結果】透過受精產生果實（種子）。

【雜交】自然沾附同種的其他種類或品種的花粉，非刻意產生的雜種。

【硬殼種子】種皮堅硬，水分無法穿透而難以發芽的種子。透過刮傷種皮或將其浸泡水中來促進發芽。

【交配】透過讓雌、雄植株人工受精或授粉，遺傳各自性狀來創造新品種。不同基因型之植株的交配，稱為雜交。

【固態肥料】粉末或顆粒等固體狀態的肥料。

【固定種】親、子、孫代代相傳，性狀固定不變的品種。將結的種子播種後，就會長得和上一代一樣。傳統蔬菜等。

【容器】種植盆、花槽等種植植物之容器的總稱。

【共榮植物】一起種植可抑制病蟲害的發生、促進彼此生長的植物組合。

【扦插】切取枝條或莖的一部分，插入土等使其生根的繁殖方法。

【自家採種】讓栽培的植物受精，藉此採集下次栽培用的種子。採集葉菜類和根菜類等蔬菜的種子時，不要採收植物，讓它們開花結果。

【四季開花】無論日照時間或溫度如何，整年都會開花的特性。也指玫瑰這類一年中反覆開花的植物。

【自根苗】藉由播種而非嫁接生長的苗。又稱實生苗。

【遮光】遮擋直射陽光。針對因暴露在直射陽光下而出現葉片灼傷等問題的植物所進行的措施。

【新枝】新生的枝芽。特指從玫瑰等植株基部長出來的粗長枝條。又稱萌櫱。

【樹冠】樹木主幹以上，枝葉茂密的部分。根據類型而有不同特徵，通常闊葉樹呈球形或掃帚形，而針葉樹則呈圓錐形。

【馴化】讓育苗在定植前逐漸適應生長環境。

【主景樹】作為庭院中心的樹木。被種植作為庭院或住宅的象徵紀念樹等。

【春化處理】在植物的生長期，以人工方式進行低溫處理，誘導花芽行程或打破花芽的休眠。透過此處理，秋播小麥在春季播種也可採收。

【施肥】為了促進植物生長而施用肥料。包括種植前的基肥、栽培過程中用來補充養分的追肥等。

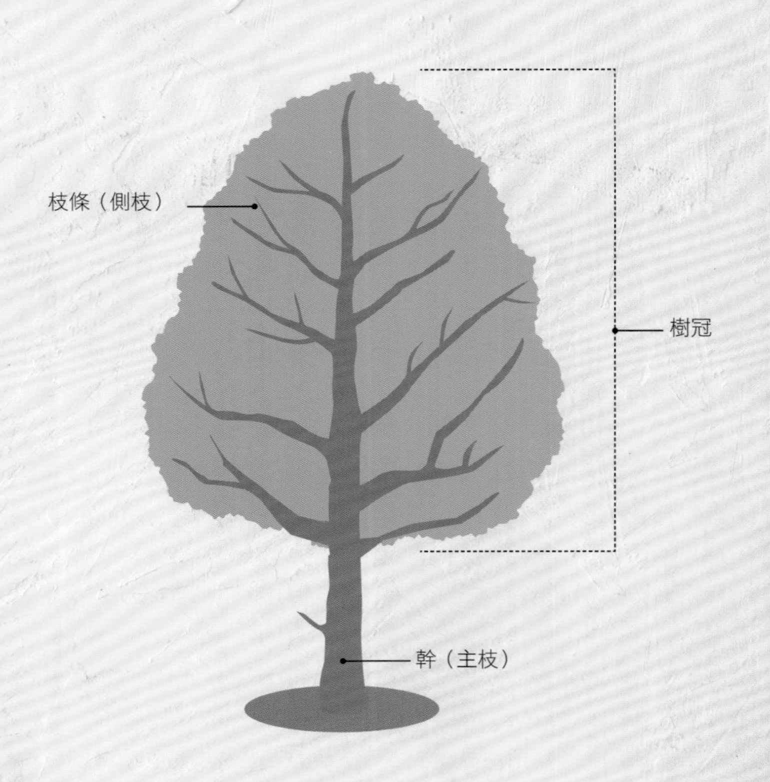

【修剪】切掉樹木的枝條或樹幹。是為了調整樹形和大小、促進通風和生長。

【節】葉子著生在莖上的位置。相鄰的節與節之間稱為「節間」。節間越短越好。

【穴盤】將許多小的軟盆連接而成的塑膠製育苗箱。又稱育苗盤。

【早晚熟特性】以栽培開始到開花或收穫的栽培期長短為基準的特性。從開花．收穫早的依序分為極早熟、早熟、中熟、晚熟、極晚熟。

【側枝】從主枝長出的分枝。直接從主幹或主幹長出來的枝條稱為第一側枝，從第一側枝長出來的枝條稱為第二側枝。

【速效性肥料】施肥後，養分立即被植物吸收的化學肥料。大多數液態肥料都是這種類型。大多是在需要能量的開花和結果時期施用。

【耐寒性】植物承受0℃以下的寒冷或低溫的特性。耐寒性的基準是，強(耐積雪，能在室外過冬)、中(耐0℃左右的氣溫，若有防寒措施則可在室外過冬)、低(最低溫度需在5～10℃以上。冬季放在室內管理)。

【耐暑性】植物承受夜間25℃以上的暑熱或高溫的特性。耐熱性的基準是，強(在夜間溫度25℃以上的環境也可生長、開花)、弱(枯萎。夏季放在涼爽的地方管理)。

【耐病性】對病害具有一定程度的抵抗力。如果能抑制發病條件會更好。

【高畦栽培】以堆土的方式種植在高於地面的位置。是為了改善淺根植物、不耐悶熱的植物、黏土質土壤的排水。為了使植物成活，也可結合水鉢。

【高畦】把經過翻耕的土堆高而成的畦。尤其是指高度超過15公分的畦。可提升排水性。

【短日性】當日照時間低於一定時間時，就會發生花芽分化、開花的特性。牽牛花和一串紅的短日性強，如果照到戶外燈光或照明等，可能就不會開花，需格外留意。⇔長日性

【單粒構造】土的粒子各自獨立的構造。砂和黏土等。透氣性和排水性差，不適合植物生長，必須進行土壤改良。

【團粒構造】土的粒子聚集成球狀的土壤構造。有利於植物生長的土壤標準。

【地溫】地表或地下的溫度。根的周圍溫度。

【地下莖】地下的莖。像馬鈴薯等將養分儲存起來，或是像竹子一樣伸長並在前端產生子株。

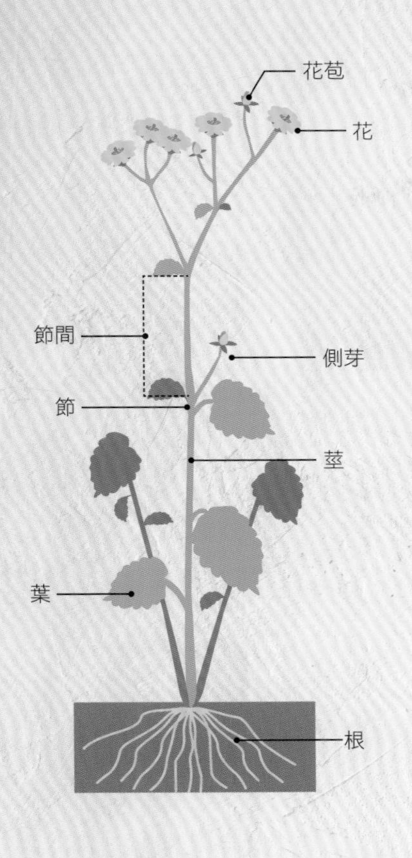

【中耕】栽培期間，淺耕變硬的表土以提高通風性。大多與除草同時進行，稱為中耕除草。

【頂芽】莖或枝頂端的芽。通常會比其他的優先生長（頂芽優勢），因此會進行摘心以促進側芽生長。

【長日性】日照時間若未超過一定時間，就不會形成花芽的特性。⇔短日性

【軸根系】細根少，具有筆直向下伸長的粗根。不喜移植。

【追肥】配合植物生長而追加的肥料。該施用緩慢發揮作用的緩效性或快速見效的速效性，需根據植物的狀態而定。

【嫁接】將欲繁殖之植物的枝或莖（接穗），與另外準備之耐病性強且生長旺盛的近緣植物的根（砧木），相互接合成一體的繁殖方法。尤其是番茄、茄子等常用的手法，可預防病害、提升產量。

【蔓性植物】莖細且無法自立，藉由纏繞在其他植物上生長的植物。也可立支架使其攀附。

【定植】將球根、軟盆苗等，移植到今後生長的地方。

【底部給水】從盆底給予植物水分。優點是澆水時不會沖走小種子或弄濕花朵和葉片。仙客來盆栽大多是這種給水方式。夏季要勤於換水，以防止底部的水腐壞。

【摘心】把枝條和莖的前端（芯）摘除。想要增加分枝、避免徒長、抑制植物長高時，可進行此處理。又稱去尾。

【抽苔】帶有花芽的莖迅速伸長。溫度和日照時間是主要因素。葉菜類蔬菜的口感會變差，因此若沒有要採集種子，需防止抽苔開花。

【土壤改良】在花圃或庭院的土中混入堆肥或腐葉土，藉此提升土壤狀態的作業。打造出讓植物根系健康生長的好土。

【徒長】由於氮肥或水分過多、日照不足等原因，導致莖和枝長得又長又細。

【徒長枝】生長勢過於旺盛，造成樹形紊亂的細長枝條。會防礙開花和結果，最好儘早剪除。

【採播】採集到的種子立即播種。

【苗床】培育幼苗的地方。將播種在育苗箱等處長出的小苗移植到軟盆等處，待其生長到一定大小後，再定植到盆器或花圃中。

【斷根】將鏟子等插入土中，切掉樹木等的根系前端。

【爛根】栽培中植物的根系腐爛。如果情況輕微，可藉由去除腐爛的根並重新種植，來使其再次生長。

【盤根障礙】在盆內生長的根系已無法再伸長，導致無法吸收水分和養分的狀態。因為對生長有不良影響，所以要儘早換盆。

【根球】從盆器取出植株時，根和土凝聚而成的部分。

【樹皮】木皮或木屑。把樹皮切碎的樹皮片可用作覆蓋物。還有樹皮發酵而成的樹皮堆肥等。

【珍珠石】珍珠岩經高溫燒製後發泡而成。多孔隙且非常輕，透氣性和排水性優異。

【培養土】栽培植物時使用的土。可根據植物添加基本介質，或是直接用來栽培的土。

【播種】播撒種子。有撒播、條播、點撒這3種播種方法。

【上盆】將播種或扦插培育的幼苗，從苗床移植到盆器中。將地植的樹木或草花移植到盆器中時也可稱為上盆。

【花芽】能發育成花朵的芽。形成花芽的過程稱為花芽分化，分化的時間與部位隨植物而不同。修剪花木時，需小心別把花芽去除。

【花芽分化】新芽發育成會開花結果之花芽的過程。透過限制溫度、日照長度、水分、養分等來形成花芽。金魚草等植物若在此期間經歷極端的高溫或低溫，可能會開出畸形的花朵，需格外留意。

【葉水】指澆在葉子上的水。通常是使用噴霧器。也可用澆水壺。可有效降低葉子表面的溫度、提升周圍的濕度、減少蟎蟲等害蟲。

【葉片灼傷】照射到盛夏的直射陽光，導致葉子發白或枯萎。可透過防曬和葉水來預防。

【半日照】照射到葉隙流光的地方。相當於覆蓋紗網後所接受到的光。

【品種】栽培品種、園藝品種的簡稱。物種之下的類群，對形狀、花色、特性等特定的性狀，與其他不同者進行區別而命名。例如，蘋果是物種，富士和紅玉是品種。

【覆土】指種植時覆蓋在種子或球根上的土。

【腐植質】落葉和木片等枯死的植物體，經土壤的微生物作用分解而成的物質。作為有機肥料，有助於打造適合栽培的土壤。

【不織布】人造纖維不經過編織，直接製成的布。被用作植物的覆蓋資材，藉此保暖、保濕、防蟲。

【不稔】花粉或雌蕊出現異常，即使授粉也不能產生種子。

【苞片】變形葉，具有保護花朵的作用。有各種形狀和顏色，著名的有大花四照花的花瓣狀苞片和聖誕紅的紅色苞片。

【萌芽】指發芽。又稱抽芽。

【保護劑】樹木的粗枝在修剪過後，用來保護切口所塗抹的藥劑。又稱癒合劑。

【匍匐性】植物的莖和枝伸長成藤蔓狀，呈現彷彿在地上爬行之草姿的植物特性。

【覆蓋材料】用塑料、薄膜、腐葉土、稻草等覆蓋植株基部周圍的土壤表面。又稱覆蓋。用於保濕、保暖、防泥水飛濺和蟲害。

【實生】播種培育而成的植物。

【集水坑】移植時，為了讓水滲入根球與地面的縫隙中，而在植穴邊緣上方築成蓄水用的土堤。

【誘引】將莖、枝、藤蔓等固定在支架或網子上，以調整植物的伸長方向和外觀。

【有機肥料】以油渣、魚粉、牛糞、雞糞等植物性或動物性有機物為原料製成的肥料。

【葉柄】連接葉和莖，像柄一樣的細長部分。

【走莖】可見於草莓等，是從親株長出像藤蔓一樣伸長的莖。利用藤蔓前端長出的子株來繁殖。又稱匍匐枝、匍匐莖。

【高台花圃】用石塊或磚塊堆砌而成的高於地面的花圃。利於進行園藝作業，排水、通風也變好。

【連作障礙】在相同地點持續栽培相同種類的植物所引起的生長障礙。土壤的平衡被破壞，病蟲害更容易發生，使得植物難以生長。尤其容易發生在十字花科、茄科的蔬菜上。

【露天栽培】在承受風風吹雨淋的室外栽培。

【蓮座葉】節間變短的葉子呈放射狀展開、緊貼地面的狀態。可見於冬天的蒲公英和草莓上。

【矮性】株高矮小的特性。相同物種中因遺傳而株高較矮的稱為「矮性品種」，很適合以盆栽培育。還有利用矮化劑或砧木來降低樹高的方法。

Index 植物名索引

紅色頁碼是該植物的主要介紹頁面，
黑色頁碼則是有提及該植物的相關頁面。

[ㄉ]

[ㄊ]

[ㄋ]

[ㄌ]

[ㄍ]

[ㄎ]

[ㄅ]

[ㄆ]

[ㄇ]

[ㄈ]

植物名索引

「園藝」基礎栽培大全

植物を育てる楽しみとコツがわかる「園芸」の基本帖

作　　者　矢澤秀成
譯　　者　謝蔚鎂
審　　訂　陳坤燦
社　　長　張淑貞
總 編 輯　許貝羚
主　　編　鄭錦屏
特約美編　謝蔚鎂
國際版權　吳怡萱

發 行 人　何飛鵬
事業群總經理　李淑霞
出　版　城邦文化事業股份有限公司　麥浩斯出版
地　址　115 台北市南港區昆陽街 16 號 7 樓
電　話　02-2500-7578
傳　真　02-2500-1915
購書專線　0800-020-299

發　行　英屬蓋曼群島商家庭傳媒股份有限公司城邦分公司
地　址　115 台北市南港區昆陽街 16 號 5 樓
電　話　02-2500-0888
讀者服務電話　0800-020-299（9:30AM~12:00PM；01:30PM~05:00PM）
讀者服務傳真　02-2517-0999
讀者服務信箱　csc@cite.com.tw
劃撥帳號　19833516
戶　名　英屬蓋曼群島商家庭傳媒股份有限公司城邦分公司

香港發行城邦〈香港〉出版集團有限公司
地　址　香港九龍土瓜灣土瓜灣道 86 號順聯工業大廈 6 樓 A 室
電　話　852-2508-6231
傳　真　852-2578-9337
Email　hkcite@biznetvigator.com

馬新發行　城邦（馬新）出版集團 Cite (M) Sdn Bhd
地　址　41, Jalan Radin Anum, Bandar Baru Sri Petaling,57000 Kuala Lumpur, Malaysia.
電　話　603-9057-3833
傳　真　603-9057-6622
Email　services@cite.my

製版印刷　凱林印刷事業股份有限公司
總 經 銷　聯合發行股份有限公司
地　址　新北市新店區寶橋路 235 巷 6 弄 6 號 2 樓
電　話　02-2917-8022
傳　真　02-2915-6275
版　次　初版一刷 2024 年 10 月
定　價　新台幣 699 元／港幣 233 元

國家圖書館出版品預行編目（CIP）資料

園藝基礎栽培大全 / 矢澤秀成著 ； 謝蔚鎂譯. -- 初版. -- 臺北市 ： 城邦文化事業股份有限公司麥浩斯出版 ： 英屬蓋曼群島商家庭傳媒股份有限公司城邦分公司發行， 2024.10
面； 公分
譯自：植物を育てる楽しみとコツがわかる「園芸」の基本帖
ISBN 978-626-7401-99-6（平裝）

1.CST: 園藝學 2.CST: 栽培

435.4　　113011463

Printed in Taiwan

SHOKUBUTSU O SODATERU TANOSHIMI TO KOTSU GA WAKARU「ENGEI」NO KIHONCHO

First published in Japan in 2023 by KADOKAWA CORPORATION, Tokyo.
Complex Chinese translation rights arranged with KADOKAWA CORPORATION, Tokyo
through Keio Cultural Enterprise Co., Ltd.
This Complex Chinese translation is published by My House Publication, a division of Cité Publishing Ltd.